DES

MÉTHODES

DANS LES

SCIENCES DE RAISONNEMENT.

DES

MÉTHODES

DANS LES

SCIENCES DE RAISONNEMENT,

PAR J.-M.-C. DUHAMEL,

Membre de l'Institut (Académie des Sciences),
Professeur à l'École Polytechnique et à la Faculté des Sciences,
Membre correspondant de l'Académie de Berlin, de l'Académie de Saint-Pétersbourg,
de la Société impériale des Naturalistes de Moscou,
de la Société royale Danoise des Sciences de Copenhague, de la Société Philomatique.

TROISIÈME PARTIE.

DEUXIÈME ÉDITION.

PARIS,

GAUTHIER-VILLARS, IMPRIMEUR-LIBRAIRE
DE L'ÉCOLE POLYTECHNIQUE, DU BUREAU DES LONGITUDES,
SUCCESSEUR DE MALLET-BACHELIER,
Quai des Augustins, 55.

1882

(Tous droits réservés.)

TROISIÈME PARTIE.

APPLICATION

DE LA

SCIENCE DES NOMBRES

A LA

SCIENCE DE L'ÉTENDUE.

TABLE DES MATIÈRES.

TROISIÈME PARTIE.

APPLICATION DE LA SCIENCE DES NOMBRES A LA SCIENCE DE L'ÉTENDUE.

APPLICATION AUX PROBLÈMES DÉTERMINÉS.

CHAPITRE PREMIER.

CHAPITRE II.

TRIGONOMÉTRIE.

CHAPITRE III.

APPLICATION A L'ÉTUDE DES COURBES.

CHAPITRE PREMIER.

CHAPITRE II.

CHAPITRE III.

CHAPITRE IV.

CHAPITRE V.

CHAPITRE VI.

CHAPITRE VII.

CHAPITRE VIII.

CHAPITRE IX.

CHAPITRE X.

CHAPITRE XI.

CHAPITRE XII.

CHAPITRE XIII.

CHAPITRE XIV.

CHAPITRE XV.

CHAPITRE XVI.

CHAPITRE XVII.

FIN DE LA TABLE DES MATIÈRES DE LA TROISIÈME PARTIE.

APPLICATION

DE LA

SCIENCE DES NOMBRES

A LA

SCIENCE DE L'ÉTENDUE.

CONSIDÉRATIONS GÉNÉRALES.

1. Les nombres servent à donner la connaissance de toutes les grandeurs de même espèce, en les rapportant à une d'entre elles fixée d'un commun accord, et que chacun peut retrouver au besoin.

La mesure des grandeurs peut quelquefois se faire en transportant sur elles cette *unité* ou ses subdivisions, comme dans le cas des lignes droites. Mais le plus souvent il est nécessaire d'employer des intermédiaires et d'établir des formules générales qui ramènent la mesure de la grandeur proposée à celle d'autres grandeurs plus simples, sur lesquelles elle peut s'opérer immédiatement.

C'est ainsi que la mesure de la surface des rectangles et des triangles, qui sont les éléments de tous les polygones, que la mesure des parallélépipèdes et des pyramides, qui sont les éléments de tous les polyèdres, se ramène par des formules générales à la mesure des lignes droites prises dans les figures ou les solides proposés.

L'application des nombres à la Géométrie se présente donc dès les commencements de cette science; mais elle n'est pas bornée à l'évaluation des grandeurs dont les éléments sont donnés. Elle peut s'étendre à celles dont les éléments sont inconnus, et doivent être l'objet de recherches préalables.

Ces recherches peuvent être effectuées de deux manières très différentes : ou par des constructions qu'on déduit de la dépendance que la question établit entre les données et les grandeurs inconnues, ce qui rentre dans les procédés de la Géométrie pure, dont nous ne devons pas nous occuper ici; ou par des calculs auxquels cette dépendance peut conduire.

Et, en effet, toutes les grandeurs étant susceptibles d'être réduites en nombre, si les conditions et les relations données entre ces grandeurs concrètes peuvent conduire à des équations entre les nombres connus ou inconnus qui les représentent, la question rentre dans la science des nombres et se trouve ramenée à la résolution des équations.

Ainsi, pour résoudre par le calcul une question de Géométrie où l'on a pour objet la détermination de certaines grandeurs, on commencera par représenter toutes les quantités, tant connues qu'inconnues, par des lettres. On cherchera à déduire des conditions de la question autant d'équations qu'il y a d'inconnues, si cette question est déterminée, et, si l'on peut résoudre ces équations, on obtient des formules qui représentent les valeurs des inconnues.

2. Arrivé à ce point, il y a deux manières très différentes d'achever la solution.

Si l'on s'est proposé de déterminer la *valeur numérique* des grandeurs, c'est-à-dire s'il s'agit d'une réalisation pratique, il suffit de substituer aux lettres, dans les formules trouvées, les nombres particuliers qu'on obtiendra par la mesure des données; et l'on connaîtra les rapports des grandeurs cherchées à l'unité qu'on aura choisie.

Si, au contraire, on s'est proposé de déterminer la suite des constructions à faire pour obtenir les grandeurs inconnues dans toutes les questions de même espèce, il ne faudra pas réduire effectivement en nombres les quantités données, mais déduire de la *formule numérique* exprimée en lettres une *formule géométrique,* c'est-à-dire l'indication générale des constructions à faire avec les données pour obtenir les inconnues.

3. Au lieu de se proposer de déterminer certaines quantités, on peut avoir en vue la démonstration de propositions énoncées. Si ces propositions sont susceptibles d'être exprimées par des équations entre les grandeurs en question, on représentera ces grandeurs par des lettres, et l'on cherchera à déduire des conditions de la question des équations d'où il soit possible de tirer, par des combinaisons convenables, celles qu'on cherche à démontrer. Si l'on y parvient, la question est résolue; il n'y a ni réduction en nombres, ni constructions à effectuer : la représentation des grandeurs par des nombres n'était qu'une fiction, ayant pour objet de substituer le mécanisme du calcul à des déductions géométriques moins naturellement indiquées.

Réciproque. — Mais lorsque l'on a des équations entre les nombres qui représentent des grandeurs connues ou inconnues, au lieu de faire servir la résolution de ces équations à la détermination des grandeurs, on peut réciproquement faire servir la construction de ces grandeurs à la détermination des solutions de ces équations. On voit donc qu'il est possible d'appliquer la Géométrie à la science des nombres, aussi bien que la science des nombres à la Géométrie. Nous nous attacherons d'abord à ce dernier point de vue : plus tard nous traiterons l'autre avec tout le soin que mérite son importance.

AVANTAGES ET INCONVÉNIENTS DES SOLUTIONS GRAPHIQUES ET DES SOLUTIONS NUMÉRIQUES DES PROBLÈMES DE GÉOMÉTRIE.

4. Lorsqu'on a déterminé l'expression littérale d'une quantité géométrique, nous venons de dire qu'on pouvait chercher à en déduire une formule de construction, ou la réduire en nombres, en remplaçant chacune des lettres par le nombre particulier qui exprimera la grandeur correspondante. Comparons les avantages que présentent ces deux procédés dans la pratique.

Observons pour cela que l'imperfection des instruments introduit toujours des inexactitudes dans les constructions. Si donc on tient à une grande approximation dans les résultats, on devra choisir le procédé qui demandera le moins de constructions.

Dans la résolution numérique on a toutes les erreurs provenant de l'expression des données en nombres; mais le calcul n'en produit pas de nouvelles, ou, s'il en introduit, elles peuvent être assez diminuées pour qu'elles n'aient pas d'influence sensible sur les résultats, et l'on peut se dispenser d'y avoir égard. Il ne reste donc plus que l'erreur provenant du passage final de la valeur numérique à la grandeur concrète.

Dans la résolution purement graphique, on peut déjà avoir des erreurs provenant de ce que les données ont dû être reportées sur le plan où l'on doit effectuer les constructions; elles seront augmentées de toutes celles qui seront produites par la suite des constructions qui seront effectuées, et il est impossible de dire en général lequel des deux procédés est le plus exact : cela dépend de la nature des questions.

Dans celles qui dépendent de la coupe des pierres, de la charpente, de la perspective, les solutions graphiques sont généralement les seules dont on doive faire usage.

Dans celles qui ont pour objet les mesures terrestres ou astronomiques, l'extrême précision doit être cherchée, et par conséquent il faut, le plus possible, réduire les constructions et avoir recours au calcul.

Les mesures terrestres ont pour objet la détermination des positions relatives de points situés à la surface de la Terre, et c'est à quoi l'on parvient en les liant par des droites qui forment un réseau de triangles rectilignes contigus. Les questions astronomiques conduisent plus ordinairement à la considération de triangles sphériques, formés par des arcs de grands cercles tracés sur une même sphère. D'où il suit que la théorie de la mesure des éléments des triangles, soit rectilignes, soit sphériques, ou la *Trigonométrie,* doit jouer un grand rôle dans la résolution numérique des questions de Géométrie; et c'est une des premières dont nous nous occuperons.

APPLICATION

AUX

PROBLÈMES DÉTERMINÉS.

APPLICATION

AUX

PROBLÈMES DÉTERMINÉS.

CHAPITRE PREMIER.

DE LA MISE EN ÉQUATION DES PROBLÈMES DE GÉOMÉTRIE. HOMOGÉNÉITÉ. — CONSTRUCTION DES FORMULES.

1. Lorsque l'on veut appliquer le calcul à la résolution d'un problème de Géométrie ayant pour objet la détermination de certaines grandeurs, on suppose toutes les quantités exprimées en nombres, au moyen d'unités de même espèce que ces diverses quantités respectives; on représente ces nombres par des lettres, pour que la solution soit générale, et le plus ordinairement on laisse arbitraire l'unité de chaque espèce : ce n'est que dans des cas exceptionnels qu'on choisit à cet effet l'une des grandeurs données.

On cherche ensuite à exprimer par des équations les diverses conditions géométriques de la question. Si l'on peut parvenir à en établir autant que l'on a d'inconnues, et que réciproquement ces équations entraînent comme conséquences les conditions de la question, celle-ci est ramenée à la résolution de ces équations. Si on peut l'effectuer et qu'on obtienne les formules qui expriment chacune des inconnues, il y aura deux manières d'en faire usage, comme nous l'avons déjà dit, suivant qu'on se sera proposé une solution numérique ou une construction. Dans le premier cas, on fera choix d'une unité avec laquelle on mesurera effectivement les grandeurs données qui entrent dans les formules, et l'on exécutera les opérations numériques qui y seront indiquées ; dans le second, on tâchera de trouver la formule des constructions à exécuter sur les grandeurs concrètes telles qu'elles sont données, pour obtenir les grandeurs concrètes demandées.

Quant à la marche à suivre en général pour trouver les équations du problème, nous ne saurions mieux faire que de rapporter à peu près textuellement les préceptes donnés par Descartes et reproduits par Newton :

« On doit d'abord considérer le problème comme résolu » et donner des noms à toutes les lignes qui semblent nécessaires pour le construire, aussi bien à celles qui sont » inconnues qu'aux autres. Puis, sans considérer aucune » différence entre ces lignes connues et inconnues, on doit » parcourir la difficulté selon l'ordre qui montre le plus » naturellement de tous en quelle sorte elles dépendent » mutuellement les unes des autres, jusqu'à ce qu'on ait » trouvé moyen d'exprimer une même quantité en deux » façons, ce qui se nomme une équation ; car les termes » de l'une de ces deux façons sont égaux à ceux de l'autre. » Et l'on doit conserver autant de telles équations qu'on a » supposé de lignes qui étaient inconnues. Ou bien, s'il » ne s'en trouve pas tant, *et que nonobstant on n'omette* » *rien de ce qui est désiré en la question,* cela témoigne » qu'elle n'est pas entièrement déterminée. Et lors on » peut prendre à discrétion des lignes connues pour toutes » les inconnues auxquelles ne correspond aucune équation. » Après cela, s'il en reste plusieurs, il se faut servir par » ordre de chacune des équations qui restent aussi, etc. »

La suite se rapporte à la résolution de ces équations. Nous avons voulu reproduire les paroles mêmes de Descartes, parce qu'il nous a paru à propos de faire connaître comment avaient été formulés pour la première fois ces préceptes, auxquels on n'a rien changé d'essentiel.

DE L'HOMOGÉNÉITÉ.

2. Lorsqu'une équation entre les nombres qui représentent des grandeurs concrètes a été trouvée en exprimant des relations résultant des conditions d'un problème de Géométrie, et qu'aucune des grandeurs données n'a été choisie pour unité, cette équation offrira toujours une particularité remarquable, indépendante de sa forme et qu'il est nécessaire d'établir d'une manière générale.

Pour mieux faire comprendre en quoi elle consiste et d'où elle provient, considérons d'abord une quatrième proportionnelle à trois lignes représentées par les nombres a, b, c; son expression sera $\frac{bc}{a}$, et le numérateur aura deux facteurs *linéaires*, c'est-à-dire représentant des lignes, tandis que le dénominateur n'en a qu'un.

Si cette ligne $\frac{bc}{a}$ entre elle-même comme terme d'une proportion dont les deux premiers sont des lignes connues représentées par les nombres d, e et le quatrième une ligne inconnue que nous appellerons x, on aura

$$x = \frac{bce}{ad},$$

et l'on voit qu'il y aura encore un facteur linéaire de plus au numérateur qu'au dénominateur. Et il en serait encore de même si cette nouvelle ligne x entrait avec trois autres dans une proportion, parce qu'en égalant le produit des extrêmes et des moyens, l'un des deux membres aura deux facteurs linéaires, et l'autre en aura deux de plus au numérateur qu'au dénominateur; d'où résultera pour l'inconnue une expression fractionnaire dont le numérateur aura un facteur de plus que le dénominateur. Et il est évident que cela aura lieu quel que soit le nombre d'opérations semblables, puisque, si cette condition est remplie après un certain nombre de ces opérations, elle le sera, d'après notre raisonnement, après la suivante.

Or, si un terme d'une équation représente une ligne, tous les autres en représenteront aussi, car on n'a pas pu donner des conditions qui exigeraient qu'on ajoutât des lignes à des surfaces ou à des solides; et si ces lignes ne sont exprimées que par une suite de quatrièmes proportionnelles, tous les termes auront un facteur linéaire de plus au numérateur qu'au dénominateur; d'où il suit que si l'on multiplie les deux membres par un même nombre quelconque de ces facteurs, il y en aura dans chaque terme un même nombre de plus au numérateur qu'au dénominateur. Et si l'on multiplie par tous ceux qui sont dans les divers dénominateurs, il y en aura un même nombre dans chaque terme.

Cette même circonstance aura lieu si l'équation provient de l'addition ou de la soustraction de surfaces de figures planes, car leurs aires se ramenant au triangle seront exprimées par des produits de deux lignes ; et si celles-ci proviennent d'une suite de quatrièmes proportionnelles, ces produits se présenteront sous forme de fractions ayant deux facteurs linéaires de plus au numérateur qu'au dénominateur. Si l'on multiplie ensuite ou qu'on divise les deux membres de l'équation par un même nombre de ces facteurs, l'excès sera toujours le même en chaque terme ; et si l'on fait disparaître tous les dénominateurs, il y aura le même nombre de facteurs linéaires dans tous les termes de l'équation.

Il est clair qu'on aurait des résultats analogues si l'équation venait d'additions ou de soustractions de volumes, parce que, leur mesure se faisant par des produits de trois lignes, tous les termes seraient composés de trois facteurs linéaires, ou, s'ils étaient fractionnaires, auraient trois facteurs de plus au numérateur qu'au dénominateur. Cet excès variera également par l'effet de multiplications ou de divisions des deux nombres; et si les facteurs linéaires disparaissent de tous les dénominateurs, il y aura le même nombre dans tous les termes.

Enfin, si les quantités qui forment les termes de l'équation sont non des lignes, des surfaces ou des volumes, mais des rapports de ces quantités entre elles, tous les termes auront autant de facteurs linéaires au numérateur qu'au dénominateur; et si l'on fait disparaître ces derniers, le nombre de ces facteurs sera encore le même dans tous les termes.

C'est à cette propriété générale qu'on a donné le nom d'*homogénéité*. On voit par quelles considérations on y a naturellement été conduit. Si l'on nomme *degré* d'un terme rationnel l'excès du nombre de facteurs linéaires du numérateur sur le nombre de ceux du dénominateur, elle s'énonce en disant que toute équation provenant de relations entre des quantités géométriques, sans qu'aucune d'elles ait été choisie pour unité, est composée de termes de même degré.

Toutes les équations d'une question étant homogènes, les combinaisons qu'on en fera pour en déduire les inconnues ne conduiront jamais qu'à des équations homogènes. Si, par exemple, on tire de l'une d'elles la valeur d'une ligne et qu'on la substitue dans les autres, il est évident qu'il n'en résultera que des termes de même degré.

On pourrait croire cependant que la combinaison d'équations séparément homogènes conduirait quelquefois à des équations qui ne le seraient pas. Cela arriverait évidemment si l'on ajoutait membre à membre des équations homogènes de degrés différents. Mais c'est ce que l'on ne fera jamais, parce que l'on ne fait ces additions qu'en vue de réductions, qui ne seraient pas possibles entre termes de degrés différents. Une semblable addition n'offrirait rien d'absurde, mais n'aurait aucune utilité, et on ne la fera dans aucun cas.

3. Il est nécessaire de donner un peu d'extension à la définition de l'homogénéité, parce que nous n'avons supposé jusqu'ici que des expressions rationnelles, et l'on peut souvent avoir des racines à extraire, comme il peut se présenter dès le début des expressions radicales.

Par exemple, la moyenne proportionnelle entre les lignes représentées par les lettres a, b sera exprimée par $\sqrt{ab}$. L'hypoténuse du triangle rectangle dont les côtés sont a, b sera exprimée par $\sqrt{a^2 + b^2}$. Il est donc nécessaire de donner une définition du degré des expressions radicales qui permette d'énoncer d'une manière générale la propriété dont nous nous occupons.

Or, comme en élevant une expression homogène de degré m à la puissance n on en obtient une de degré n fois plus grand mn, et que, par conséquent, si l'on extrait la racine $n^{\text{ième}}$ d'une expression de degré mn, on obtient une expression de degré m quand l'extraction est possible, il est naturel de s'exprimer de la même manière quand l'opération ne peut être qu'indiquée, et de dire que l'extraction de la racine d'une expression homogène divise son degré par celui de la racine. On admettra ainsi des degrés fractionnaires, et l'on pourra dire qu'en extrayant des deux membres d'une équation homogène une racine de même degré, il en résultera une nouvelle équation homogène.

Si, par exemple, on avait

$$a^m = b^m + c^m,$$

on aurait, en extrayant la racine $n^{\text{ième}}$,

$$a^{\frac{m}{n}} = \sqrt[n]{b^m - c^m},$$

qui sera une équation homogène de degré $\frac{m}{n}$.

Remarque. — Il est bon de remarquer qu'un polynôme dont tous les termes sont de même degré peut toujours être transformé en un monôme de même degré. Car si l'on met enfacteur commun un monôme d'un degré moindre d'une unité, le polynôme sera le produit de ce facteur par un polynôme dont tous les termes seront du premier degré et représenteront des lignes qui pourront se construire par des quatrièmes proportionnelles. En faisant leur somme et la représentant par une lettre, le polynôme se trouvera transformé en un monôme du même degré. Ainsi, par exemple, $a^m + b^m - c^m$ pourra se mettre sous la forme

$$a^{m-1}\left(a + \frac{b^m}{a^{m-1}} - \frac{c^m}{a^{m-1}}\right).$$

On construira $\frac{b^m}{a^{m-1}}$ en le considérant comme décomposé en $\frac{b^2}{a} \cdot \frac{b}{a} \cdots \frac{b}{a}$. On construira la troisième proportionnelle $\frac{b^2}{a}$; l'appelant b', on construira la quatrième proportionnelle $\frac{b'b}{a}$; l'appelant b'', on construira $\frac{b''b}{a}$, et ainsi de suite; on arrivera de cette manière à une ligne représentée par $\frac{b^m}{a^{m-1}}$.

On construira de même $\frac{c^m}{a^{m-1}}$, et on la retranchera de la précédente ajoutée à a. Représentant cette somme par s, $a^m \times b^m - c^m$ sera remplacé par $a^{m-1}s$, et si l'on avait eu

$\sqrt[n]{a^m + b^m - c^m}$, cette racine serait remplacée par le monôme de même degré $\sqrt[n]{a^{m-1}s}$ ou $a^{\frac{m-1}{n}} s^{\frac{1}{n}}$.

4. *Démonstration générale du principe.* — Considérons une équation déduite de conditions géométriques et renfermant un nombre quelconque de lignes, connues ou inconnues, exprimées en nombre au moyen d'une unité non spécifiée. Supposons d'abord que, tous les dénominateurs étant chassés, l'équation ne soit composée que de monômes de degrés quelconques, positifs ou négatifs, entiers ou fractionnaires. Réunissons en groupes tous les termes de même degré : l'équation pourra se mettre sous la forme suivante, dans laquelle l'indice donné à la lettre A marque le degré du groupe :

$$A_m + A_n + A_p + \ldots + A_s = 0.$$

Les facteurs linéaires $a, b, c, \ldots, k, l$ qui entrent dans divers groupes varieraient avec l'unité de longueur et en raison inverse de la grandeur de cette unité ; mais, s'ils sont ainsi changés en $a', b', c', \ldots, k', l'$, l'équation renfermera ces nouveaux facteurs absolument de la même manière qu'elle renfermait $a, b, c, \ldots, k, l$, puisqu'elle a été obtenue indépendamment de la grandeur de l'unité.

Cela posé, prenons pour cette nouvelle unité la grandeur de la première divisée par un nombre arbitraire z : les nombres désignés par $a', b', \ldots, l'$ seront respectivement égaux à $za, zb, \ldots, zk, zl$. Mais, comme la nouvelle équation doit renfermer $a', b', \ldots, l'$ de la même manière que la première renfermait $a, b, \ldots, l$, on l'obtiendra en changeant dans celle-ci a en za, b en zb, etc., ce qui donnera

$$z^m A_m + z^n A_n + z^p A_p + \ldots + z^s A_s = 0,$$

et, comme cette équation devra avoir lieu quel que soit z, on arriverait à une contradiction si les coefficients des différentes puissances de z n'étaient pas séparément nuls.

Si donc l'équation primitive n'a pas été obtenue par l'addition d'équations homogènes de degrés différents, ce que nous avons recommandé de ne jamais faire, il y a contradiction dans les suppositions; et il est impossible que l'on ait obtenu une équation de forme constante entre les nombres qui représentent des lignes, évaluées avec une unité indéterminée.

5. *Comment l'homogénéité peut cesser d'être apparente.* — Si, après avoir trouvé une équation, en laissant l'unité indéterminée, on vient à la particulariser, et qu'on choisisse à cet effet une des lignes qui entrent dans cette équation, ou même si l'on commence par là, les termes cessent d'être de même degré, à moins qu'on ne conserve la trace des facteurs qui deviennent égaux à 1 : ce qu'on ne fait pas, puisqu'on ne particularise l'unité qu'en vue de simplification. On rétablirait l'homogénéité en revenant à une unité indéterminée, et en complétant ou en réduisant les degrés des termes par l'introduction de facteurs ou diviseurs représentant l'ancienne unité évaluée au moyen de la nouvelle. La manière la plus simple d'y parvenir sera de remplacer chacune des lettres représentant des lignes dans l'équation homogène par le rapport qu'elle exprime réellement de cette même ligne à celle qui a été choisie pour unité. Tous les termes deviennent alors de degré zéro, et l'homogénéité est rétablie.

6. *Remarques diverses.* — Si l'on avait eu d'abord des dénominateurs polynômes, nous venons de prouver qu'après qu'on les aura tous fait disparaître, on aura une équation homogène. Or il est bon de remarquer que tous les termes d'un même dénominateur doivent être homogènes entre eux. Car si l'on en considère un quelconque et que l'on fasse dis-

paraître tous les autres, de sorte qu'il ne subsiste plus que ce dénominateur polynôme, il est évident que, s'il n'avait pas tous ses termes de même degré, la multiplication qui le ferait disparaître ne donnerait pas des termes de même degré, comme cela doit être dans une équation composée de termes monômes et qui n'est pas la somme d'équations homogènes de degrés différents.

7. Si l'équation renfermait des racines de polynômes dont l'indice serait indépendant de l'unité de longueur, on pourrait la rendre rationnelle, et alors elle serait certainement homogène, et les polynômes sous les radicaux devraient l'être eux-mêmes.

Mais si l'on concevait comme possible l'existence d'un radical dont l'indice serait une quantité linéaire, il serait variable avec l'unité de longueur, et les règles relatives aux indices déterminés pourraient ne plus subsister. Ces cas singuliers devraient être examinés spécialement. Si par exemple on avait

$$\sqrt[a]{1 + x + \frac{x^2}{1.2} + \frac{x^3}{1.2.3} + \ldots},$$

a et x désignant des lignes, il faudrait extraire une racine de degré a d'un polynôme indéfini non homogène et dont le degré des termes croît sans limite. Cela pourrait d'abord ne pas présenter le caractère de l'homogénéité, et l'on serait porté à croire qu'une équation qui renferme une pareille expression ne saurait être homogène. Et cependant il n'en est rien, car elle n'est autre chose que $e^{\frac{x}{a}}$, qui est une expression de degré zéro, comme tous les termes suivant lesquels elle peut être développée.

8. Nous venons de voir un cas où, l'indice a d'un radical étant dépendant de l'unité de longueur, l'expression se

trouve homogène et de degré zéro. Mais si, au lieu d'avoir sous ce radical le développement de e^x, on avait eu un polynôme d'un nombre fini de termes, en l'isolant et élevant les deux membres à la puissance a, on aurait d'un côté ce polynôme, dont les termes auraient des degrés fixes, et de l'autre des quantités de degré variable avec l'unité de longueur, ce qui serait impossible.

9. Il est d'autres expressions que les exponentielles qui, n'ayant pas de degré déterminé, ne peuvent s'appliquer qu'à des quantités de degré zéro. Ainsi les logarithmes ne peuvent affecter que des quantités de degré zéro, parce qu'ils n'ont aucun degré déterminé, à moins que ce ne soit zéro; il faut alors que l'on n'ait que des rapports de quantités de même degré; ils seront indépendants de l'unité de longueur et ils pourront être soumis à des opérations logarithmiques ou exponentielles, et entrer dans des équations homogènes. Quelquefois ces circonstances ne seront pas immédiatement en évidence, par exemple si l'on avait $\log x - \log a$, et cependant elles pourront être reconnues, comme dans ce cas où $\log x - \log a = \log \frac{x}{a}$.

10. *Cas où il y a des unités d'espèces différentes.* — Une équation peut renfermer des grandeurs dont la mesure ne se ramène pas à une même unité; les surfaces et les volumes se ramènent à l'unité de longueur, parce qu'ils dépendent toujours de lignes qui les déterminent; mais s'il entrait dans une même équation des lignes et des angles, il faudrait prendre deux unités d'espèces différentes : une ligne pour mesurer les longueurs, et un angle pour mesurer les angles.

En admettant toujours que l'équation a été trouvée en laissant les unités indéterminées, si l'on suppose qu'on fasse varier l'une quelconque d'entre elles en laissant les autres constantes, les raisonnements précédents prouvent que l'équation doit être homogène par rapport aux quantités de l'espèce de cette unité. D'où l'on conclut qu'elle est homogène séparément par rapport à chacune des espèces différentes de quantités qui y entrent.

Une pareille équation pourrait être ramenée à ne renfermer que des rapports de lignes ou des rapports d'angles; mais ses différents termes peuvent aussi bien renfermer des produits de quantités d'espèces différentes; il suffit que l'homogénéité ait lieu séparément pour chaque espèce. Il pourrait bien arriver aussi que l'homogénéité eût lieu séparément pour deux classes distinctes de quantités de même nature. On le reconnaîtra quand l'équation aura été obtenue en supposant que les quantités d'une même classe aient été évaluées avec une unité indéterminée, mais différente pour chacune. C'est ce qui arrive par exemple dans la Trigonométrie, lorsque l'on établit des équations entre les côtés des triangles et les lignes qui, comme nous le verrons bientôt, servent à la détermination des angles.

DE LA DÉPENDANCE ÉTABLIE ENTRE LES DIFFÉRENTES UNITÉS; SES CONSÉQUENCES SUR LA FORME DES ÉQUATIONS.

11. La mesure d'une grandeur, ou son rapport à une autre de même espèce, se ramène souvent à la mesure d'autres quantités d'espèces différentes. Ainsi la mesure des surfaces et des solides se ramène à la mesure de certaines lignes; et si l'on ne fait entrer ces grandeurs dans le calcul que par leur mesure, il n'en résulte que des équations entre des lignes; et nous n'avons rien à ajouter sur ce point à ce qui a été dit précédemment, relativement à l'homogénéité.

Mais si la grandeur dépend de deux éléments d'espèces différentes et que, sans choisir pour unité une des quantités données, on établisse cependant une certaine dépendance soit entre un des éléments et l'unité de l'autre, soit même entre les différentes unités indéterminées, il est possible non seulement que les termes de l'équation ne présentent pas l'homogénéité, mais même qu'ils semblent ne pas varier dans un même rapport, quand on change une des unités, et qu'on ne reconnaisse cette propriété qu'en introduisant la dépendance qui a été admise entre les unités.

Par exemple, si l'on appelle *vitesse* dans un mouvement uniforme l'espace parcouru dans l'unité de temps, cette quantité dépendra d'une longueur, et celle-ci dépendra de l'unité de temps. Les facteurs représentant des vitesses devront donc être considérés comme variant avec les deux unités séparément, en raison inverse de l'unité de longueur et en raison directe de l'unité de temps. Ils devraient donc être regardés comme de degré + 1 par rapport à la longueur et — 1 par rapport au temps.

On raisonnerait de même dans des cas plus complexes, comme on en trouve dans la Mécanique et la Physique [1].

---

[1] Pour en donner un exemple tiré de la Mécanique, soient f une force d'intensité constante qui a été appliquée pendant le temps t à un point de masse m, libre et partant de l'état de repos, x l'espace parcouru par ce point; on aura l'équation

$$mx = \frac{ft^2}{2}.$$

Aucune quantité déterminée n'a été choisie pour unité; seulement on a établi entre les quatre unités, de longueur, de temps, de masse et de force cette dépendance que la force prise pour unité soit celle qui, appliquée pendant l'unité de temps à l'unité de masse, lui ferait acquérir une vitesse égale à l'unité. Cette équation non homogène, ayant été trouvée sans fixer aucune unité, doit conserver sa forme si l'on change une ou plusieurs de ces unités; c'est-à-dire que, les nouveaux nombres qui exprimeraient les mêmes grandeurs absolues étant désignés par m', x', f', t', on aurait encore $m'x' = \frac{f't'^2}{2}$. Et il est facile de reconnaître que cette dernière équation est compatible avec la première, comme nous l'avons vu dans les équations homogènes.

En effet, supposons d'abord qu'on change l'unité de longueur seulement et qu'on en prenne une λ fois plus petite : le nombre x', qui exprime la

Fourier a discuté soigneusement ce point dans sa *Théorie mathématique de la chaleur*. Nous nous bornerons à l'indication succincte que nous venons de donner, réservant les développements aux professeurs.

PASSAGE DES FORMULES NUMÉRIQUES AUX FORMULES DE CONSTRUCTION.

12. Étant donnée la formule qui exprime une ligne en nombre, c'est-à-dire qui indique les opérations à faire sur les nombres qui exprimeraient les lignes données pour obtenir celui qui exprime la ligne cherchée, si l'on veut substituer à ce calcul une suite de constructions à effectuer sur les lignes données, sans avoir recours à aucune évaluation numérique, on procédera de la manière suivante :

1° Si la formule est entièrement rationnelle et homogène, l'inconnue ne pourra être exprimée, dans le cas le plus général, que par le quotient de deux polynômes composés de termes homogènes, d'un degré plus élevé d'une unité au numérateur qu'au dénominateur. Ces deux polynômes

---

même longueur que x, sera λ fois plus grand que x. Les nombres m' et t' seront les mêmes que m et t, qui ne dépendent pas de l'unité de longueur; mais f' sera différent de f, parce que l'unité de force a changé. Cette dernière, en effet, est la force qui, appliquée à l'unité de masse qui est restée la même pendant une unité de temps qui est aussi restée la même, lui ferait acquérir une vitesse égale à l'unité, c'est-à-dire λ fois plus petite que dans le premier cas; cette force sera donc λ fois plus petite que la première unité, et par conséquent le nombre f', qui exprimera toujours la même force, sera égal à λf. Les deux membres de la seconde équation ne sont donc autre chose que ceux de la première multipliés par λ, et les deux équations sont compatibles, comme cela devait être.

Il en serait de même si l'on changeait les autres unités.

Et si, pour appliquer une formule ainsi obtenue, on fait un choix particulier pour les unités indépendantes et qu'on en tire la valeur d'une inconnue, le nombre ainsi obtenu devra être considéré comme exprimant des unités égales à celle que l'on aura choisie pour l'espèce dont cette inconnue fait partie, et il n'y aura à s'occuper d'aucune des autres.

pourront être réduits à des monômes, comme nous l'avons indiqué précédemment, et la ligne représentée par la fraction ainsi transformée se construira par une suite de quatrièmes proportionnelles.

2° Si la formule de l'inconnue renferme des radicaux du second degré, et que les quantités qui y sont soumises soient des expressions rationnelles quelconques, on pourra commencer par les réduire, comme nous venons de l'indiquer, à des monômes entiers ou fractionnaires, suivant que le numérateur y sera de degré plus élevé ou moins élevé que le dénominateur. Dans le premier cas, on pourra, par une suite de quatrièmes proportionnelles, réduire la quantité sous le radical à un produit de facteurs linéaires; et dans le second, à l'unité divisée par un produit. Ce cas, en renversant le radical, rentre dans le premier, qu'il suffit par conséquent d'examiner.

S'il n'y a que deux facteurs, la racine sera leur moyenne proportionnelle et se construira facilement.

S'il y en a un nombre plus grand que deux, on les groupera deux à deux, et une suite de moyennes proportionnelles réduira le radical au produit d'autant de lignes qu'il y aura de ces groupes, si les facteurs sont en nombre pair. Et si ce nombre était impair, il resterait l'indication de la racine du dernier; ce facteur se combinera avec quelque autre d'après la forme de l'expression donnée qui, d'après le principe de l'homogénéité, doit toujours être du premier degré, puisqu'elle est la valeur d'une ligne.

En agissant ainsi pour tous les radicaux du second degré qui entrent dans l'expression de la ligne à construire, on finira par la rendre rationnelle, et alors on procédera comme dans le premier cas.

Il est évident que ce procédé pourra s'appliquer à plusieurs racines carrées accumulées les unes sur les autres.

Mais si l'expression de la ligne inconnue renfermait des

radicaux non réductibles au second degré, ou encore si l'inconnue est la racine d'une équation qu'on ne sait pas résoudre, les procédés que nous venons d'indiquer ne peuvent plus s'appliquer; et ce n'est que plus tard que nous pourrons nous occuper de cette question.

QUE TOUS LES PROBLÈMES PEUVENT ÊTRE RAMENÉS A LA DÉTERMINATION DES LONGUEURS DE CERTAINES DROITES.

13. Un problème de Géométrie ne peut avoir pour objet que la détermination de points ou de grandeurs d'espèce quelconque, comme des lignes, des angles, des figures planes ou des solides.

La détermination des angles peut être ramenée à celle de lignes droites ; car, en les faisant entrer comme éléments de triangles, il suffira de connaître les côtés de ces triangles, ou seulement leurs rapports, pour que les angles en question soient eux-mêmes connus.

Une figure plane quelconque qui ne renferme pas de lignes courbes se ramène évidemment à la connaissance de certaines droites, ou d'angles, lesquels se ramènent à des droites. Et il en serait de même d'un solide qui ne renfermerait dans sa construction aucune surface courbe.

Quant à la détermination de la position d'un point, il est facile de voir comment elle se ramène à celle de la longueur de certaines droites.

En effet, si ce point doit être dans un plan donné et sur une ligne connue, il suffit de connaître sa distance à un point connu de cette ligne; et si l'on ne connaît aucune ligne du plan qui le renferme, sa position sera déterminée si l'on connaît ses distances à deux points donnés, ou à deux lignes données, ou encore à un point et une ligne connus. Enfin il peut être déterminé par sa distance à un point du plan et par l'angle que fait avec une droite connue la ligne qui le joint à ce point. Or un angle se ramène, comme nous l'avons dit, à des droites.

D'où l'on voit que la recherche de la position d'un point peut, de bien des manières, être ramenée à celle de la longueur de certaines droites.

Si les constructions demandées n'étaient pas dans un même plan, elles se ramèneraient de même à la connaissance de lignes, d'angles ou de positions de points. Et la position d'un point se déterminerait par ses distances à trois points ou à trois plans, et de diverses autres manières que nous pourrons indiquer plus tard.

Si les figures ou solides renferment des cercles ou des sphères, leur détermination est ramenée à celle de leur centre et de leur rayon, et par conséquent à celle de certaines longueurs. Quant aux autres lignes ou surfaces courbes, on ne les admet pas ordinairement dans les éléments, et nous en parlerons bientôt.

Ces divers moyens de détermination des points peuvent donner lieu à quelque incertitude, et souvent une discussion est nécessaire pour reconnaître le point cherché parmi d'autres que fournirait la construction. Nous verrons par quels moyens on est parvenu à éviter cette confusion et à distinguer sans ambiguïté, dans les résultats du calcul, ce qui correspond précisément à ce que l'on cherche.

Quelles que soient les grandeurs au moyen desquelles un point soit déterminé, on leur donne le nom général de *coordonnées* de ce point.

CHAPITRE II.

APPLICATION DU CALCUL A LA RÉSOLUTION DE DIVERSES QUESTIONS GÉOMÉTRIQUES. — DISCUSSION DE SOLUTIONS ÉTRANGÈRES ET DE SOLUTIONS NÉGATIVES. — GÉNÉRALISATION D'UNE FORMULE FONDAMENTALE PAR LES QUANTITÉS NÉGATIVES.

---

14. *Trouver les formules qui expriment la surface d'un triangle, et les rayons des cercles, inscrit et circonscrit, en fonction des côtés de ce triangle.*

Soient ABC (*fig.* 1) ce triangle; a, b, c les côtés respectivement opposés aux angles A, B, C; h la hauteur AD, et S la surface cherchée.

Fig. 1.

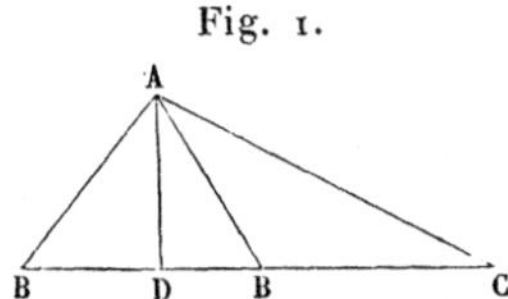

On aura d'abord $S = \frac{ah}{2}$, et par conséquent il suffira d'exprimer h en fonction de a, b, c.

Or, on connaît une relation entre ces trois côtés et un segment tel que BD; on pourra donc exprimer BD en fonction de a, b, c; et par suite AD, qui est déterminé par BD, puisque l'hypoténuse du triangle ABD est donnée. La marche à suivre est donc toute tracée, et il n'y a plus qu'à exécuter ce qui vient d'être indiqué.

L'équation qui donnera BD est $b^2 = a^2 + c^2 - 2a.\text{BD}$, si l'angle B est aigu; et le signe du dernier terme devrait être changé si B était obtus. On aura donc, dans le premier cas,

$$BD = \frac{a^2 + c^2 - b^2}{2a},$$

et dans le second

$$BD = \frac{b^2 - a^2 - c^2}{2a}.$$

Et comme

$$\overline{AD}^2 = \overline{AB}^2 - \overline{BD}^2,$$

on aura

$$AD = \sqrt{c^2 - \frac{(a^2 + c^2 - b^2)^2}{4a^2}} \text{ ou } AD = \sqrt{c^2 - \frac{(b^2 - a^2 - c^2)^2}{4a^2}}.$$

Mais en développant le carré de $a^2 + c^2 - b^2$, on a les mêmes termes qu'en développant celui de $b^2 - a^2 - c^2$; les deux cas seront donc représentés par une seule expression définitive, et nous nous bornerons à suivre le calcul d'après l'une des formes, la première, par exemple.

On aura ainsi

$$S = \frac{a}{2}\sqrt{c^2 - \frac{(a^2 + c^2 - b^2)^2}{4a^2}} = \frac{1}{4}\sqrt{4a^2c^2 - (a^2 + c^2 - b^2)^2},$$

et, transformant la différence des deux carrés dans le produit de la somme des racines par leur différence,

$$S = \frac{1}{4}\sqrt{(2ac + a^2 + c^2 - b^2)(2ac - a^2 - c^2 + b^2)},$$

et par la même considération

$$S = \frac{1}{4}\sqrt{(a + b + c)(a + c - b)(b + a - c)(b + c - a)}.$$

Il est bon de faire ici une remarque sur la décomposition du dernier facteur $2ac - a^2 - c^2 + b^2$. Il est la différence des deux carrés b^2 et $a^2 + c^2 - 2ac$; or, ce dernier peut être celui de $a - c$ ou de $c - a$, suivant que a est plus grand ou plus petit que c; mais, comme on doit ajouter et retrancher successivement de b la racine du second carré, les deux résultats seront les mêmes quant à la forme; seulement chacun d'eux exprimera dans un cas la somme des racines, et dans l'autre cas leur différence.

On peut donner à la valeur de S une forme plus simple en introduisant le périmètre $2p$ du triangle, c'est-à-dire en posant $a+b+c=2p$. On trouvera ainsi

$$S=\sqrt{p(p-a)(p-b)(p-c)}.$$

Cette formule était connue des anciens géomètres.

15. *Trouver l'expression du rayon d'un cercle tangent à trois droites données.*

Ce cercle peut être inscrit au triangle formé par ces trois droites, ou tangent aux prolongements de ses côtés. Cela donne lieu, en général, à quatre cercles différents.

En considérant celui qui est dans l'intérieur du triangle, son rayon est la hauteur commune des trois droites qui composent la surface du triangle; d'où l'on déduit, en employant les mêmes dénominations que précédemment, et désignant le rayon par R,

$$R=\frac{a+b+c}{2}=S=\sqrt{p(p-a)(p-b)(p-c)},$$

et par suite

$$R=\sqrt{\frac{(p-a)(p-b)(p-c)}{p}}.$$

On trouvera semblablement pour les trois autres cercles

$$R'=\sqrt{\frac{p(p-b)(p-c)}{p-a}},\quad R''=\sqrt{\frac{p(p-a)(p-c)}{p-b}},$$

$$R'''=\sqrt{\frac{p(p-a)(p-b)}{p-c}}.$$

D'où se déduit cette relation remarquable entre les quatre rayons

$$RR'R''R''' = p(p-a)(p-b)(p-c) = S^2.$$

Remarque. — Comme exercice sur les limites, il est bon de chercher ce que deviennent ces quatre formules, quand deux côtés du triangle, a, b par exemple, croissent indéfiniment, le troisième côté c restant constant, ainsi que l'angle adjacent B. On voit facilement que, dans la figure limite, le côté AC est remplacé par la parallèle menée à BC par A; les deux cercles tangents extérieurement à AC, BC ne sont plus possibles, et les deux autres sont tangents aux deux parallèles et à AB, des deux côtés de cette dernière ligne.

Mais ce qui est intéressant, c'est de voir comment ces diverses circonstances seront exprimées par les formules.

Considérons d'abord l'expression du rayon d'un des deux cercles R', R'' qui doivent disparaître. Ils renferment l'un et l'autre le rapport de $p-a$ à $p-b$ ou de $\frac{c+b-a}{2}$ à $\frac{c+a-b}{2}$, direct ou renversé.

Or, lorsque le point C (*fig.* 2) s'éloigne indéfiniment de B, si l'on prend toujours CI = CA, les angles à la base du triangle isoscèle CAI tendent vers des angles droits, puisque

Fig. 2.

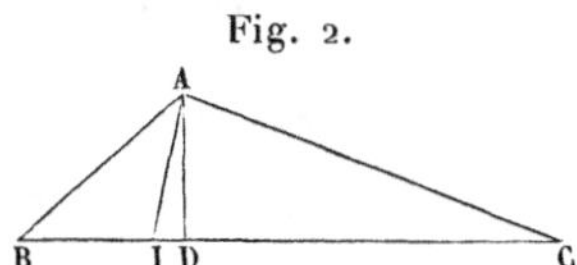

l'angle C tend vers zéro. La limite du point I est donc le pied D de la perpendiculaire abaissée de A sur la droite immobile BC et $a-b$ a pour limite BD : la limite de $\frac{p-a}{p-b}$ est donc $\frac{c-\text{BD}}{c+\text{BD}}$. Mais les deux autres facteurs p,

$p-c$ croissant indéfiniment, il en est de même de R′ et R″; et c'est en se présentant sous la forme de l'infini que les deux formules apprennent que les deux cercles correspondants ne sont plus possibles.

Passons aux deux autres expressions qui donnent R et R‴.

Les limites de $p-a$ et $p-b$ étant $\frac{c-\mathrm{BD}}{2}$ et $\frac{c+\mathrm{BD}}{2}$, la limite de leur produit sera

$$\frac{c^2-\overline{\mathrm{BD}}^2}{4} \quad \text{ou} \quad \frac{\overline{\mathrm{AD}}^2}{4}.$$

D'ailleurs, le rapport de p à $p-c$ a pour limite l'unité, puisque c est constant et que p croît indéfiniment.

Les limites de R et de R′ seront donc $\frac{\mathrm{AD}}{2}$, ou la moitié de la distance des deux parallèles, comme il avait été facile de le prévoir.

16. *Expression du rayon du cercle circonscrit à un triangle en fonction de ses côtés.*

Soient ABC (*fig.* 3) le triangle, O le centre du cercle circonscrit, R son rayon. Menons par un des sommets le diamètre AD. Pour trouver une relation entre AD et les côtés a, b, c du triangle, on remarquera d'abord qu'en joignant BD

Fig. 3.

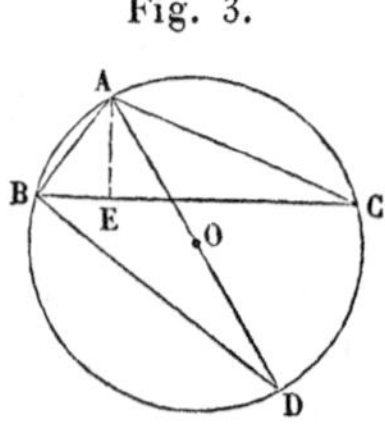

on aura un triangle rectangle dont l'angle D sera égal à C; et que par conséquent on aurait un triangle semblable à ABD en abaissant de A une perpendiculaire AE sur BC. On déduira de là

$$\mathrm{AD} : \mathrm{AB} :: \mathrm{AC} : \mathrm{AE} \quad \text{ou} \quad 2\mathrm{R} : c :: b : \mathrm{AE},$$

d'où

$$\mathrm{R} = \frac{cb}{2\mathrm{AE}} = \frac{cba}{2a.\mathrm{AE}},$$

et, comme $a.\mathrm{AE}$ est le double de la surface du triangle, on aura

$$\mathrm{R} = \frac{abc}{4\sqrt{p(p-a)(p-b)(p-c)}}.$$

17. *Expressions des diagonales d'un quadrilatère inscrit, en fonction de ses côtés.*

Soient

$$\mathrm{AB} = a, \quad \mathrm{BC} = b, \quad \mathrm{CD} = c, \quad \mathrm{DA} = d, \quad \mathrm{AC} = x, \quad \mathrm{BD} = y.$$

Pour qu'un quadrilatère soit inscriptible dans un cercle, il est nécessaire que la somme des deux angles opposés, par exemple A et C (*fig.* 4), soit égale à deux droits. Il suffit donc d'exprimer que le prolongement de DA fait avec AB

Fig. 4.

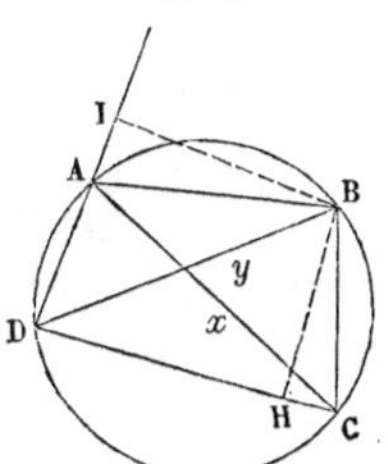

un angle égal à C. C'est de cette condition que doivent résulter les relations qui pourront servir à déterminer les valeurs de x et y. Voyons quelles conséquences résultent de cette condition :

Si du point B on abaisse BH, BI perpendiculaires sur

CD, DA, les triangles BHC, BAI seront semblables et donneront

$$\frac{AI}{HC} = \frac{a}{b}.$$

Or, AI et HC peuvent s'exprimer au moyen des trois côtés des triangles ABD, CBD; et l'on obtiendra ainsi une équation où entrera la ligne inconnue DB ou y. Le problème sera donc résolu, puisque x s'obtiendra semblablement, et pourra d'ailleurs se déduire de y par de simples changements de lettres.

Les valeurs de AI et CH seront, en observant que, si l'angle C est aigu, A sera obtus,

$$CH = \frac{b^2 + c^2 - y^2}{2c}, \quad AI = \frac{y^2 - a^2 - d^2}{2d}.$$

La proportion précédente deviendra ainsi

$$bc(y^2 - a^2 - d^2) = ad(b^2 + c^2 - y^2),$$

d'où

$$y^2 = \frac{ad(b^2 + c^2) + bc(a^2 + d^2)}{ad + bc} = \frac{(ab + cd)(ac + bd)}{ad + bc}.$$

Pour déduire x^2 de y^2 il faut y changer chacun des côtés a, b, c, d dans celui qui le suit immédiatement, puisque, en recommençant en partant de B ce qu'on a fait en partant de A, on aura, pour obtenir la diagonale CA, les mêmes calculs à faire que pour BD, avec cette seule différence que chaque côté sera remplacé par celui qui le suit, en les rangeant circulairement dans l'ordre a, b, c, d. On aura donc

$$x^2 = \frac{(bc + da)(bd + ca)}{ba + cd},$$

et les valeurs des diagonales seront

$$x = \sqrt{\frac{(bc + ad)(bd + ac)}{ab + cd}}, \quad y = \sqrt{\frac{(ab + cd)(ac + bd)}{ad + bc}}.$$

18. *Corollaires.* — 1° En multipliant ces deux expressions et réduisant, on trouve

$$xy = ac + bd,$$

c'est-à-dire que le rectangle des diagonales est égal à la somme des rectangles des côtés opposés.

Les anciens connaissaient ce théorème, qu'ils démontraient par des considérations purement géométriques. Ils s'en servaient pour déterminer la corde de la somme de deux arcs, quand on connaît les cordes de chacun d'eux et le rayon du cercle. Si, par exemple, on considère les deux arcs AB, BC, dont les cordes sont a, b, la diagonale x sera la corde de la somme de ces arcs. En prenant maintenant pour seconde diagonale BD le diamètre mené par B, la relation que nous venons de trouver deviendra, en prenant le rayon pour unité,

$$x = a\sqrt{1 - \frac{b^2}{4}} + b\sqrt{1 - \frac{a^2}{4}}.$$

2° En divisant x par y, on trouve

$$\frac{x}{y} = \frac{ad + bc}{ab + cd},$$

ce qui montre que les diagonales sont entre elles comme les sommes des rectangles des côtés qui partent de leurs extrémités respectives.

19. *Connaissant l'hypoténuse d'un triangle rectangle et la somme des deux autres côtés et de la hauteur, calculer ces trois quantités.*

Soient a cette somme, b l'hypoténuse, x et y les deux côtés de l'angle droit et z la hauteur. Les équations entre ces quantités se forment immédiatement par les propriétés connues du triangle rectangle et la relation imposée par l'énoncé : elles sont

$$(1) \qquad x + y + z = a, \quad xy = bz, \quad x^2 + y^2 = b^2.$$

La résolution de ces équations n'offre aucune difficulté, et nous ne les avons choisies que pour montrer par un exemple simple comment le calcul peut devenir plus ou moins compliqué, suivant la manière dont on le dirige.

On sait que dans toute équation du second degré, $x^2 + px + q = 0$, la somme des racines est $-p$, leur produit q, et la somme de leurs carrés $p^2 - 2q$.

Cela posé, la somme et le produit de x et y étant donnés en fonction de z par les deux premières équations, ces inconnues seront les racines de l'équation

$$u^2 - (a - z)u + bz = 0.$$

La somme de leurs carrés sera donc

$$(a - z)^2 - 2bz,$$

et la troisième équation donnera

$$(a - z)^2 - 2bz = b^2$$

ou

$$(2) \qquad z^2 - 2(a + b)z + a^2 - b^2 = 0,$$

d'où

$$z = a + b \pm \sqrt{2ab + 2b^2}.$$

De ces deux valeurs données par l'équation du second degré, une seule peut convenir à la question : car celle qui correspond au signe + du radical, étant plus grande que $a + b$, ne peut être égale à la hauteur du triangle. La valeur unique de cette ligne est donc

$$z = a + b - \sqrt{2ab + 2b^2}.$$

Reportant cette expression dans l'équation en u, elle

devient

$$(3)\quad u^2 + (b - \sqrt{2ab + 2b^2})\,u + b^2 + ab - b\sqrt{2ab + 2b^2} = 0;$$

les deux racines de cette équation seront les valeurs de x et y.

Si au lieu de z on cherchait x ou y, on devrait craindre de tomber sur une équation de degré plus élevé, ne fût-ce que par cette considération que, x et y entrant symétriquement dans les équations, le résultat de l'élimination de z et y doit renfermer comme solutions les valeurs de y, aussi bien que celles de x ; et c'est ce qui arrive en effet, car on parvient ainsi à

$$(4)\quad x^4 + 2bx^3 + b^2x^2 - 2b^2(a + b)\,x + b^2(a^2 - b^2) = 0,$$

équation dont la discussion offrirait quelque difficulté, si l'on ne remarquait pas que son premier membre peut être décomposé en deux facteurs du second degré en x, qui, égalés à zéro, conduisent aux équations suivantes :

$$(5)\quad x^2 + (b + \sqrt{2ab + 2b^2})\,x + b^2 + ab + b\sqrt{2ab + 2b^2} = 0,$$

$$(6)\quad x^2 + (b - \sqrt{2ab + 2b^2})\,x + b^2 + ab - b\sqrt{2ab + 2b^2} = 0.$$

La première donne deux valeurs négatives pour x, et ne donne par conséquent aucun nombre satisfaisant aux équations obligées de la question : on doit donc la rejeter.

La seconde est donc la seule à considérer. Elle doit donner y et x, et coïncide en effet avec l'équation en u trouvée d'abord pour le même objet. La condition de réalité de ses racines s'exprime par l'inégalité

$$a < b\left(\frac{1}{2} + \sqrt{2}\right).$$

La valeur maximum de a, quand b est donné, est donc

$$b\left(\frac{1}{2} + \sqrt{2}\right).$$

Si l'on donne a au-dessous, on a deux racines positives inégales. Si a est égal à cette limite, les deux racines sont égales et le triangle est isoscèle.

20. *Remarque.* — On peut se demander pourquoi l'on a trouvé deux valeurs de z, puisqu'il n'y en a qu'une qui convienne; et de même pourquoi l'équation en x est du quatrième degré, puisqu'il n'y a que deux de ses racines qui conviennent.

Avant de chercher comment ces solutions étrangères se sont introduites, il faut voir si le problème numérique et le problème géométrique sont réciproques, c'est-à-dire si chacun des deux entraîne l'autre comme conséquence. Or nous avons bien démontré que les équations (1) étaient des conséquences des conditions géométriques, mais nous n'avons pas démontré la réciproque; et dans l'exposition générale des méthodes, nous avons montré que dans ce cas il pouvait y avoir des solutions étrangères.

Maintenant, pour reconnaître que les équations (1) n'entraînent pas effectivement les conditions du problème géométrique, et renferment par conséquent des solutions étrangères, ce qui ne serait pas facile à voir immédiatement, suivons-en les conséquences, c'est-à-dire les équations, que nous en avons successivement déduites. Or l'équation en z, obtenue par l'élimination de x et y, est

$$(a-z)^2-2bz=b^2,$$

et quand on développe le carré de $a - z$ on a les mêmes termes que si l'on avait développé celui de $z - a$, d'où il suit que les résultats du calcul seront les mêmes que si la première des équations (1) avait été $x+y=z-a$ au lieu d'être $x+y=a-z$. Et comme les systèmes d'équations qu'on substitue les uns aux autres sont réciproques, les équations (1) satisfont non seulement aux conditions géométriques du problème, mais encore à celles d'un autre problème de nombres, qui peut même ne correspondre à aucun problème de Géométrie.

Il n'y avait donc pas réciprocité entre le problème géométrique proposé et le problème de nombres qu'on lui a substitué. Si l'on avait substitué la seconde valeur de z dans l'équation en u, on aurait eu, au lieu de l'équation (3), une autre équation qui n'aurait été autre que l'équation (5), puisque l'équation (4) doit donner toutes les valeurs de x qui conviennent aux équations (1). Et c'est ce qu'on reconnaît immédiatement.

21. *Par deux points donnés faire passer un cercle tangent à un cercle donné.*

Soient A et B (*fig.* 5) les deux points donnés, D leur

Fig. 5.

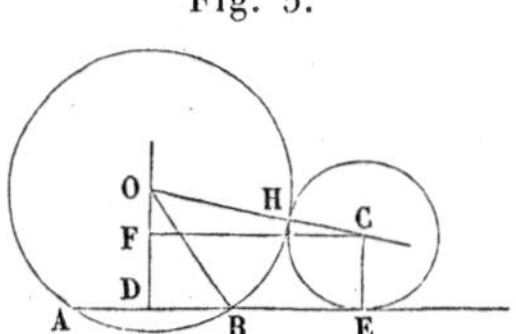

milieu, C le centre du cercle donné, r son rayon; CE, CF perpendiculaire et parallèle à AB. Posons

$$AB = 2a, \quad DE = b, \quad CE = c.$$

Le centre O du cercle cherché sera sur la perpendiculaire élevée en D sur AB; désignons par x sa distance au point D, et soit H le point de contact.

Les deux cercles pouvant être tangents extérieurement ou intérieurement, on aura

$$CO = OB \pm r \quad \text{ou} \quad \sqrt{(x-c)^2 + b^2} = \sqrt{x^2 + a^2} \pm r.$$

Élevant les deux membres au carré, il vient

$$b^2 + c^2 - 2cx = a^2 + r^2 \pm 2r\sqrt{x^2 + a^2}.$$

Isolant le radical et élevant au carré, on obtient, en posant $b^2 + c^2 - a^2 - r^2 = 2m^2$,

$$(1) \qquad (c^2 - r^2)x^2 - 2m^2cx + m^4 - a^2r^2 = 0.$$

Et comme il ne reste aucune trace du double signe, les deux racines de cette équation se rapporteront aux deux cas possibles du contact.

Examinons maintenant les changements qu'introduirait dans les calculs une disposition différente des points de la figure.

Si le centre inconnu O se trouvait au-dessous de F, le côté OF du triangle COF serait exprimé par $c - x$ au lieu de $x - c$; mais, après le développement du carré, les termes présenteraient la même forme, et il n'en résulterait aucun changement dans les calculs. Mais si O devait se trouver d'un autre côté de la ligne AB que C, le côté OF s'exprimerait par la somme $x + c$ au lieu de la différence, et le calcul conduirait, non plus à l'équation (1), mais à la suivante :

$$(2) \qquad (c^2 - r^2)x^2 + 2m^2cx + m^4 - a^2r^2 = 0,$$

dont les deux racines sont, au signe près, les mêmes que celles de l'équation (1).

La condition de réalité des racines de ces équations est la même; elle est exprimée par l'inégalité

$$a^2r^2 - m^4 < a^2c^2.$$

Quant aux signes de ces racines, ils dépendent de ceux de $m^4 - a^2r^2$ et de $c^2 - r^2$.

Remarque. — L'équation (1) donnant la position du centre O quand il est du même côté de AB que C, et l'équation (2), quand il est de l'autre côté; et de plus les racines de ces deux équations étant les mêmes au signe près, il s'ensuit que si la première a ses deux racines négatives, ce qui ne résout pas la question, puisqu'elles annoncent que les conditions ne sont remplies par aucun nombre, la seconde les aura positives et de même grandeur, respectivement; elles fourniront donc deux positions du côté de C, et qui seraient les mêmes que si les valeurs négatives de x données par (1) étaient portées en sens contraires de celui qu'on avait supposé quand on est parvenu à cette équation. Si les racines (1) sont l'une positive, l'autre négative, la première construit un point du même côté que C; la seconde ne résout pas la question, mais elle apprend que l'équation (2) a une racine positive de même grandeur, qui indique de l'autre côté de C le centre d'un cercle satisfaisant à la question; et ce même centre s'obtiendrait en portant la racine négative de (1) en sens contraire de celui qu'on avait supposé.

Concluons de là que l'équation (1) suffira à tous les cas, à la condition que les valeurs positives de x seront portées du même côté que C, et les valeurs négatives du côté opposé.

Cette conclusion n'est légitime que par la comparaison que nous avons faite des racines des deux équations qui se rapportent aux deux cas, et non par l'analogie vague que l'on pourrait apercevoir entre l'opposition des signes et l'opposition des directions. Cette comparaison pourrait être beaucoup plus pénible dans des cas plus compliqués. Nous allons en donner d'autres exemples, qui suffiront avec celui-ci pour faire désirer des méthodes générales, qui permettent de renfermer dans un calcul unique toutes les variétés qu'une même question géométrique peut présenter.

22. *Par un point donné faire passer un cercle tangent à deux cercles donnés.*

Dans ce cas on n'aperçoit aucune droite sur laquelle doive se trouver le centre du cercle cherché, et il faudra deux quantités pour le déterminer, par exemple ses distances à deux droites connues.

Soient A et B (*fig.* 6) les centres des deux cercles donnés; r, r' leurs rayons; C le point donné, O le centre du cercle cherché, et z son rayon.

Fig. 6.

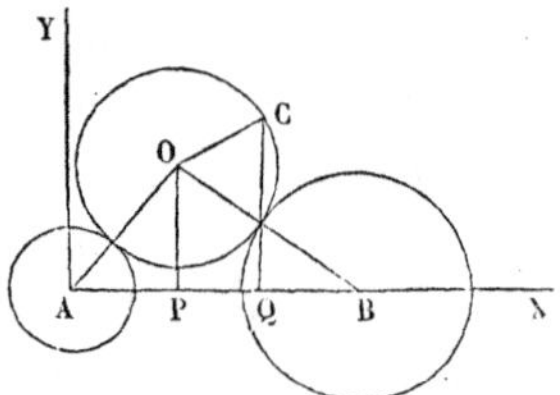

Si nous concevons la perpendiculaire OP sur AB, le point O sera déterminé par les longueurs OP, AP qui sont ses distances à la droite AB, et sa perpendiculaire AY. Posons

$$AB = a, \quad AP = x, \quad OP = y, \quad AQ = \alpha, \quad CQ = \beta;$$

il s'agit de trouver deux équations entre les inconnues x et y. En supposant le cercle O extérieur aux deux autres, les conditions géométriques conduiront aux équations suivantes :

$$(1) \qquad AO - r = z, \quad BO - r' = z, \quad CO = z,$$

qui, par l'élimination de z, conduisent aux deux suivantes :

$$AO - r = BO - r', \quad AO - r = CO.$$

La figure donne immédiatement pour AO, BO, CO les expressions suivantes :

$$AO = \sqrt{x^2 + y^2}, \quad BO = \sqrt{y^2 + (a - x)^2},$$
$$OC = \sqrt{(\beta - y)^2 + (\alpha - x)^2};$$

mais pour une autre disposition des points la forme des expressions serait différente. Si par exemple le point P tombait à gauche de A, BP serait exprimé par $a + x$ au lieu de $a - x$, et l'expression de BO serait changée, même après le développement du carré. Si O n'est pas du même côté de AY que C, l'expression de OC changera, et $(\alpha - x)^2$ y sera remplacé par $(\alpha + x)^2$, qui est de forme différente. De même $(\beta - y)^2$ serait remplacé par $(\beta + y)^2$ si O et C étaient de côtés différents de AB; et les deux changements devraient être faits à la fois, si O et C étaient de côtés différents de chacun des deux axes sur lesquels on porte les distances x, y. On voit donc combien de combinaisons différentes peuvent donner les diverses positions possibles du point inconnu; et l'on conçoit combien il serait utile de trouver le moyen de renfermer tous les calculs auxquels elles peuvent donner lieu, dans un seul d'où ils pourraient tous être déduits.

Mais il y a encore d'autres formes à considérer dans le calcul, d'après la manière dont le cercle cherché doit toucher les deux autres. Le contact avec chacun d'eux peut avoir lieu extérieurement ou intérieurement, ce qui donne généralement quatre combinaisons; et il faut reconnaître les changements qui en résulteront dans les équations.

Si le cercle cherché renferme les deux autres, les équations (1) se changent dans celles-ci :

(2) $$\mathrm{AO} + r = z, \quad \mathrm{BO} + r' = z, \quad \mathrm{CO} = z.$$

Si l'un des cercles donnés est extérieur, et l'autre intérieur au cercle cherché, les équations deviennent

(3) $$\mathrm{AO} + r = z, \quad \mathrm{BO} - r' = z, \quad \mathrm{CO} = z,$$

ou

(4) $$\mathrm{AO} - r = z, \quad \mathrm{BO} + r' = z, \quad \mathrm{CO} = z.$$

Tels sont tous les cas qu'il faut considérer si l'on veut la solution complète du problème, sans compter les variétés qui résulteraient de la position relative des deux cercles, qui peuvent être totalement ou partiellement intérieurs l'un à l'autre.

23. Indiquons maintenant le calcul dans l'hypothèse des équations (1) et des expressions que nous avons prises pour AO, BO, CO. Nous aurons d'abord les équations

$$\sqrt{x^2+y^2}-r=\sqrt{y^2+(a-x)^2}-r',$$
$$\sqrt{x^2+y^2}-r=\sqrt{(\beta-y)^2+(\alpha-x)^2}.$$

La seconde donne, en élevant ses deux membres au carré,

$$2\beta y+2\alpha x+r^2-\alpha^2-\beta^2=2r\sqrt{x^2+y^2};$$

la première donne, en faisant passer r' dans le premier membre et élevant au carré,

$$(5)\qquad 2ax+(r-r')^2-a^2=2(r-r')\sqrt{x^2+y^2};$$

d'où, en éliminant $\sqrt{x^2+y^2}$ entre ces deux équations,

$$(6)\qquad \left\{\begin{aligned}&\beta(r-r')y+(\alpha r-\alpha r'-ar)x\\&\quad+\frac{r'-r}{2}(\alpha^2+\beta^2+rr')+\frac{a^2 r}{2}=0.\end{aligned}\right.$$

Cette équation, jointe à l'équation (5), donnera x et y. L'élimination de y conduira à une équation du second degré en x. A chacune de ses racines correspondra une seule valeur de y que donnera l'équation (6), et l'on n'aura que deux systèmes de valeurs de x, y. Si ces valeurs sont réelles et positives, les conditions exprimées ne renferment aucune impossibilité.

Voyons maintenant à quoi correspondent ces deux systèmes. Remarquons pour cela que, si nous avions pris les équations (2) au lieu de (1), tous les calculs n'auraient différé des premiers que par le changement de signe de r et r'. L'équation (6) aurait donc été obtenue, ainsi que l'équation (5), après son élévation au carré, et l'on aurait retrouvé les deux mêmes systèmes de valeurs de x et y : d'où il suit que l'un des deux correspond au cas où le cercle tangent est extérieur aux deux autres, et le second au cas où il les renferme dans son intérieur.

On verrait de même que les équations (3) et (4) conduiraient à deux équations analogues à (5) et (6), et qui s'en déduiraient facilement par des changements de signes. Elles donneraient deux systèmes de valeurs de x et y, qui, supposées réelles et positives, détermineraient les deux cercles correspondant à un contact extérieur pour l'un des cercles donnés, et intérieur pour l'autre.

24. *De l'usage qu'on peut faire des valeurs négatives de x et y.*

Quand nous avons calculé les valeurs de BO et CO, nous avons remarqué que, si les deux points O et C sont d'un même côté de AY, les côtés parallèles à AB dans les triangles dont elles sont les hypoténuses étaient les différences de a à x, et de α à x; tandis que, si O et C sont de côtés différents, on a les sommes de ces lignes. On voit donc que les équations ne différeront dans ces deux cas que par le signe de x; de sorte que, si l'une des équations a une racine négative, l'autre en aura une positive de même grandeur, qui satisfera au problème en la portant du côté correspondant à cette dernière équation. Et comme ce côté est l'opposé de celui qui correspond à l'autre équation, il en résulte que la valeur négative de x que donne la première équation pourrait dispenser de recourir à la seconde, et qu'elle donnerait la même solution que celle-ci, pourvu qu'on la portât en sens contraire de la racine positive.

Les mêmes raisonnements s'appliquant à y, on en tire ces deux conclusions : 1° que lorsque le point O est du côté opposé à celui où on le supposait en formant les équations, l'équation finale qui donne l'inconnue relative renfermera une racine négative égale en grandeur à celle qu'on trouverait en supposant le point du côté où il est réellement;

2° que lorsque les équations obtenues en supposant O d'un certain côté de AB ou de AY, et que ce calcul conduit à une valeur négative de x ou y, il est inutile de recourir aux équations correspondant à ces positions différentes, et qu'il suffira de porter les valeurs de ces inconnues du côté opposé à celui où l'on supposait le point, quand on a mis le problème en équation.

25. *Étant données deux droites rectangulaires indéfinies, mener par un point donné sur la bissectrice d'un des angles une ligne telle, que la partie comprise entre les deux droites ait une longueur donnée.*

Soient B (*fig.* 7) le point donné, BC perpendiculaire à

Fig. 7.

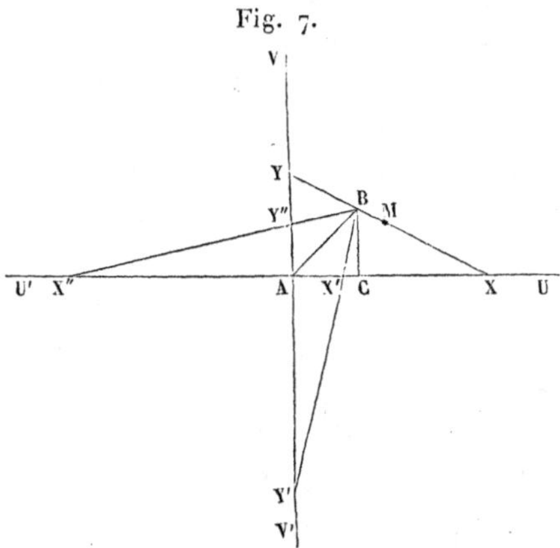

la droite donnée AU, XY la ligne cherchée, m sa longueur donnée; posons $BC = a = AC$, et $AX = x$. Les triangles semblables donneront

$$\frac{AY}{AX} = \frac{a}{x-a},$$

et, comme $\overline{AX}^2 + \overline{AY}^2 = \overline{XY}^2$, on aura

$$x^2 + \frac{a^2 x^2}{(x-a)^2} = m^2.$$

La proportion précédente suppose le point X à droite de C. S'il était à gauche, et entre A et C, les triangles semblables donneraient

$$\frac{\text{AY}'}{\text{AX}'} = \frac{a}{a - \text{AX}'},$$

ou, en supprimant les accents,

$$\frac{\text{AY}}{x} = \frac{a}{a - x};$$

mais, en effectuant les calculs, on tomberait encore sur l'équation (1), parce que le développement de $(a - x)^2$ est le même que celui de $(x - a)^2$.

Mais si la sécante menée par B rencontre la droite donnée AU, de l'autre côté de A, en X'', la proportion sera

$$\frac{\text{AY}''}{\text{AX}''} = \frac{a}{a + \text{AX}''} \quad \text{ou} \quad \frac{\text{AY}''}{x} = \frac{a}{a + x},$$

et l'équation en x différera de (1) par le changement de signe de x; les racines de ces deux équations seront donc les mêmes au signe près.

On voit par cette discussion que l'équation (1) donnera les valeurs absolues des distances de A à tous les points X situés du même côté de A que le point C, et satisfaisant à la question; et qu'elle aura une racine négative égale en grandeur à la racine positive AX'' de l'équation qui donne le point qui résout le problème, et est situé du côté opposé à C; d'où l'on conclut que l'équation (1) suffira pour la solution complète de la question, à la condition que ses racines négatives seront portées à partir de A en sens contraire des positives.

Cette équation développée est

$$(2) \qquad x^4 - 2ax^3 + (2a^2 - m^2)x^2 + 2am^2x - a^2m^2 = 0.$$

Si toutes ses racines sont réelles, la règle des signes de Descartes annonce que l'une d'elles est négative et les trois autres positives. Il y aura donc alors trois points à droite de A satisfaisant à la question, et un seul à gauche. Ce dernier correspondra à l'inscription de la grandeur m dans l'angle VAU′, ce qui est toujours possible.

Il y a de même une inscription toujours possible dans l'angle UAV′ et correspondante à une valeur de x plus petite que A; et l'équation (2) annonce l'existence certaine de cette racine, parce que son premier membre prend des valeurs de signes contraires quand on y remplace successivement x par o et a.

Mais rien n'annonce avec certitude la réalité des deux autres racines; et, effectivement, elles n'existeront pas si la valeur donnée m est au-dessous du minimum de longueur des droites inscrites dans l'angle VAU, et passant par a. On pourrait chercher la condition pour que les quatre racines de l'équation (1) soient réelles, et on reconnaîtrait qu'elle exprime que m est supérieur à ce minimum; mais il sera plus facile d'obtenir la solution complète du problème en le traitant par un autre procédé, qui aura l'avantage de montrer combien le choix des inconnues a d'importance et doit être fait avec discernement.

26. *De la grandeur qu'il était avantageux de choisir pour inconnue.*

L'inconnue que nous avions choisie était susceptible de quatre valeurs différentes, et devait conduire par conséquent à une équation du quatrième degré au moins; mais s'il existait une grandeur propre à déterminer les quatre positions des droites cherchées, et qui ne fût susceptible que de deux valeurs différentes, leur détermination pourrait dépendre d'une équation du second degré seulement, ce qui éviterait toutes les difficultés de la discussion.

Or, à cause de la symétrie de ces quatre sécantes deux à deux par rapport à AB, les distances du point B aux milieux des parties interceptées sont égales deux à deux; et si on les prend pour inconnues et qu'elles soient données par une seule équation, elle n'aura que deux racines différentes, et l'on doit penser qu'elle sera réductible au second degré.

Soit donc x la distance de B au milieu M de XY, les segments BX et BY auront pour valeur $\frac{m}{2} + x$ et $\frac{m}{2} - x$; AX et BX seront déterminés par les proportions

$$\frac{AX}{a} = \frac{m}{\frac{m}{2} - x}, \quad \frac{AY}{a} = \frac{m}{\frac{m}{2} + x},$$

et l'équation $\overline{AX}^2 + \overline{AY}^2 = m^2$ deviendra

$$\frac{a^2m^2}{\left(\frac{m}{2} - x\right)^2} + \frac{a^2m^2}{\left(\frac{m}{2} + x\right)^2} = m^2,$$

qui devient, en réduisant,

$$x^4 - \frac{(4a^2 + m^2)}{2} x^2 + \frac{m^2}{16}(m^2 - 8a^2) = 0,$$

ou, en posant $x^2 = z$,

$$z^2 - \frac{(4a^2 + m^2)}{2} z + \frac{m^2}{16}(m^2 - 8a^2) = 0.$$

On en tire

$$z = a^3 + \frac{m^2}{4} \pm \sqrt{a^4 + a^2m^2}.$$

Ces deux valeurs sont toujours réelles et inégales; celle qui correspond au signe $+$ du radical est toujours positive, et par conséquent donnera pour x une valeur réelle: la condition pour que l'autre soit positive est

$$a^2 + \frac{m^2}{4} > \sqrt{a^4 + a^2m^2} \quad \text{ou} \quad m^2 > 8a^2.$$

Or $8a^2$ est le carré de la partie de la perpendiculaire à AB interceptée dans l'angle VAU. Cette longueur est donc le minimum de m pour qu'il y ait des solutions dans cet angle. Si m était au-dessous, les solutions se réduiraient à celles qui se rapportent aux angles VAU′, V′AU. La condition $m^2 > 8a^2$ est donc celle que l'on trouverait en exprimant que toutes les racines de l'équation (2) sont réelles.

27. *Par un point B de la bissectrice d'un angle droit, mener une sécante* XY *telle, que le triangle* YAX *soit égal à un carré donné m^2.*

Ce problème est encore plus facile à résoudre que le précédent; aussi ne le présentons-nous que pour les remarques utiles qu'il nous permettra de faire.

L'analogie pourrait porter à croire qu'en prenant pour inconnue AX on parviendrait à une équation du quatrième degré, puisqu'il peut y avoir quatre solutions du problème, correspondant à quatre valeurs différentes de AX. Et cependant l'équation ne sera que du second degré, parce que dans ce cas l'expression des conditions géométriques ne conduit pas, comme dans le précédent, à des formes identiques.

En effet, désignant AX par x, AY aura comme précédemment pour expression $\frac{ax}{x-a}$ si X est à droite de C, et $\frac{ax}{a-x}$ si X est entre A et C. Dans le premier cas, la surface du triangle aura pour mesure $\frac{\frac{1}{2}ax^2}{x-a}$, et l'égalant à m^2 on obtiendra l'équation

$$(1) \qquad x^2 - \frac{2m^2}{a}x + 2m^2 = 0.$$

Dans le second cas, $a - x$ remplace $x - a$, et la surface

du triangle aura pour expression $\frac{\frac{1}{2}ax^2}{a-x}$; mais, comme ils ne doivent pas être élevés au carré, les deux équations ne seront pas les mêmes, et la valeur de x qui lui correspond ne doit pas satisfaire à la première équation. On trouve en effet alors

$$x^2 + \frac{2m^2}{a}x - 2m^2 = 0. \tag{2}$$

Enfin, si le triangle se trouve dans l'angle VAU′, et que l'on désigne AX″ par x, on aura

$$AY'' = \frac{ax}{a+x};$$

la surface du triangle aura pour mesure $\frac{\frac{1}{2}ax^2}{a+x}$, et l'on sera conduit à une équation qui ne différera de (2) que par le changement de signe de x, et dont les racines seront par conséquent égales au signe près à celles de (2). Cette dernière aura donc nécessairement une racine négative égale en grandeur à AX″, et suffira pour les deux cas, en portant cette racine en sens contraire de la positive.

Le problème conduit donc à deux équations du second degré et non à une seule du quatrième. Ce n'est pas qu'on ne pût prendre une marche telle, que l'on parvînt à une équation du quatrième degré, décomposable dans les deux précédentes, ce qui serait moins simple que de trouver directement celles-ci; mais il y aurait toujours cette différence entre les deux questions, que dans l'une on ne peut séparer les quatre solutions, et qu'en en cherchant une on introduit forcément les trois autres; tandis que dans l'autre question elles se trouvent naturellement séparées en deux groupes représentés par deux équations distinctes, auxquelles on est immédiatement conduit par l'expression des conditions géométriques.

28. L'équation (2), ayant son dernier terme négatif, a nécessairement ses deux racines réelles : l'une positive qui résout seule la question posée, l'autre négative et qui peut servir à résoudre celle qu'on ne cherchait pas. Mais il en est autrement de l'équation (1), dont le dernier terme est positif, et qui peut alors avoir ses racines imaginaires. La condition pour qu'elles soient réelles est $m^2 > 2a^2$.

Or $2a^2$ est la surface du triangle obtenu en menant une perpendiculaire à AB. C'est donc dans cette position qu'on a le minimum de l'aire du triangle déterminé par une sécante quelconque menée par B. Si m^2 est plus grand, on a deux solutions; s'il est égal à ce minimum, on trouve pour x deux racines égales à $2a$.

29. *Généralisation de l'expression de la distance de deux points.*

Dans les problèmes de Géométrie, où les longueurs des lignes droites jouent le principal rôle, on conçoit que l'on doit avoir souvent à considérer la distance de deux points connus ou inconnus; et que, par conséquent, quand on traite ces problèmes par le calcul, l'expression de cette distance au moyen des grandeurs qui déterminent ses extrémités doit souvent se rencontrer. Nous en avons eu des exemples dans le petit nombre de problèmes que nous venons de traiter, et nous avons reconnu que la formule qui la représente change de forme suivant la disposition des points.

Cette différence de disposition peut se rapporter aux points donnés ou à des points inconnus; quelquefois on peut la considérer comme donnant lieu à autant de problèmes différents, que l'on peut traiter séparément. Souvent aussi, comme nous en avons vu des exemples, on ne peut isoler ces différentes questions, et le résultat cherché d'après l'une des suppositions convient aux autres, soit complètement, soit avec certaines modifications. Mais, dans tous les cas, on doit faire la discussion complète, et souvent minutieuse, de toutes ces variétés de circonstances : ce qui peut être quelquefois fort long pour des problèmes très simples. Le livre d'Apollonius, intitulé *De sectione rationis,* a pour objet la solution d'un problème de Géométrie qui, traité par le calcul, ne conduit qu'à une équation du second degré, mais qui donne lieu à une grande variété de positions relatives. On conçoit donc combien il serait à désirer que l'on pût posséder des formules applicables à tous les cas, qui permissent par conséquent de les traiter tous par un seul calcul, dans les résultats duquel on pût reconnaître d'une manière précise les formes spéciales correspondant aux différentes dispositions des points donnés ou cherchés, et qui dispenseraient presque entièrement de chercher à prévoir tous les cas renfermés dans la question, puisqu'ils seraient annoncés à la fin par des indices certains.

C'est ce que nous allons faire pour la formule qui exprime la distance de deux points, en les supposant déterminés par leurs distances à deux droites rectangulaires : ce qui est le système le plus employé et presque toujours le plus commode.

Soient XX′, YY′ (*fig.* 8) les deux axes auxquels nous

Fig. 8.

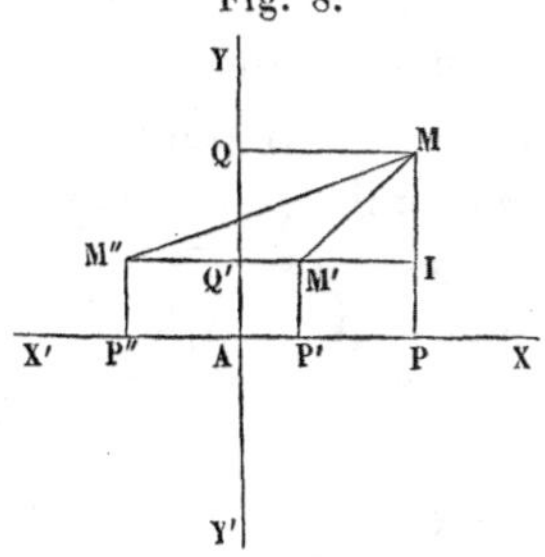

rapportons tous les points du plan; M, M′ les deux points dont on veut exprimer la distance; x, y et x', y' leurs coordonnées respectives, qui sont AP et MP ou MQ pour le premier, et AP', M'P' ou M'Q' pour le second.

Supposons d'abord les deux points situés dans le même angle YAX des axes, et les deux coordonnées de M plus grandes respectivement que celles de M'.

En prenant M'I parallèle à AX, MM' devient l'hypoténuse d'un triangle dont les deux autres côtés ont pour valeurs $x - x'$ et $y - y'$, et l'on a par conséquent

$$(1) \qquad \overline{MM'}^2 = (x - x')^2 + (y - y')^2.$$

Voyons les changements que subira cette formule pour toutes les positions des deux points relativement aux axes, et l'un à l'autre. La discussion sera la même pour les y que pour les x, et il suffira de la faire pour ceux-ci, c'est-à-dire de considérer toutes les positions possibles de P et P'.

On peut d'abord partager tous les cas dans les deux suivants :

1° P et P' sont d'un même côté de A;

2° P et P' sont de côtés différents de A.

Dans le premier cas, M'I ou P'P est la différence des deux x et peut être exprimée par $x - x'$ ou bien $x' - x$. Mais la formule (1) restera la même, soit qu'on ait développé $(x - x')^2$ en $x^2 - 2xx' + x'^2$, qui est également le résultat de l'élévation de $x' - x$ au carré, soit qu'on forme d'abord la différence $x - x'$, qui pourra être positive ou négative, pourvu qu'on entende qu'on fera le carré de cette dernière suivant la règle des signes des polynômes; à cette condition le terme en x et x' de la formule (1) s'appliquera à toutes les positions de M, M', pourvu qu'elles soient d'un même côté de AY, à droite ou à gauche, c'est-à-dire du côté AX ou du côté AX'.

Dans le second cas, la grandeur M'I ou PP' ne sera plus la différence, mais la somme des x. Et, en effet, si l'un des points, M' par exemple, est en M'', du côté AX', le côté du triangle qui est parallèle à l'axe des x est M″I, qui a pour valeur $x +$ AP″; de sorte que, si l'on désignait AP″ par x', le terme $(x - x')^2$ de la formule (1) devrait être changé en $(x + x')^2$; il faudrait donc une seconde formule pour exprimer dans ce cas la distance MM″ des deux points.

Mais il est clair que la première suffirait si l'on entendait que x' y sera remplacé par $-$ AP″, avec la condition que la soustraction de cette quantité négative se fera suivant la règle des signes des polynônes, car alors $x - x'$ deviendra $x +$ AP″ ou M″I. On se procurerait donc l'avantage de renfermer deux formules en une seule, en y entendant que x désigne une ligne quand il se trouve du côté AX, et *moins* une ligne quand il est porté du côté opposé.

Cependant il ne faut pas trop se hâter de conclure; car, tout devant concorder dans un système, il faut que cette manière de renfermer deux équations en une seule ne soit pas en opposition avec les autres expressions qui peuvent entrer dans le même calcul. Il faut donc examiner ce qui arrivera si les deux points sont du côté AX′, et que l'on entende que les deux x sont implicitement négatifs et représentent, non les distances à AY, mais ces distances affectées du signe $-$. Or, il est clair que, quelle que soit la plus grande des deux, en faisant la soustraction des quantités négatives suivant les règles des polynômes, on aura la différence même des deux lignes, affectée du signe $+$ ou du signe $-$, ce qui donnera bien le carré du côté du triangle si l'on effectue encore l'élévation au carré d'après les règles démontrées pour les polynômes.

Il est évident que le côté du triangle qui est parallèle à l'axe des y donnera une discussion entièrement identique, et nous pouvons par conséquent énoncer cette proposition générale :

La formule (1) exprimera le carré de la distance de deux points placés d'une manière quelconque sur le plan, à la condition que x, y, x', y' désigneront les distances aux axes quand elles seront comptées sur les directions fixées à volonté AX, AY ; et qu'elles désigneront ces distances affectées du signe — quand elles seront dirigées du côté opposé, et sous la condition expresse que ces quantités négatives isolées seront traitées suivant les règles des signes démontrées pour les polynômes. De sorte qu'il n'y a pas à demander la démonstration de règles pour les quantités négatives isolées. Cette manière de les traiter est la condition de la généralisation. On peut ne pas généraliser si l'on veut, mais notre discussion prouve qu'on ne peut le faire qu'à cette condition.

TRIGONOMÉTRIE.

CHAPITRE III.

GÉNÉRALISATION DE TOUTES LES FORMULES AU MOYEN DES QUANTITÉS NÉGATIVES.

COMMENT ON INTRODUIT LES ANGLES DANS LE CALCUL.

30. Les équations entre les angles et les lignes droites sont tellement compliquées, qu'on a renoncé à en faire usage, si ce n'est dans des cas très exceptionnels. Et cependant ces deux espèces de grandeurs sont tellement liées dans la plupart des questions de Géométrie, qu'il faudrait renoncer à y appliquer le calcul, si l'on ne trouvait pas quelque chose d'équivalent à de pareilles équations.

Or, nous avons dit précédemment que la détermination des angles pouvait se ramener à celle de lignes droites, et qu'il suffisait pour cela de les regarder comme appartenant à des triangles dont on calculerait les côtés, ou simplement leurs rapports. Mais nous n'avions fait ainsi qu'entrevoir ce moyen de liaison, et il nous reste non seulement à chercher quels sont les triangles les plus propres à cet objet, mais encore à trouver le moyen de connaître la valeur numérique des angles lorsque le calcul aura fait connaître les rapports des côtés des triangles auxquels ils appartiennent. Car le calcul peut avoir aussi bien, et même plus souvent, pour but de conduire à des valeurs numériques qu'à des formules de construction. Nous allons nous occuper de ce double objet.

Les triangles rectangles sont ceux qu'il est le plus avantageux de choisir pour déterminer les angles par les rapports de leurs côtés : car si d'un point d'un des côtés d'un angle on abaisse une perpendiculaire sur l'autre, les rapports des trois côtés du triangle ainsi formé sont déterminés, et réciproquement un quelconque de ces trois rapports détermine l'angle, ou son supplément, s'il est obtus. D'où l'on voit que, si l'on pouvait former une table qui renfermerait dans une colonne tous les angles depuis zéro jusqu'à un droit, et dans d'autres colonnes les rapports des côtés des triangles rectangles correspondants, la connaissance d'un de ces rapports donnerait la valeur numérique de l'angle, et réciproquement. De sorte que tous les problèmes où il se trouverait des angles donnés ou des angles inconnus seraient ramenés à d'autres où il n'y aurait comme données ou inconnues que des longueurs de lignes droites, ou des rapports de longueurs.

Voici maintenant la manière la plus simple de se représenter la génération de ces angles et de ces rapports.

Concevons, dans un cercle quelconque O, un rayon immobile OA (*fig.* 9) servant d'origine commune à tous les

Fig. 9.

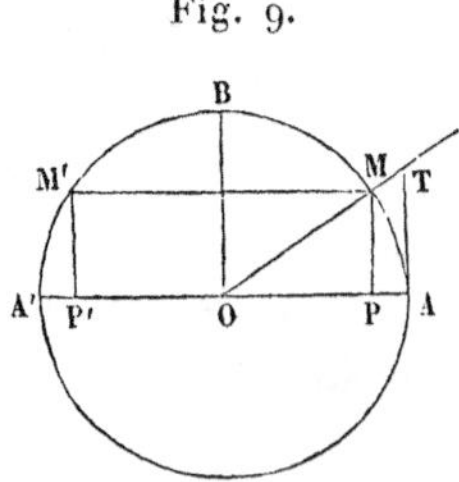

angles, et un autre rayon mobile OM coïncidant d'abord avec le premier, et s'en éloignant d'une manière continue jusqu'à ce qu'il vienne s'appliquer sur son prolongement OA′ : l'angle variable qu'il forme avec le premier aura passé par toutes les valeurs que peuvent avoir les angles des triangles, qui sont toujours compris entre zéro et deux droits.

Si maintenant de l'extrémité M du rayon mobile on abaisse une perpendiculaire MP sur celui qui reste fixe, on formera une suite continue de triangles rectangles MOP, dont les rapports des côtés seront déterminés par l'angle au centre, et réciproquement. Ces rapports ne seront autre chose que la mesure des lignes de la figure, si l'on prend le rayon du cercle pour unité. Cela est évident pour les rapports des deux côtés de l'angle droit à l'hypoténuse ; et, quant au rapport de ces deux côtés entre eux, il est la mesure de la longueur de la tangente AT menée au point A, et terminée au prolongement de OM.

Ces différentes lignes ont reçu des noms particuliers.

La perpendiculaire MP se nomme le *sinus* de l'angle au centre.

La partie AT de tangente se nomme la *tangente* de ce même angle.

La distance OT se nomme la *sécante* de l'angle.

Le côté OP du triangle OMP tombe sur le rayon fixe ou sur son prolongement, suivant que l'angle est aigu ou obtus. On le nomme le *cosinus* de cet angle. Nous verrons bientôt sous quel autre point de vue il peut être envisagé. Nous nous bornerons pour le moment aux considérations si naturelles qui ont conduit au triangle OMP dont il fait partie.

31. Les anciens considéraient autrement les droites, au calcul desquelles ils ramenaient celui des angles. Ils supposaient le sommet des angles sur la circonférence, et prenaient la corde pour déterminer l'angle. Cette corde était évidemment le double du sinus de la moitié de l'angle : ils en ont construit des tables que les besoins de l'Astronomie rendaient indispensables ; nous n'entrerons dans aucun détail sur les moyens ingénieux qu'ils ont employés à cet effet ; nous nous contenterons de dire qu'ils se sont utilement servis du théorème démontré ci-dessus, relativement aux diagonales du quadrilatère inscrit.

Avant de nous occuper de la construction des Tables, nous ferons connaître quelques relations très simples entre les côtés des triangles et les rapports qui déterminent leurs angles, comme nous venons de l'expliquer.

LES CALCULS RELATIFS A TOUTES LES FIGURES SE RAMÈNENT AU CALCUL DES TRIANGLES.

32. Toutes les figures rectilignes sont décomposables en triangles, et tous les points d'un système quelconque compris dans un même plan peuvent être liés entre eux au moyen de triangles. Tous les calculs relatifs à ces systèmes se ramènent donc au calcul des triangles, pourvu qu'il n'y entre pas de lignes courbes. On conçoit donc l'importance de ce dernier, et l'on a jugé à propos de désigner par un nom spécial la théorie dont il est l'objet : on l'a nommée *Trigonométrie*.

La Trigonométrie a donc pour objet le calcul des éléments d'un triangle, quand on connaît les valeurs numériques d'un nombre suffisant de ces éléments, ou même d'autres quantités par lesquelles il serait déterminé. C'est ce que l'on nomme *résoudre* un triangle.

Et pour y parvenir il faut, comme nous l'avons dit, trouver des équations générales entre les côtés d'un triangle et les diverses lignes qui déterminent ses angles, et auxquelles on donne la dénomination commune de *lignes trigonométriques* de ces angles. Il faut de plus construire une table renfermant, non pas tous les angles possibles, mais une série d'angles partant de zéro et croissant par degrés extrêmement petits jusqu'à deux droits, à côté desquels on placera la valeur de leurs lignes trigonométriques. On pourra ainsi connaître, soit immédiatement, soit par une interpolation facile, la valeur d'un angle quelconque, quand on connaîtra une de ses lignes trigonométriques, et réciproquement.

Avant d'aller plus loin, nous allons faire connaître les équations les plus simples qui ont lieu entre les côtés d'un triangle et les lignes trigonométriques de ses angles.

PREMIÈRES ÉQUATIONS ENTRE LES COTÉS D'UN TRIANGLE ET LES LIGNES TRIGONOMÉTRIQUES DE SES ANGLES.

33. *Triangles rectangles.* — D'après la signification des lignes trigonométriques, qui sont les rapports des côtés des triangles rectangles, il est presque inutile d'indiquer les équations relatives à ces triangles. Ce ne serait en effet que la reproduction des définitions des lignes trigonométriques.

Soit, en effet, un triangle ABC (*fig.* 10), rectangle en B. Si l'on désigne par sin, cos, tang, séc le sinus, le cosinus, la

Fig. 10.

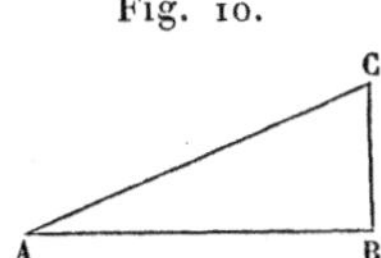

tangente, la sécante d'un angle, on aura, d'après les définitions données ci-dessus,

$$\sin A = \frac{BC}{AC}, \quad \cos A = \frac{BA}{AC}, \quad \text{tang}\, A = \frac{CB}{BA}, \quad \text{séc}\, A = \frac{AC}{AB},$$

$$\sin C = \frac{BA}{AC}, \quad \cos C = \frac{CB}{CA}, \quad \text{tang}\, C = \frac{BA}{CB}, \quad \text{séc}\, C = \frac{AC}{CB}.$$

Il est inutile de dire l'usage que l'on fera de ces formules pour la résolution des triangles rectangles, dans tous les cas qu'elle peut présenter. Nous ferons seulement remarquer les relations entre les lignes trigonométriques des deux angles aigus du triangle, c'est-à-dire de deux angles quelconques compléments l'un de l'autre.

On voit d'abord que le sinus de l'un est ce que nous avions nommé le cosinus de l'autre, ce qui constitue le second point de vue des cosinus. Nous donnerons de même le nom de *cotangente* et *cosécante* à la tangente et à la sécante du complément. On les désignera par les lettres initiales, et l'on écrira cot A et coséc A au lieu de tang C et cot C.

Les équations ci-dessus conduiront aux relations suivantes entre les six lignes trigonométriques d'un angle aigu quelconque A :

$$\sin^2 A + \cos^2 A = 1, \quad \operatorname{tang} A = \frac{\sin A}{\cos A},$$
$$\operatorname{séc} A = \frac{1}{\cos A}, \quad \cot A = \frac{\cos A}{\sin A},$$
$$\operatorname{coséc} A = \frac{1}{\sin A}, \quad \operatorname{tang} A \cot A = 1,$$
$$\operatorname{séc}^2 A = 1 + \operatorname{tang}^2 A, \quad \operatorname{coséc}^2 A = 1 + \cos^2 A.$$

Ces relations sont faciles à déduire de la figure formée par ces lignes dans le cercle *trigonométrique*. On en pourrait encore tirer d'autres, ou les déduire des précédentes. Il faut remarquer seulement qu'il ne peut en exister plus de cinq qui ne rentrent pas les unes dans les autres, puisque l'une des six lignes peut être prise arbitrairement.

34. *Triangles quelconques.* — Si d'un sommet C d'un

Fig. 11.

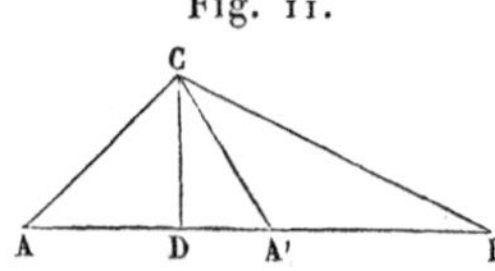

triangle quelconque ABC (*fig.* 11) on abaisse une perpendiculaire CD sur le côté opposé, on décompose ce triangle en deux triangles rectangles qui nous feront connaître une relation entre les côtés et les angles du premier.

Il suffit en effet de calculer le côté CD dans chacun des triangles rectangles, et d'en égaler les expressions. On aura ainsi, en désignant par a, b, c les côtés du triangle opposés respectivement aux angles A, B, C,

$$CD = b \sin A, \quad CD = a \sin B, \quad \text{d'où} \quad a \sin B = b \sin A$$

ou

$$\frac{\sin A}{\sin B} = \frac{a}{b}.$$

Cette équation ne serait pas changée si la perpendiculaire tombait en dehors du triangle, ce qui arriverait si l'un des angles était obtus, comme dans le triangle A'BC. En effet, on aurait

$$CD = CA' \sin CA'D;$$

mais, comme le sinus d'un angle est égal à celui de son supplément, on pourrait substituer $\sin CA'B$ à $\sin CA'D$, et l'on retomberait sur la formule précédente.

En considérant deux à deux les trois angles d'un triangle, on aura trois proportions ou équations, dont l'une est une conséquence des deux autres, et qu'on peut écrire ainsi :

$$(1) \qquad \frac{\sin A}{a} = \frac{\sin B}{b} = \frac{\sin C}{c}.$$

35. *Remarque.* — Un triangle étant déterminé par trois de ses éléments, pourvu qu'il y entre au moins un côté, mais ne l'étant pas par deux seulement, on peut avoir trois équations générales entre les six éléments, mais pas davantage, à moins qu'elles ne rentrent les unes dans les autres. On en considère de bien des formes différentes, et pour chaque espèce de question on choisit celle dont l'application est la plus commode. Mais il ne faut pas oublier que de

trois de ces équations on pourrait déduire toutes les autres; car, s'il existait seulement quatre équations dont aucune ne rentrerait dans les autres, il suffirait de connaître deux éléments d'un triangle pour que les quatre autres fussent déterminés, ce qui est faux.

Si donc aux dernières équations on joignait celle qui exprime que la somme des trois angles est égale à deux droits, on en aurait trois, ne rentrant pas les unes dans les autres, et qui suffiraient à la rigueur, mais ne seraient pas les plus commodes dans tous les cas. Mais par diverses transformations on peut en déduire d'autres dont l'emploi est très avantageux, lorsque les premières seraient très peu commodes.

36. *Autres équations entre les côtés et les angles.* — On a démontré que dans un triangle quelconque ABC (*fig.* 12), si l'angle A est aigu et qu'on abaisse de B une

Fig. 12.

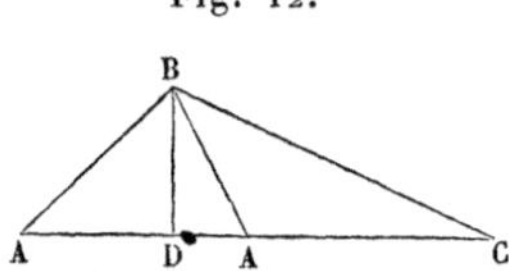

perpendiculaire BD sur AC, on aura

$$a^2 = b^2 + c^2 - 2b.\mathrm{AD} = b^2 + c^2 - 2bc\cos\mathrm{A},$$

et que si A est obtus on aura

$$a^2 = b^2 + c^2 + 2b.\mathrm{AD} = b^2 + c^2 - 2bc\cos\mathrm{BAD}.$$

Dans le premier cas, c'est le cosinus de l'angle A qui entre dans l'équation; dans le second, c'est le cosinus de son supplément. Les deux autres B et C donneront des formules analogues, et l'on aura ainsi trois nouvelles équations entre les côtés et les angles d'un triangle, qui ne rentreront pas les unes dans les autres, et suffiraient par conséquent à la résolution de tous les triangles. D'après ce que nous avons dit, elles rentreraient dans les trois précédentes, et réciproquement. Mais la forme très différente qu'elles présentent peut les rendre plus commodément applicables que les autres à certains cas. Nous verrons qu'elles ont cependant besoin de transformations assez compliquées pour que les calculs numériques qu'elles demandent soient réduits à la plus grande simplicité dont ils sont susceptibles. Il y aura un point important à examiner avant de regarder les questions géométriques pour lesquelles on aura formé ces équations, comme ramenées complètement au calcul de ces équations mêmes. Il faudra connaître leur degré de généralité, déterminer avec précision les limites dans lesquelles elles peuvent être employées, et les modifications qu'elles subiraient si les valeurs des données ou des inconnues étaient en dehors de ces limites. Sans cela l'emploi de ces équations serait incertain, et leurs conséquences douteuses. Nous n'établirons aucune *formule* sans la soumettre rigoureusement à cet examen.

GÉNÉRALISATION DES FORMULES PRÉCÉDENTES.

37. Nous avons vu que la formule $\frac{\sin A}{a} = \frac{\sin B}{b}$ a lieu soit que les angles A et B soient aigus tous les deux, soit que l'un d'eux soit obtus; mais qu'il n'en est pas de même de la formule

$$a^2 = b^2 + c^2 - 2bc\cos A.$$

Elle n'a lieu que quand l'angle A est aigu, et, s'il est obtus, le dernier terme change de signe et le cosinus est celui de son supplément.

L'avantage qu'il y a toujours à réunir deux formules en

une seule a fait chercher à quelle condition cela serait possible, et la solution s'est trouvée bien naturellement.

En effet, le cercle trigonométrique montre que, quand le rayon mobile fait un angle aigu avec le rayon fixe, sa projection, qui est le côté que nous avons nommé *cosinus,* est située d'un côté du centre, et qu'elle se trouve de l'autre quand l'angle est devenu obtus. Cette dernière projection était le cosinus du supplément; mais il suffirait d'appeler cosinus de l'angle obtus cette projection affectée du signe —, et de la traiter d'après les règles des signes des polynômes, pour que la formule s'appliquât aux deux cas.

On rend donc la formule ci-dessus applicable à tous les cas, en entendant que cos A exprime la projection du rayon quand elle est dirigée vers l'origine des arcs, et *moins* cette projection, quand elle est dans le sens contraire, avec la condition que dans tous les calculs où elle entrera elle sera traitée suivant les règles des signes des polynômes. De cette manière, tout calcul fait en partant de la formule trouvée pour le cas de l'angle aigu donnera le résultat relatif à l'angle obtus, pourvu qu'on ne fasse pas usage de formules où les cosinus devraient être considérés autrement que dans celle-ci. Car, comme nous l'avons déjà dit, les moyens de généralisation ne doivent être employés que lorsqu'ils n'introduisent aucune contradiction.

38. *Autre formule importante qui se généralise par la même considération.* — Si l'on considère un polygone fermé quelconque, plan ou gauche, et que, partant d'un de ses sommets, on le parcoure dans l'un ou l'autre des deux sens jusqu'à ce que l'on revienne au point de départ; si, par le premier sommet et chacun des autres, on conçoit des plans perpendiculaires à une droite fixe indéfinie, ils déterminent une suite de segments contigus qui seront les projections des côtés du polygone sur cette droite. Or

ces projections ont entre elles une relation très simple que nous nous proposons d'exprimer par une formule générale. Pour l'établir de la manière la plus claire, supposons que nous partions d'un sommet tel, que le polygone entier soit situé d'un même côté du plan mené par ce sommet, perpendiculairement à la droite fixe; et toutes les projections des côtés tomberont sur la partie de cette droite qui est située du même côté de ce plan que le polygone. Le premier côté parcouru éloignera de ce plan d'une quantité égale à sa projection; le second côté en éloignera ou en rapprochera selon que la direction suivant laquelle il est parcouru fera un angle aigu ou obtus avec la direction de la droite fixe; et il en sera de même de tous les suivants. Le point qui décrit ainsi le polygone pourra s'éloigner et se rapprocher alternativement un nombre de fois qui dépend non seulement du nombre des côtés du polygone, mais de leurs directions arbitraires : mais ce qui est certain, c'est que, lorsqu'il sera revenu au point de départ, la somme totale des quantités dont il se sera éloigné sera exactement égale à la somme de celles dont il s'est rapproché du plan, puisque le point de départ et le point d'arrivée se trouvent dans ce plan.

Or, la projection d'un côté quelconque est un côté d'un triangle rectangle dont l'hypoténuse est le côté du polygone, et dont l'angle aigu compris est celui que forme la direction de ce côté avec celle de la droite fixe : cette projection est donc le produit du côté par le cosinus de l'angle aigu de ces deux directions. Mais il reste à distinguer d'une manière générale, et sans être obligé de faire aucune supposition particulière sur la direction des côtés, quelles sont les projections qu'il faut ajouter entre elles; ou, en d'autres termes, distinguer les projections qui éloignent du premier plan et doivent être ajoutées entre elles des projections qui rapprochent et doivent être réunies les unes avec les autres. L'équation générale s'obtiendra alors en égalant ces deux sommes entre elles, ou en égalant à zéro leur différence.

Cette distinction a déjà été faite au moyen des angles aigus ou obtus que forment, avec la direction fixe, les directions successives des côtés dans le sens où ils sont parcourus; de sorte que la difficulté consiste seulement à faire en sorte que, dans l'équation qui exprime que la différence des deux sommes est nulle, on ne soit pas obligé de donner un signe ambigu à chaque terme, ou de faire des suppositions particulières sur les directions des côtés, et en faire deux catégories, qui ne comprendraient même pas toujours les mêmes côtés, si l'on changeait la direction de la droite fixe. On se trouverait ainsi obligé à des discussions qui pourraient devenir très compliquées par les applications répétées de la formule et sa combinaison avec d'autres; et il est, sinon indispensable, du moins très utile, de trouver une expression unique pour les termes de l'équation, soit qu'ils doivent être ajoutés, soit qu'ils doivent être soustraits.

Or, le moyen bien simple d'y parvenir n'est autre que celui qui a servi à généraliser la formule précédente. Il suffit de représenter chaque projection par le produit du côté du polygone par le cosinus de l'angle que fait avec la direction fixe celle du côté dans le sens où il est parcouru; d'égaler à zéro la somme de tous ces produits, en regardant les cosinus comme positifs pour les angles aigus, et négatifs pour les angles obtus, et en entendant que ces facteurs négatifs seront traités suivant les règles des signes des polynômes. Les additions et soustractions se feront ainsi comme l'exige la relation géométrique; on aura donc l'équation exacte avec une forme unique pour l'expression de tous les termes, ce qui était le but qu'on se proposait.

Si l'on désigne par a, b, c, ... les longueurs absolues des côtés, par α, β, γ, ... les angles formés avec une direction déterminée arbitraire, par les directions des côtés, dans le sens où ils sont respectivement parcourus, l'équation générale qui existera entre ces quantités sera

$$a\cos\alpha + b\cos\beta + c\cos\gamma + \ldots = 0.$$

On emploiera cette équation dans tous les calculs demandés par les questions auxquelles on aura à l'appliquer, et il ne sera jamais nécessaire de faire la distinction entre les angles aigus ou obtus : on ne le fera que quand on voudra appliquer à des cas particuliers les résultats du calcul général.

39. Si tous les angles ou arcs étaient compris dans le premier quadrant, la généralité des formules n'offrirait aucune difficulté et n'aurait besoin d'aucune discussion. Mais, soit pour les cas ordinaires de la résolution des triangles, soit pour des applications plus étendues, il est nécessaire de considérer des angles plus grands qu'un et même que deux angles droits. Il est donc indispensable d'étudier les modifications que subissent toutes les formules quand les angles qui y entrent prennent toutes les valeurs de zéro à l'infini, et de les réduire chacune à un seul type d'où se déduisent, par des procédés concordants entre eux, toutes les variétés correspondantes aux diverses valeurs des angles. Par là un seul calcul renfermerait tous les cas différents pour chacun desquels il en faudrait un spécial; et ce ne sera que dans le résultat final qu'on aura besoin d'introduire les conditions propres à chaque cas particulier.

Dans tout ce qui précède, nous avons pu remarquer que les changements de signe des termes des formules trigonométriques ou autres se trouvaient liés à des changements de sens des grandeurs considérées dans l'espace ou dans le temps; et ce n'est pas une chose qui doive beaucoup surprendre, parce qu'il résulte souvent de ces changements que des additions se changent en soustractions, et réciproquement. Nous devons présumer qu'il en pourra être de même pour les formules que nous avons à étudier; et, pour le reconnaître quand il y aura lieu, il est utile de faire préalablement un examen détaillé de tous les changements qui s'opèrent dans le sens que les lignes avaient lorsque les angles étaient renfermés dans le premier quadrant, et qu'on leur donne ensuite un accroissement continu illimité. C'est à cet examen que nous allons procéder.

DES CHANGEMENTS DE DIRECTION QUE SUBISSENT LES LIGNES TRIGONOMÉTRIQUES QUAND L'ANGLE VARIE INDÉFINIMENT DANS LE MÊME SENS.

40. *Des sinus.* — Les arcs partant de l'origine A et croissant dans le sens ABA′, les sinus sont d'abord situés du même côté de AA′ que le point B, et ils continuent à l'être jusqu'à ce que l'angle variable MOA, ou l'arc qui le mesure et que nous désignerons par x, soit devenu égal à π. Le sens du sinus est *inverse* quand x est entre π et 2π; il revient dans le sens *direct* quand x est entre 2π et 3π, et ainsi de suite indéfiniment.

En général, si l'on désigne par a un angle quelconque compris entre o et deux droits, ou un arc entre o et π, et par n un nombre entier, la formule des arcs ayant leurs sinus dans le sens direct sera

$$x = 2n\pi + a,$$

et elle sera, pour le sens inverse,

$$x = (2n + 1)\pi + a.$$

41. Nous avons déjà reconnu que deux arcs suppléments l'un de l'autre, c'est-à-dire dont la somme est π, ont le sinus égal et de même sens; mais on peut dire plus généralement qu'il en est ainsi pour deux arcs quelconques dont la somme est $(2n + 1)\pi$. En effet, si l'on désigne par a l'un des deux, qui peut avoir une valeur aussi grande qu'on voudra, l'autre aura pour valeur $(2n + 1)\pi - a$. Or, en portant d'abord $(2n+1)\pi$ à partir de A, on tombera sur A', et pour retrancher a il faudra le porter, à partir de A', dans le sens A'BA, qui est l'inverse de celui dans lequel on a porté le premier arc a à partir de A. Les extrémités de ces deux arcs égaux seront donc sur une même parallèle au diamètre AA', et par conséquent les sinus des deux arcs proposés sont égaux et de même sens. Si la somme était $2n\pi$ au lieu de $(2n+1)\pi$, les deux extrémités seraient sur une perpendiculaire à AA'; les sinus seraient égaux et de sens contraire, et les cosinus seraient égaux et de même sens.

42. Réciproquement, si les sinus de deux arcs sont égaux et de même sens, c'est-à-dire si leurs extrémités M, M' sont sur une parallèle à AA', la somme de ces arcs est un multiple impair de π. En effet, si l'on désigne par a l'arc qu'il faut parcourir à partir de A pour parvenir à celui des deux points M, M' qui en est le plus voisin, l'extrémité de cet arc sera évidemment dans le premier ou dans le troisième quadrant; l'arc x terminé en ce point M sera compris dans la formule $2n\pi+a$ qui renferme tous les arcs possibles terminés en M; l'arc x' terminé en M' sera égal à un certain arc terminé en M, plus MM'. Or, MM' sera égal à $\pi-2a$ si M est dans le premier quadrant, et égal à $\pi-2(a-\pi)$ ou $3\pi-2a$ si M est dans le troisième quadrant. Les deux arcs x, x' terminés en M et M' ont donc pour expression générale

$$x=2n\pi+a, \quad x=2n'\pi+\pi-a$$

dans le premier cas, et

$$x'=2n'\pi+a+3\pi-2a=2(n'+1)\pi+\pi-a,$$

d'où l'on voit que la somme des deux arcs est un multiple impair de π.

43. Deux arcs dont la différence est un multiple impair de π ont leurs extrémités diamétralement opposées; leurs sinus sont donc égaux et de sens contraire.

Il est inutile de dire que, si la différence est un multiple pair de π, les sinus sont égaux et de même sens, puisque alors les extrémités des arcs coïncident.

44. *Les tangentes.* — Les tangentes commencent par être dans la partie du plan que nous disons au-dessus de AA', et cela subsiste tant que l'extrémité de l'arc est dans le premier quadrant; c'est là ce que nous appellerons leur sens direct. Elles deviennent de sens inverse quand l'arc est entre $\frac{\pi}{2}$ et π, redeviennent directes quand l'arc est entre π et $\frac{3\pi}{2}$, et inverses entre $\frac{3\pi}{2}$ et 2π. Quand l'arc croît indéfiniment, la position de son extrémité dans les quatre quadrants donne lieu périodiquement aux mêmes conséquences.

45. *Les sécantes.* — En prenant pour le sens direct d'une sécante celui de la droite décrite par un point qui partirait du centre et marcherait vers l'extrémité de l'arc, et pour le sens inverse celui du prolongement opposé de la même droite, on voit que le sens de la sécante est direct quand l'arc est compris entre o et $\frac{\pi}{2}$, inverse quand l'arc est entre $\frac{\pi}{2}$ et $\frac{3\pi}{2}$, et direct entre $\frac{3\pi}{2}$ et 2π.

46. *Les cosinus.* — Nous avons d'abord considéré les cosinus comme les côtés des triangles rectangles qui étaient la projection du rayon mobile sur le rayon fixe, et nous avons immédiatement reconnu qu'il était le sinus du complément de l'arc quand ce dernier était entre o et $\frac{\pi}{2}$. Cet arc complémentaire a son origine en B, et serait décrit par le mouvement d'un point qui marcherait en sens inverse de celui qui décrirait l'arc ayant son origine en A. Voyons

si ces deux points de vue des cosinus peuvent être continués indéfiniment.

Et d'abord y a-t-il lieu de considérer un complément pour un arc plus grand que $\frac{\pi}{2}$? Ce ne peut être qu'en appelant complément un arc pris avec le signe — et tel, qu'ajouté au premier suivant la règle des signes des polynômes, on trouve pour résultat $\frac{\pi}{2}$. Le désir de généraliser a conduit à envisager ainsi les compléments d'arcs quelconques : ils seront représentés par les arcs compris entre l'origine B et l'extrémité variable des premiers; et ces arcs, comptés en sens inverse du sens BA, qui était celui des compléments des arcs moindres que $\frac{\pi}{2}$, seront regardés comme négatifs.

Il est facile maintenant de reconnaître que le sens de ces cosinus, considérés comme les sinus des compléments ayant B pour origine, sera toujours le même que celui de la projection du rayon mobile, et que les deux points de vue reconnus dans le premier quadrant subsistent quelle que soit la grandeur de l'arc; nous croyons inutile d'entrer dans plus de développements à cet égard.

47. Ayant introduit les arcs négatifs pour les compléments des arcs, il était naturel de les introduire pour les arcs eux-mêmes, et l'on a considéré ceux-ci comme négatifs lorsqu'ils étaient portés à partir de A dans le sens indéfini de A vers B'. Les compléments de ces arcs seront les arcs positifs plus grands que $\frac{\pi}{2}$ partant de B et dirigés dans le sens BA; comme les arcs positifs partant de A et plus grands que $\frac{\pi}{2}$, et les arcs négatifs partant de B, étaient compléments l'un de l'autre.

Nous venons donc d'introduire les quantités négatives

isolées dans la considération des arcs, mais pas encore dans celle de toutes les lignes trigonométriques. Nous ne le faisons jamais qu'en vue de la généralisation des idées et des formules. Nous avons eu une raison pour les arcs, et une plus forte encore pour les cosinus. La coexistence de ces deux admissions va en nécessiter de nouvelles, et nous arriverons enfin à la généralisation de toutes les formules de la Trigonométrie au moyen des signes de toutes les lignes, attachés invariablement au sens dans lequel elles sont dirigées.

48. Nous avons généralisé la formule fondamentale $a^2 = b^2 + c^2 - 2bc\cos A$, en regardant le cosinus comme négatif quand il est dirigé dans un sens contraire à celui qu'il a lorsque l'arc est moindre qu'un quadrant. Nous avons envisagé cette ligne sous deux points de vue, et nous avons reconnu qu'il y a identité en grandeur et en direction entre la projection du rayon qui engendre les angles et le sinus du complément positif ou négatif de ces angles, ce qui a conduit, en ne considérant que les grandeurs absolues, à l'équation

$$\cos x = \sin\left(\frac{\pi}{2} - x\right), \quad \text{ou} \quad \cos\left(\frac{\pi}{2} - x\right) = \sin x;$$

mais, si l'on veut qu'elle soit générale, tant pour la grandeur que pour le signe des membres, il faudra considérer les sinus comme susceptibles de signes ainsi que les cosinus, les regarder comme de purs nombres quand les angles sont plus petits qu'un droit, et comme négatifs quand ils sont de sens opposé à celui qu'ils ont dans ce premier cas. A cette condition seulement, la formule précédente sera générale, et nous l'acceptons.

49. Examinons maintenant toutes les équations trouvées entre les lignes trigonométriques d'un même angle, et remarquons d'abord que si deux arcs sont égaux et de signes contraires, leurs extrémités sont symétriques par rapport au diamètre AA', et que, par conséquent, leurs sinus sont égaux et de sens contraire, ainsi que leurs tangentes, mais que leurs cosinus sont égaux et de même signe, de sorte que l'on a

$$\sin(-x) = -\sin x, \quad \cos(-x) = \cos x, \quad \operatorname{tang}(-x) = -\operatorname{tang} x,$$

et comme on ne change pas les lignes trigonométriques en ajoutant un nombre entier de circonférences aux arcs,

$$\begin{aligned}\sin(2n\pi - x) &= -\sin(2n'\pi + x),\\ \cos(2n\pi - x) &= \cos(2n'\pi + x),\\ \operatorname{tang}(2n\pi - x) &= -\operatorname{tang}(2n'\pi + x).\end{aligned}$$

Considérons maintenant l'équation $\operatorname{tang} x = \frac{\sin x}{\cos x}$, obtenue en ne considérant que les valeurs absolues; elle donnera pour $\operatorname{tang} x$ une valeur positive lorsque $\sin x$ et $\cos x$ seront de même signe, c'est-à-dire quand l'extrémité de l'arc entièrement arbitraire, quant au signe et à la grandeur, se trouvera dans le premier ou le troisième quadrant, auquel cas le sens de la tangente est direct. Au contraire, si cette extrémité est dans l'un des deux autres quadrants, le sinus et le cosinus sont de signes différents, et l'équation donnerait pour $\operatorname{tang} x$ une valeur négative, mais aussi le sens de la tangente inverse. Donc on généraliserait la dernière équation en considérant les tangentes comme positives ou négatives, suivant que leur sens est direct ou inverse.

50. L'équation $\operatorname{séc} x = \frac{1}{\cos x}$ donne pour $\operatorname{séc} x$ une valeur positive quand l'extrémité de l'arc tombe dans le premier ou le quatrième quadrant. Or, c'est précisément dans ce cas que la sécante est dans le sens direct, c'est-à-dire dirigée du centre vers l'extrémité de l'arc. Dans les deux autres quadrants, l'équation donne une valeur négative

pour sécx; et alors le sens de la sécante est inverse. L'équation précédente devient donc générale en regardant les sécantes comme positives ou négatives, suivant que leur sens est direct ou inverse.

51. Nous croyons inutile de reproduire les mêmes remarques pour les autres formules, et nous pouvons énoncer la proposition suivante :

Toutes les équations trigonométriques obtenues jusqu'ici sont générales quels que soient les signes et les grandeurs des arcs, en regardant toutes les lignes trigonométriques comme de simples nombres lorsqu'elles sont dans le sens direct, et comme des nombres affectés du signe — quand elles sont dans le sens inverse; avec cette condition expresse, qu'elles seront traitées d'après les règles des signes des polynômes.

On voit qu'il n'y a aucune règle de signes à démontrer, ni aucune question à faire sur les opérations à effectuer sur ces quantités négatives isolées, puisque la condition de généralisation des équations est qu'elles soient traitées suivant les règles établies sur les quantités non isolées. C'est en les traitant ainsi qu'une seule formule convient à tous les cas, et que les résultats de cette formule unique fournissent tous ceux de ces divers cas, tels qu'on les obtiendrait en les traitant spécialement par les formules diverses qui leur conviennent.

FORMULES GÉNÉRALES QUI EXPRIMENT LE SINUS ET LE COSINUS DE LA SOMME OU DE LA DIFFÉRENCE DE DEUX ANGLES.

52. Les formules qui servent de base à presque toutes les transformations trigonométriques sont celles qui expriment le sinus ou le cosinus de la somme ou de la différence de deux angles ou arcs, au moyen des sinus et co-

sinus de chacun de ces arcs. Elles n'étaient pas inconnues des anciens géomètres, au moins dans les limites des applications usuelles. Mais les progrès de la science du calcul ont conduit à considérer des arcs en dehors de ces limites, et l'on a dû chercher à étendre les formules à des angles de grandeur et de signe quelconque. La manière dont on a procédé d'abord consistait à les démontrer quand les angles étaient tous plus petits qu'un angle droit, et à chercher comment elles se modifient quand on étend successivement ces limites. Mais nous allons considérer immédiatement la question au point de vue le plus général, au moyen du théorème démontré précédemment sur la projection des polygones fermés; et l'on verra qu'une seule formule peut renfermer tous les cas particuliers, à la condition que les lignes trigonométriques qui y entreront seront encore considérées comme de purs nombres quand elles seront dans le sens direct, et comme des nombres négatifs quand elles seront dans le sens inverse : ces nombres négatifs étant traités suivant les règles des signes démontrées dans le cas des polynômes.

53. *Formule du cosinus de la somme de deux arcs de sens direct.*

Soient a et b (*fig.* 13) deux arcs de grandeurs quelconques, M l'extrémité du premier qui a été porté à partir

Fig. 13.

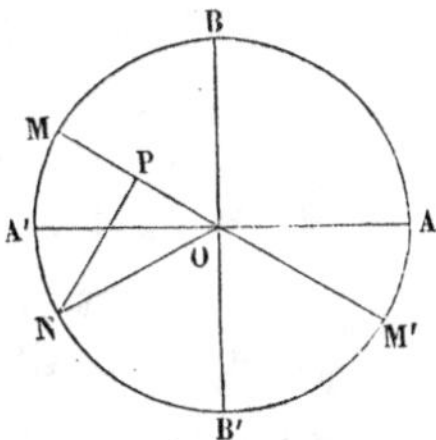

de A dans le sens AB, et peut renfermer un nombre quelconque de circonférences en outre de la partie AM que présente la figure.

Supposons maintenant qu'à partir du point M comme origine on porte dans le même sens sur la circonférence l'arc b qui peut renfermer aussi un nombre quelconque de circonférences et se terminera par exemple en N : l'arc ainsi obtenu sera $a+b$. Si l'on joint NO et qu'on abaisse NP perpendiculaire sur le diamètre MM′ qui passe par l'origine M de l'arc b, NP et OP seront $\sin b$ et $\cos b$.

Cela posé, appliquons au triangle PON le théorème relatif à la projection des polygones fermés et prenons OA pour la direction fixe par rapport à laquelle on considère les directions des côtés, dans le sens où ils sont parcourus. On doit se rappeler que les côtés du polygone que l'on projette doivent être pris dans leur valeur absolue, et que chacun d'eux doit être multiplié par le cosinus de l'angle formé par la direction suivant laquelle il est parcouru, avec la direction fixe. Cet angle est toujours compris entre o et deux droits, et son cosinus doit être considéré comme positif quand l'angle est aigu, et négatif quand il est obtus. Considérant donc le périmètre du triangle comme parcouru dans le sens OPNO, et désignant en général par $\overline{XY,ZU}$ l'angle formé par la ligne dirigée de X vers Y avec celle qui est dirigée de Z vers U, on aura

$$OP \cos \overline{OP,OA} + PN \cos \overline{PN,OA} + NO \cos \overline{NO,AO} = o.$$

Or, si OP est dans le sens direct, il est le cosinus de l'arc o ayant M pour origine et terminé en N, c'est-à-dire $\cos b$; et l'angle $\overline{OP,OA}$ ou $\overline{OM,OA}$ est celui qui a été désigné par a, diminué peut-être d'un nombre entier de circonférences, ce qui ne change pas les lignes trigonométriques. Le premier terme de l'équation précédente est donc $\cos a \cos b$. Mais si OP est en sens inverse, l'angle formé par sa direction avec OA est égal à celui que nous venons de considérer, augmenté de π; et d'après la manière dont nous avons entendu les cosinus dans les généralisations précédentes, le premier terme serait $-$ OP $\cos a$. Mais il sera exprimé par $\cos a \cos b$ si l'on entend encore que $\cos b$, qui correspond à une direction inverse, est négatif implicitement.

Maintenant l'angle de PN avec OA est égal à celui de OM avec OA, augmenté de $\frac{\pi}{2}$ si PN est de sens direct; il a donc pour valeur $a+\frac{\pi}{2}$; et cette valeur devra être augmentée ou diminuée de π si PN est de sens inverse. Dans le premier cas, le second terme de l'équation sera PN $\cos\left(a+\frac{\pi}{2}\right)$; et dans le second, PN $\cos\left(a+\frac{\pi}{2}\pm\pi\right)$ ou $-$ PN $\cos\left(a+\frac{\pi}{2}\right)$. Dans le premier, PN est $\sin b$, et le terme est $\sin b \cos\left(a+\frac{\pi}{2}\right)$; et comme dans le second le sinus est dans le sens inverse, l'expression du terme serait la même si l'on regardait ce sinus comme négatif et égal à $-$ PN. Donc, dans tous les cas, le second terme de l'équation aura pour expression $\sin b \cos\left(a+\frac{\pi}{2}\right)$ ou $-\sin b \cos\left(\frac{\pi}{2}-a\right)$ ou enfin $-\sin a \sin b$. Quant au dernier terme, le facteur NO est l'unité, et l'angle $\overline{\text{NO},\text{OA}}$ a un cosinus égal et de sens inverse à celui de l'angle $\overline{\text{ON},\text{OA}}$. Mais on est arrivé au point N en partant de A, et portant dans le sens direct l'arc a qui conduit en M, puis portant à partir de M l'arc b, en continuant de marcher dans le même sens : le point N est donc l'extrémité de l'arc $a+b$; et en retranchant les circonférences qui peuvent être dans cet arc, ce qui ne change pas les lignes trigonométriques, on voit que $\cos\overline{\text{ON},\text{OA}}$ est $\cos(a+b)$. Si donc on regarde encore deux angles suppléments comme ayant des cosinus égaux et de signes contraires, le troisième terme de l'équation sera exprimé par $-\cos(a+b)$; et cette équation donnerea

$$(1) \qquad \cos(a+b) = \cos a \cos b - \sin a \sin b.$$

Cette formule est donc démontrée générale quelles que soient les valeurs des arcs de sens direct, a, b, $a+b$, pourvu que l'on entende que les lignes trigonométriques qui y entrent seront considérées comme de purs nombres quand elles sont en sens direct, et comme des nombres affectés du signe — quand elles sont en sens inverse : et à la condition que ces quantités négatives isolées seront traitées suivant les règles des signes démontrées pour les termes des polynômes.

54. *Formule du sinus de la somme de deux arcs de sens direct.*

Cette formule peut être obtenue avec la même facilité que la précédente, en faisant les projections sur la direction OB au lieu de OA. Nous croyons inutile de répéter pour cette direction tout ce qui vient d'être fait pour l'autre; et nous allons montrer comment cette formule peut se tirer de la précédente, sans aucune nouvelle considération géométrique. On aura d'abord généralement, d'après ce qui a été précédemment établi,

$$\sin(a+b) = \cos\left(\frac{\pi}{2} - a - b\right) = -\cos\left(\frac{\pi}{2} + a + b\right),$$

puisque les arcs $\frac{\pi}{2} - a - b$ et $\frac{\pi}{2} + a + b$ donnent pour somme π.

Considérant maintenant $\frac{\pi}{2} + a + b$ comme la somme des deux arcs $\frac{\pi}{2} + a$ et b, on aura

$$\cos\left(\frac{\pi}{2} + a + b\right) = \cos\left(\frac{\pi}{2} + a\right)\cos b - \sin\left(\frac{\pi}{2} + a\right)\sin b.$$

Mais

$$\cos\left(\frac{\pi}{2}+a\right)=-\cos\left(\frac{\pi}{2}-a\right)=-\sin a$$

et

$$\sin\left(\frac{\pi}{2}+a\right)=\sin\left(\frac{\pi}{2}-a\right)=\cos a.$$

On a donc

$$\cos\left(\frac{\pi}{2}+a+b\right)=-\sin a\cos b-\sin b\cos a,$$

et par conséquent

$$\sin(a+b)=\sin a\cos b+\sin b\cos a, \tag{2}$$

toutes choses étant entendues comme dans toutes les formules précédentes.

55. *Expressions du sinus et du cosinus de la différence de deux arcs.*

Soient a et b deux arcs positifs quelconques, a le plus grand; $a-b$ sera leur différence positive et il s'agit de calculer $\sin(a-b)$ et $\cos(a-b)$. On pourrait suivre pour cela la même marche qui a conduit à l'expression de $\cos(a+b)$ et que l'on aurait pu suivre encore pour $\sin(a+b)$ que nous avons préféré déduire de $\cos(a+b)$. Mais il nous paraît encore préférable de déduire les formules cherchées des précédentes; cela évitera des discussions, sans difficulté, il est vrai, mais qui demandent une attention plus soutenue.

Il suffira pour cela de développer $\sin a$ et $\cos a$, en considérant a comme égal à $a-b+b$. On aura ainsi les formules suivantes, dont la généralité a été établie :

$$\sin a=\sin(a-b)\cos b+\sin b\cos(a-b),$$
$$\cos a=\cos(a-b)\cos b-\sin(a-b)\sin b,$$

d'où l'on tire

$$\sin(a - b) = \sin a \cos b - \sin b \cos a, \tag{3}$$
$$\cos(a - b) = \cos a \cos b + \sin a \sin b. \tag{4}$$

EXTENSION DE CES QUATRE FORMULES AU CAS DES ARCS NÉGATIFS.

56. Nous avons supposé que les arcs a, b, $a - b$ étaient positifs; nous allons maintenant reconnaître que les formules (1), (2), (3), (4) subsistent quand ces arcs sont négatifs, en liant toujours le changement de signe au changement de sens, et traitant les quantités négatives isolées d'après les règles démontrées dans le cas des polynômes.

Supposons d'abord que, a et b étant encore positifs, a soit plus petit que b, et par suite que $a - b$ soit négatif. On aura, d'après ce qui a été établi,

$$\cos(a - b) = \cos(b - a) \quad \text{et} \quad \sin(a - b) = -\sin(b - a).$$

Or $(b - a)$ étant positif, les formules (3), (4) donnent

$$\cos(b - a) = \cos b \cos a + \sin b \sin a,$$
$$\sin(b - a) = \sin b \cos a - \sin a \cos b.$$

On aura donc

$$\cos(a - b) = \cos a \cos b + \sin a \sin b,$$
$$\sin(a - b) = \sin a \cos b - \sin b \cos a,$$

c'est-à-dire que les formules (3), (4) subsistent quel que soit le signe de $a - b$.

57. Supposons maintenant les arcs a et b négatifs tous les deux, et posons $a = -a'$, $b = -b'$: on aura, en entendant les choses de la même manière que dans tous les cas précédents,

$$\cos(a + b) = \cos(a' + b') = \cos a' \cos b' - \sin a' \sin b'$$
$$= \cos a \cos b - \sin a \sin b$$

et

$$\sin(a+b) = -\sin(a'+b') = -\sin a'\cos b' - \sin b'\cos a'$$
$$= \sin a\cos b + \sin b\cos a.$$

Les formules (1) et (2) ont donc lieu lorsque les deux arcs sont négatifs.

58. Si l'un d'eux seulement est négatif, par exemple b, posant $b = -b'$, on aura

$$\cos(a+b) = \cos(a-b');$$

or, d'après la formule (4) démontrée générale, on a

$$\cos(a-b') = \cos a\cos b' + \sin a\sin b' = \cos a\cos b - \sin a\sin b.$$

On aura donc encore

$$\cos(a+b) = \cos a\cos b - \sin a\sin b,$$

ce qui n'est autre chose que la formule (2); et la formule (1) sera aussi vérifiée dans ce même cas, car $\sin(a+b')$ sera $\sin(a-b')$ ou $\sin a\cos b' - \sin b'\cos a$, qui n'est autre chose que $\sin a\cos b + \sin b\cos a$. On a donc

$$\sin(a+b) = \sin a\cos b + \sin b\cos a,$$

lorsque l'un des arcs est positif et l'autre négatif.

59. On reconnaîtrait de même que les formules (3) et (4) ont lieu lorsque les arcs a et b ont des signes quelconques; nous croyons inutile de reproduire des raisonnements identiques.

Et la conclusion générale de ces discussions est que, de même que les équations démontrées précédemment, *les formules* (1), (2), (3), (4) *ont lieu pour des arcs de grandeurs et de signes quelconques, en considérant les arcs et les signes trigonométriques qui y entrent comme de simples nombres quand elles sont dans le sens direct, et comme des nombres affectés du signe — quand elles sont dans le sens inverse; à la condition que ces quantités négatives isolées seront traitées, dans toutes les opérations auxquelles elles sont soumises, d'après les règles démontrées pour les quantités non isolées.* Et il faut bien se rappeler qu'il n'y a rien à démontrer quant à ces opérations, qui n'ont pas de sens par elles-mêmes ; que cette manière d'opérer est la condition de la généralisation, et que la seule chose à démontrer était que c'était là le seul moyen d'obtenir cette généralisation, à laquelle on pourrait à la rigueur renoncer.

60. *Remarque générale.* — Toutes les formules déduites de constructions pouvant se modifier avec la disposition des points et la grandeur des lignes, il est nécessaire de les discuter avec soin dans tous les cas que la figure peut présenter, et d'établir rigoureusement les conditions pour qu'elles soient générales, si cela est possible. Mais toute formule déduite, par les procédés ordinaires du calcul, de formules démontrées générales à certaines conditions, le sera évidemment elle-même aux mêmes conditions. C'est pour cela qu'on évite autant que possible de démontrer par des considérations géométriques les nouvelles formules que l'on a intérêt à établir, et qu'on cherche à les déduire, quand cela se peut, de formules dont la généralité a été démontrée. On se laisse quelquefois séduire par l'élégance et la simplicité d'une démonstration géométrique, et on ne se donne pas la peine d'examiner tous les cas et de s'assurer que la formule est générale aux mêmes conditions que toutes les autres. On pèche alors contre la rigueur, et on fait usage de propositions non démontrées. Et l'on reconnaît souvent qu'en rétablissant la rigueur, c'est-à-dire en démontrant réellement les propositions sur lesquelles on

s'appuie, on est obligé de se donner plus de peine qu'en les déduisant, par des moyens qui semblaient plus pénibles, de formules déjà établies.

DÉDUCTION DE QUELQUES FORMULES DES PRÉCÉDENTES.

61. Presque toutes les formules de la Trigonométrie peuvent être déduites des précédentes, et n'exigeront par conséquent aucune discussion relative à la généralité. Nous nous bornerons à citer quelques-unes de celles qui se présentent le plus souvent.

Les équations (2) et (3) étant ajoutées donnent

$$\sin(a+b)+\sin(a-b)=2\sin a\cos b,$$

et, comme a et b sont quelconques, $a+b$ et $a-b$ le sont aussi, et l'on a ainsi l'expression de la somme des sinus de deux arcs quelconques en un monôme. Si l'on fait

$$a+b=p,\quad a-b=q,\quad \text{d'où}\quad a=\frac{p+q}{2},\quad b=\frac{p-q}{2},$$

l'équation précédente deviendra

$$\sin p+\sin q=2\sin\tfrac{1}{2}(p+q)\cos\tfrac{1}{2}(p-q),$$

et l'on trouvera de même

$$\sin p-\sin q=2\sin\tfrac{1}{2}(p-q)\cos\tfrac{1}{2}(p+q),$$
$$\cos p+\cos q=2\cos\tfrac{1}{2}(p+q)\cos\tfrac{1}{2}(p-q),$$
$$\cos q-\cos p=2\sin\tfrac{1}{2}(p+q)\sin\tfrac{1}{2}(p-q).$$

Il est inutile de dire que ces formules renferment celles où l'on aurait un sinus et un cosinus dans le premier membre, puisque tout cosinus est le sinus du complément, et réciproquement.

Les deux premières de ces quatre formules étant divisées

membre à membre donnent

$$\frac{\sin p + \sin q}{\sin p - \sin q} = \frac{\operatorname{tang} \frac{1}{2}(p+q)}{\operatorname{tang} \frac{1}{2}(p-q)},$$

et en en prenant deux autres quelconques, et les traitant de la même manière, on obtiendrait de nouvelles formules utiles, que nous nous dispenserons d'écrire.

62. En supposant $b = a$ dans les formules (1) et (2), on aura

$$\sin 2a = 2 \sin a \cos a$$

et

$$\cos 2a = \cos^2 a - \sin^2 a = 1 - 2\sin^2 a = 2\cos^2 a - 1.$$

Ces dernières sont souvent employées sous la forme suivante :

$$1 + \cos 2a = 2\cos^2 a, \quad 1 - \cos 2a = 2\sin^2 a.$$

Si maintenant on supposait $b = 2a$, et qu'on remplaçât $\sin 2a$ et $\cos 2a$ par les valeurs qui viennent d'être trouvées, on obtiendrait

$$\sin 3a = 3 \sin a \cos^2 a - \sin^3 a,$$
$$\cos 3a = -3 \cos a \sin^2 a + \cos^3 a,$$

ou, en faisant usage de l'équation générale $\sin^2 a + \cos^2 a = 1$,

$$\sin 3a = 3 \sin a - 4 \sin^3 a,$$
$$\cos 3a = -3 \cos a + 4 \cos^3 a.$$

On obtiendrait les sinus et cosinus des multiples suivants de a, en faisant successivement $b = 3a$, $b = 4a$. Mais nous démontrerons bientôt des formules générales pour le développement de $\sin ma$ et $\cos ma$, m désignant un nombre entier quelconque.

PRÉPARATION QU'IL FAUT FAIRE SUBIR AUX FORMULES POUR LA RÉSOLUTION DES TRIANGLES.

63. Les calculs n'étant substitués aux constructions

que pour diminuer les erreurs, les nombres qui entrent dans les équations sont presque toujours exprimés par un grand nombre de chiffres décimaux, et les opérations seraient très pénibles au delà de l'addition et de la soustraction, si on ne les facilitait pas par l'emploi des logarithmes. Et cela est si nécessaire, que les Tables ordinaires ne renferment pas les valeurs mêmes des lignes trigonométriques, mais seulement leurs logarithmes, parce qu'on suppose toujours qu'on aura préparé les formules de telle sorte, que les inconnues soient exprimées chacune par un monôme indiquant des multiplications, divisions, élévations à des puissances entières ou fractionnaires de quantités dont on peut facilement connaître les logarithmes.

Il y a diverses manières générales de réduire à un seul deux termes dont les facteurs ont des logarithmes connus.

Soient A et B ces deux termes, auxquels nous ne supposerons d'abord aucune forme particulière; l'expression à réduire sera

$$A \pm B \quad \text{ou} \quad A\left(1 \pm \frac{B}{A}\right).$$

Or, les relations entre les lignes trigonométriques permettent de transformer facilement $1 \pm \frac{B}{A}$ en un monôme.

Considérons d'abord le signe supérieur, et posons

$$\frac{B}{A} = \tang^2\varphi,$$

ce qui est toujours possible; l'angle φ se déterminera immédiatement, puisqu'on aura

$$\tang\varphi = \sqrt{\frac{B}{A}},$$

et par suite

$$\log\tang\varphi = \tfrac{1}{2}(\log B - \log A).$$

Le second membre peut être formé, puisque l'on peut calculer les logarithmes de A et B au moyen de ceux de leur facteurs, et connaissant ainsi $\log \operatorname{tang} \varphi$, la Table donnera l'angle φ et les logarithmes de toutes ses lignes trigonométriques.

Mais l'expression $A+B$ sera transformée en $A(1+\operatorname{tang}^2\varphi)$ ou $A\operatorname{séc}^2\varphi$, ou enfin en $\frac{A}{\cos^2\varphi}$, dont on pourra facilement calculer le logarithme, et par suite la valeur, si c'est une longueur, ou l'angle correspondant, si c'est une ligne trigonométrique.

On aurait encore pu poser $\frac{B}{A} = \cos\varphi$, et $A+B$ serait devenu $A(1+\cos\varphi) = 2A\cos^2\frac{\varphi}{2}$.

Si l'on avait eu le signe inférieur, la différence $A - B$, qu'on peut toujours supposer positive, deviendrait $A\sin^2\varphi$ en posant $\frac{B}{A} = \cos^2\varphi$, ce qui est toujours possible, puisque $\frac{B}{A}$ est plus petit que l'unité.

64. Un cas qui se présente souvent est celui où A et B renferment parmi leurs facteurs, l'un le sinus, l'autre le cosinus d'un même arc a, c'est-à-dire où l'on a

$$A \pm B = M\sin a \pm N\cos a.$$

En mettant M en facteur commun, l'expression deviendra

$$M\left(\sin a \pm \frac{N}{M}\cos a\right).$$

En posant $\frac{N}{M} = \operatorname{tang}\varphi$, ce qui est toujours possible, elle se change en

$$M\left(\sin a \pm \frac{\sin\varphi\cos a}{\cos\varphi}\right), \quad \text{ou} \quad \frac{M}{\cos\varphi}\sin(a\pm\varphi),$$

expression dont on peut avoir le logarithme puisque l'angle φ est connu, et par suite $a \pm \varphi$.

On voit facilement que si l'angle a était inconnu et que l'équation d'où il dépend fût $M \sin a + N \cos a = P$, cette formule en donnera immédiatement la valeur si P est une quantité connue. Car cette équation sera transformée en $\frac{M}{\cos\varphi} \sin(a \pm \varphi) = P$, d'où $\sin(a \pm \varphi)$, par suite $a \pm \varphi$, et enfin a.

65. Considérons maintenant les formes particulières correspondantes aux cas que présente le plus ordinairement la résolution des triangles, et auxquels le calcul des logarithmes ne s'appliquerait pas immédiatement.

66. 1° Supposons d'abord qu'on donne les deux côtés a, b d'un triangle et l'angle compris C, et qu'on demande les deux angles A et B et le côté c.

On aura d'abord entre A et B l'équation

$$\frac{\sin A}{a} = \frac{\sin B}{b}.$$

Mais, au lieu de faire usage de la seconde équation, $A + B = \pi - C$, qui donnerait lieu à des calculs un peu compliqués, il vaut mieux déduire de la précédente

$$\frac{\sin A + \sin B}{\sin A - \sin B} = \frac{a + b}{a - b};$$

car le premier membre se transforme, comme nous l'avons vu, en

$$\frac{\tang \frac{1}{2}(A + B)}{\tang \frac{1}{2}(A - B)} \quad \text{ou} \quad \frac{\cot \frac{C}{2}}{\tang \frac{1}{2}(A - B)}.$$

Substituant dans la proportion précédente, il n'y aura d'inconnue que tang $\frac{1}{2}(A - B)$; on en calculera donc facilement le logarithme, et la Table fera connaître l'angle $\frac{1}{2}(A - B)$; l'ajoutant à $\frac{1}{2}(A + B)$, on aura A, et le retranchant on aura B. Le côté c s'en déduira par la proportion $\frac{\sin A}{a} = \frac{\sin C}{c}$.

On aurait pu employer une transformation qui aurait conduit à déterminer c sans chercher préalablement A et B. En effet, on aura d'abord

$$\begin{aligned} c^2 &= a^2 + b^2 - 2ab \cos C = (a + b)^2 - 2ab(1 + \cos C) \\ &= (a + b)^2 - 4ab \cos^2 \frac{C}{2}, \end{aligned}$$

ou

$$c^2 = (a + b)^2 \left[1 - \frac{4ab}{(a + b)^2} \cos^2 \frac{C}{2}\right].$$

Ce cas rentre dans un de ceux que nous avons précédemment traités, et en posant

$$\frac{4ab}{(a + b)^2} \cos^2 \frac{C}{2} = \cos^2 \varphi, \quad \cos\varphi = \frac{2\sqrt{ab} \cos \frac{C}{2}}{a + b},$$

on aura

$$c^2 = (a + b)^2 \sin^2 \varphi \quad \text{ou} \quad c = (a + b) \sin\varphi.$$

La somme $a + b$ s'effectuant sans peine et le logarithme de $\sin\varphi$ étant donné par la Table, dès qu'on aura calculé celui de $\cos\varphi$, on aura facilement celui de c, et par suite c lui-même.

67. 2° Considérons encore le cas où l'on donne les trois côtés a, b, c. Pour avoir un quelconque des angles, A par exemple, on fera usage de la formule

$$\cos A = \frac{b^2 + c^2 - a^2}{2bc},$$

qu'il faut nécessairement transformer, parce que les côtés a, b, c sont exprimés le plus ordinairement par un grand nombre de chiffres, et les calculs seraient très longs. Ils seront très simples au contraire en cherchant l'angle $\frac{A}{2}$ soit par son sinus, soit par son cosinus. En effet, on aura

$$1 + \cos A = 2\cos^2\frac{A}{2},$$

d'où

$$\cos\frac{A}{2} = \sqrt{\frac{1+\cos A}{2}} = \sqrt{\frac{(b+c)^2 - a^2}{4bc}}$$
$$= \sqrt{\frac{(a+b+c)(b+c-a)}{4bc}},$$

et, en posant $a + b + c = 2p$,

$$\cos\frac{A}{2} = \sqrt{\frac{p(p-a)}{bc}},$$

expression calculable par logarithmes.

On aurait pu trouver de même $\sin\frac{A}{2}$, et par suite $\tang\frac{A}{2}$.

Nous ne parlerons pas des autres cas de la résolution des triangles qui n'exigent pas de transformations.

APPLICATION DES FORMULES TRIGONOMÉTRIQUES A LA DIVISION DES ANGLES.

68. Lorsque l'on a trouvé une équation entre les lignes trigonométriques de deux angles dont l'un est un multiple entier de l'autre, on peut également considérer comme inconnues celles de l'un ou de l'autre, et se proposer ainsi deux problèmes inverses.

Nous avons dit qu'il était facile de trouver les expressions générales du sinus et du cosinus d'un multiple entier d'un arc quelconque, et nous les avons données pour les premiers multiples. Voyons maintenant comment on peut résoudre la question inverse, et proposons-nous, par exemple, de trouver le sinus du tiers d'un arc dont le sinus est donné. La discussion complète que nous en ferons montrera suffisamment l'esprit de la méthode dans tous les cas.

Nous avons trouvé précédemment la formule générale

$$(\alpha) \qquad \sin 3a = 3\sin a - 4\sin^3 a,$$

et il ne faut pas oublier que l'arc a est arbitraire, positif ou négatif, et pouvant renfermer un nombre quelconque de circonférences. L'arc $3a$ peut donc lui-même être pris arbitrairement; a en désignera toujours le tiers, et les nombres représentés dans l'équation par $\sin a$, $\sin 3a$, seront les sinus de deux quelconques des arcs correspondants a, $3a$, entendus comme nous l'avons fait pour la généralisation des formules. C'est sur ces considérations que repose essentiellement la discussion qui va suivre, et toutes celles auxquelles donnent lieu les questions relatives aux sections angulaires.

Posant

$$\sin 3a = m, \quad \sin a = x,$$

l'équation (α) devient

$$x^3 - \frac{3}{4}x + \frac{m}{4} = 0;$$

m est la donnée, et x l'inconnue.

La résolution de cette équation rentre dans ce que nous avons dit dans la *Science des nombres*, et l'on reconnaît facilement qu'elle a ses trois racines réelles. Mais ce qui va nous occuper particulièrement, c'est l'interprétation de ces trois racines. Nous allons montrer que, d'après la signification précise que nous avons donnée à m et x, l'équation en x doit être du troisième degré et avoir ses trois racines réelles, représentant les sinus d'arcs complètement définis.

Commençons par remarquer que, m étant donné en

grandeur et en signe, il y a une infinité d'arcs correspondants, positifs et négatifs. Si l'on désigne par θ l'un quelconque d'entre eux, il est facile d'exprimer généralement tous les autres. En effet, leurs extrémités se confondent avec celle de θ, ou sont avec elle sur une même parallèle au diamètre fixe du cercle trigonométrique. Les premiers sont tous renfermés dans la formule générale

$$\theta \pm 2n\pi.$$

Les autres, d'après une discussion faite précédemment, sont renfermés dans la suivante,

$$\pi - \theta \pm 2n'\pi,$$

n et n' désignant des nombres entiers quelconques. Les tiers de tous ces arcs seront représentés par les deux formules suivantes :

$$\frac{\theta}{3} \pm \frac{2n\pi}{3}, \quad \frac{\pi - \theta}{3} \pm \frac{2n'\pi}{3};$$

et, d'après ce que nous avons dit en commençant, les sinus de tous ces arcs doivent satisfaire à l'équation générale (α), c'est-à-dire à l'équation en x. Or, les nombres n et x sont nécessairement ou divisibles par 3, ou des multiples de 3, ± 1, de sorte que, si l'on supprime des dernières expressions les circonférences entières, il ne restera que les six arcs

$$\frac{\theta}{3}, \quad \frac{\theta}{3} \pm \frac{2\pi}{3}, \quad \frac{\pi - \theta}{3} \pm \frac{2\pi}{3}.$$

Les sinus de ces six arcs satisferont à l'équation en x, et il ne pourra y en avoir d'autres.

Or, les trois premiers ont pour extrémités trois points de la circonférence distants les uns des autres du tiers de la circonférence : leurs sinus sont donc généralement inégaux. Il en est de même des trois autres; mais les valeurs de leurs sinus rentrent dans les premières, car les trois arcs

$$\frac{\theta}{3},\quad \frac{\theta}{3}+\frac{2\pi}{3},\quad \frac{\theta}{3}-\frac{2\pi}{3},$$

ajoutés respectivement aux trois autres dans l'ordre suivant :

$$\frac{\pi-\theta}{3}+\frac{2\pi}{3},\quad \frac{\pi-\theta}{3},\quad \frac{\pi-\theta}{3}-\frac{2\pi}{3},$$

donnent π ou $-\pi$. Il n'y a donc à satisfaire à l'équation en x que les sinus des trois arcs

$$\frac{\theta}{3},\quad \frac{\theta}{3}\pm\frac{2\pi}{3},$$

qui seront les racines de l'équation entre m et x. On sait donc, avant de chercher cette équation, qu'elle doit avoir trois racines réelles dont on connaît la signification ; et si elle est trouvée de manière que m et x soient sûrement les sinus d'un arc et de son tiers, elle ne pourra avoir aucune autre racine réelle que les trois que nous avons indiquées.

Cette discussion, faite avec beaucoup de détail, suffit pour bien faire comprendre la méthode à suivre dans tous les cas, et nous nous écarterions de notre objet en multipliant les applications.

DE LA TRIGONOMÉTRIE SPHÉRIQUE.

69. On appelle *triangle sphérique* la figure formée sur la surface d'une sphère par trois arcs de cercle, et l'on ne considère ordinairement que des arcs de grands cercles. Lorsque deux courbes quelconques se coupent, l'angle de leurs tangentes au point commun est appelé l'*angle* des courbes. D'après cette définition, l'angle de deux arcs de grands cercles sera l'angle formé par les perpendiculaires au rayon mené du point commun, lequel mesure l'angle des plans de ces grands cercles.

On voit donc que les angles et les côtés d'un triangle sphérique sont la mesure des angles dièdres et des angles plans de l'angle trièdre formé par les trois lignes menées du centre de la sphère aux sommets du triangle. Et il n'y aura que des lignes trigonométriques à considérer dans de pareils triangles, puisqu'ils ne se composent réellement que d'angles et non de longueurs.

Aussi les formules de la Trigonométrie n'auront lieu qu'entre les lignes trigonométriques des côtés et des angles des triangles; et résoudre un triangle, ce sera trouver le nombre de degrés contenus dans ces côtés et dans ces angles.

C'est l'Astronomie qui a donné naissance à ces recherches, parce qu'il était naturel de placer sur la surface d'une sphère ayant pour centre l'œil de l'observateur des points présentant le même aspect que les astres mêmes. Ces points, qui sont les intersections des rayons visuels avec la sphère, joints trois à trois, déterminent des triangles sphériques, à la résolution desquels est ramenée la détermination des positions relatives des astres.

70. Toutes les formules de la Trigonométrie peuvent se déduire d'une seule dont il suffira de démontrer complètement la généralité : c'est celle qui a lieu entre les trois côtés et un angle quelconque. Désignant toujours par A, B, C les angles, et par a, b, c les côtés respectivement opposés, cette formule, appliquée aux trois angles, donne les équations suivantes :

$$(1)\qquad \left\{\begin{aligned} \cos a &= \cos b \cos c + \sin b \sin c \cos A,\\ \cos b &= \cos a \cos c + \sin a \sin c \cos B,\\ \cos c &= \cos a \cos b + \sin a \sin b \cos C. \end{aligned}\right.$$

On les démontre d'abord dans le cas où l'angle est plus petit que deux droits, et les côtés qui le comprennent, plus petits chacun qu'une demi-circonférence. On reconnaît facilement ensuite que les mêmes formules subsistent lorsque les côtés sont plus grands qu'une demi-circonférence, et l'angle compris plus grand que deux droits, extension dont on peut même se passer pour la résolution des triangles sphériques. Ces démonstrations sont si faciles, et nous avons déjà donné tant d'exemples des procédés de généralisation, que nous croyons devoir en laisser le soin aux professeurs ou aux élèves mêmes. Nous ne parlerons pas non plus des autres formules utiles que l'on peut déduire des précédentes, ou démontrer directement; mais nous allons montrer comment les moyens déjà indiqués peuvent servir à rendre le calcul des logarithmes applicable aux équations (1).

71. Prenons d'abord le cas où l'on donne les trois côtés a, b, c, et où l'on demande les trois angles.

On tirera de la première équation

$$\cos A = \frac{\cos a - \cos b \cos c}{\sin b \sin c}.$$

On en tirera

$$1 + \cos A = \frac{\cos a - \cos b \cos c + \sin b \sin c}{\sin b \sin c} = \frac{\cos a - \cos(b+c)}{\sin b \sin c}$$
$$= \frac{2 \sin\left(\frac{a+b+c}{2}\right) \sin\left(\frac{b+c-a}{2}\right)}{\sin b \sin c},$$

et, comme $1 + \cos A = 2\cos^2 \frac{A}{2}$, on aura

$$\cos \frac{A}{2} = \pm \sqrt{\frac{\sin\left(\frac{a+b+c}{2}\right) \sin\left(\frac{b+c-a}{2}\right)}{\sin b \sin c}},$$

expression calculable par logarithmes, qui fera connaître $\frac{A}{2}$ et par suite A. On trouverait de même B et C. Remarquons que la valeur des côtés donnés indique si l'angle A que l'on calcule est plus petit ou plus grand que deux droits, et par conséquent quel signe il faut prendre pour $\cos\frac{A}{2}$; mais, comme nous l'avons déjà dit, on peut se borner à considérer des angles moindres que deux droits.

72. Les équations (1) peuvent encore servir à calculer le troisième côté d'un triangle dont on connaît les deux autres et l'angle qu'ils comprennent.

Supposons, en effet, qu'on donne a, b, C; on aura

$$\cos c = \cos a \cos b + \sin a \sin b \cos C.$$

Cette équation ne peut donner commodément $\cos c$, parce qu'on ne peut calculer le logarithme du second membre, qui est composé de deux termes. Pour le transformer en un monôme, il suffira d'observer que ses deux termes renferment, l'un le sinus et l'autre le cosinus d'un même arc a ou b. Appliquant le procédé général que nous avons indiqué dans ce cas, nous écrirons

$$\cos c = \cos b(\cos a + \operatorname{tang} b \cos C \sin a),$$

et nous poserons $\operatorname{tang} b \cos C = \operatorname{tang}\varphi$, ce qui détermine immédiatement l'angle φ et les logarithmes de ses lignes trigonométriques. On aura alors

$$\cos c = \frac{\cos b \cos(a - \varphi)}{\cos\varphi},$$

et la question sera résolue.

APPLICATION DES LIGNES TRIGONOMÉTRIQUES A QUELQUES QUESTIONS PARTICULIÈRES.

73. Les lignes trigonométriques, ayant pour objet d'introduire les angles en même temps que les longueurs dans les calculs, peuvent être employées non seulement pour calculer avec approximation les éléments inconnus d'un triangle, mais pour trouver les inconnues dans toute question où il entre des lignes et des angles. Et la solution étant trouvée, on peut aussi bien se proposer de la construire que de la calculer, comme dans les problèmes que l'on résoudrait sans y introduire des angles, mais seulement des longueurs. Nous nous bornerons à en donner quelques exemples très simples.

74. *Par un point* D *donné sur un côté d'un triangle* ABC (*fig.* 14), *mener deux lignes qui rencontrent en*

Fig. 14.

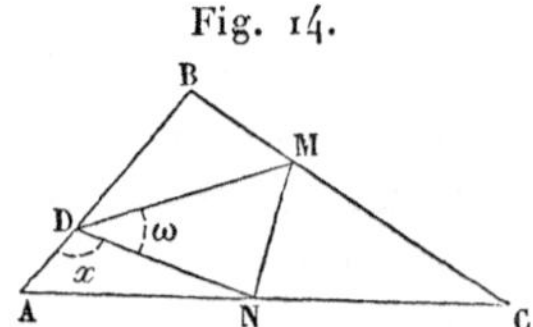

M *et* N *les deux autres côtés, de telle sorte que le triangle* DMN *soit semblable à un triangle donné.*

Soient $AD = d$, ω l'angle donné MDN, $\frac{m}{n}$ le rapport donné des côtés DN, DM et x l'angle inconnu ADN.

Nous allons d'abord exprimer DN en fonction de x, puis DM, et nous égalerons leur rapport à $\frac{m}{n}$; cette équation déterminera x.

Le triangle ADN donnera $\frac{DN}{d} = \frac{\sin A}{\sin(A + x)}$, puisque $A + x$ est supplément de DNA. L'angle BDM est égal à $\pi - \omega - x$, et BMD, par suite, à $\omega - B + x$. On aura donc

$$\frac{DM}{c - d} = \frac{\sin B}{\sin(\omega - B + x)},$$

et, égalant à $\frac{m}{n}$ le rapport $\frac{DN}{DM}$, on aura l'équation

$$nd \sin A \sin(\omega - B + x) = m(c - \alpha) \sin B \sin(A + x).$$

Développant les sinus, on aura dans tous les termes $\sin x$ ou $\cos x$, et, divisant par $\cos x$, on trouvera pour $\operatorname{tang} x$ la valeur suivante :

$$\operatorname{tang} x = \frac{m(c-d)\sin A \sin B - nd \sin B \sin(\omega - B)}{nd \sin A \cos(\omega - B) - m(c-d)\sin B \cos A},$$

et il n'y aurait aucune difficulté à construire cette expression, puisque les sinus et cosinus d'angles connus peuvent être remplacés par des rapports de lignes connues.

75. *Etant donnés les longueurs des trois arêtes d'un parallélépipède et les angles qu'elles forment entre elles en un de ses sommets, calculer la diagonale partant de ce point, et le volume du parallélépipède.*

Soit le parallélépipède ABCDEFGH (*fig.* 15); posons

$$AB = a, \quad AD = b, \quad AE = c, \quad AG = d.$$

Fig. 15.

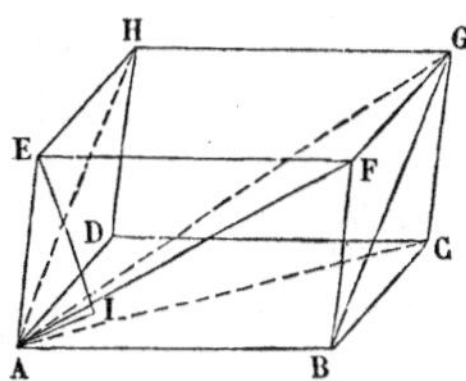

1° Cherchons d'abord l'expression de d, et pour cela projetons le polygone ABCGA sur la direction AG, nous aurons

$$a \cos BAG + b \cos DAG + c \cos EAG = d.$$

Mais

$$\cos BAG = \frac{a^2 + d^2 - \overline{BG}^2}{2ad} = \frac{a^2 + d^2 - \overline{AH}^2}{2ad};$$

et de même

$$\cos DAG = \frac{b^2 + d^2 - \overline{AF}^2}{2bd}, \quad \cos EAG = \frac{c^2 + d^2 - \overline{AC}^2}{2cd},$$

Substituant, il vient

$$\frac{a^2 + d^2 - \overline{BG}^2}{2d} + \frac{b^2 + d^2 - \overline{AE}^2}{2d} + \frac{c^2 + d^2 - \overline{AC}^2}{2d} = d,$$

d'où

$$d^2 = \overline{AC}^2 + \overline{AF}^2 + \overline{AH}^2 - a^2 - b^2 - c^2.$$

Faisant les substitutions, on obtient

$$d^2 = a^2 + b^2 + c^2 + 2ab\cos\overline{ab} + 2ac\cos ac + 2bc\cos\overline{bc}.$$

La diagonale du parallélépipède se trouverait ainsi exprimée au moyen des trois arêtes et des diagonales des trois faces partant d'une extrémité de la première; mais, ces diagonales n'étant pas des données de la question proposée, il faut les exprimer au moyen des angles $\overline{ab}$, $\overline{ac}$, $\overline{bc}$ des arêtes partant du même sommet. Or on a

$$\overline{AC}^2 = a^2 + b^2 + 2ab\cos\overline{ab},$$
$$\overline{AF}^2 = a^2 + c^2 + 2ac\cos\overline{ac},$$
$$\overline{AH}^2 = b^2 + c^2 + 2bc\cos\overline{bc}.$$

Faisant les substitutions, on obtient

$$d^2 = a^2 + b^2 + c^2 + 2ab\cos\overline{ab} + 2ac\cos\overline{ac} + 2bc\cos\overline{bc}.$$

2° Cherchons maintenant le volume du parallélépipède, et pour cela abaissons EI perpendiculaire sur le plan de la base ab dont la surface est $ab\sin\overline{ab}$; le volume cherché aura pour mesure $\text{EI}.ab\sin\overline{ab}$ ou $abc\sin\overline{ab}\sin\text{EAI}$.

Nous sommes donc ramenés à calculer le sinus de l'angle qu'une arête d'un angle trièdre forme avec le plan de la face opposée. Désignons respectivement par α, β, γ les angles $\overline{bc}$, $\overline{ac}$, $\overline{ab}$.

L'angle trièdre AEIB correspond à un triangle sphérique rectangle qui donnera

$$\frac{\sin \text{EAI}}{\sin\overline{\text{AB}}} = \sin \text{EAB} \quad \text{ou} \quad \sin\text{EAI} = \sin\overline{\text{AB}}\sin b,$$

$\overline{AB}$ désignant l'angle dièdre suivant l'arête AB. Mais, $\overline{AB}$ étant un angle d'un triangle sphérique dont les côtés sont α, β, γ, on aura

$$\cos\overline{AB} = \frac{\cos\alpha - \cos\beta\cos\gamma}{\sin\beta\sin\gamma},$$

et par conséquent

$$\begin{aligned}
\sin AB &= \frac{1}{\sin\beta\sin\gamma}\sqrt{\sin^2\beta\sin^2\gamma - (\cos\alpha - \cos\beta\cos\gamma)^2} \\
&= \frac{1}{\sin\beta\sin\gamma}\sqrt{(\sin\beta\sin\gamma + \cos\alpha - \cos\beta\cos\gamma)(\sin\beta\sin\gamma + \cos\beta\cos\gamma - \cos\alpha)} \\
&= \frac{1}{\sin\beta\sin\gamma}\sqrt{[\cos\alpha - \cos(\beta+\gamma)][\cos(\beta-\gamma) - \cos\alpha]} \\
&= \frac{2}{\sin\beta\sin\gamma}\sqrt{\sin\left(\frac{\alpha+\beta+\gamma}{2}\right)\sin\left(\frac{\beta+\gamma-\alpha}{2}\right)\sin\left(\frac{\alpha+\gamma-\beta}{2}\right)\sin\left(\frac{\alpha+\beta-\gamma}{2}\right)}.
\end{aligned}$$

Multipliant cette valeur par $\sin\beta$, on aura $\sin EAI$; et multipliant ensuite par $abc\sin ab$ ou $\sin\gamma$, on aura, pour l'expression du volume du parallélépipède,

$$2abc\sqrt{\sin\frac{\alpha+\beta+\gamma}{2}\sin\frac{\beta+\gamma-\alpha}{2}\sin\frac{\alpha+\gamma-\beta}{2}\sin\frac{\alpha+\beta-\gamma}{2}}.$$

Cette expression se réduit à abc quand les angles α, β, γ sont droits, parce que les quatre sinus sous le radical deviennent égaux à $\frac{1}{\sqrt{2}}$.

76. *Expression générale de la distance de deux points.*

Nous avons donné cette formule dans le cas où les points sont rapportés à deux axes rectangulaires; nous allons d'abord l'étendre au cas où les axes sont obliques.

Si par les deux points M, M′ (*fig.* 16) on mène des parallèles aux axes, leur distance est un côté d'un triangle

M′MI, dont les deux autres sont les différences ou les sommes des coordonnées des deux points ; et l'angle opposé

Fig. 16.

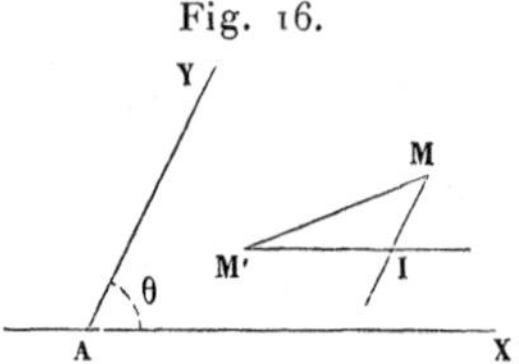

est égal à l'angle θ des axes ou à son supplément. Le carré du côté MM′ a pour valeur

$$\overline{MM'}^2 = \overline{MI}^2 = \overline{M'I}^2 - 2\,MI.M'I\cos M'IM.$$

Reste à exprimer généralement, si cela est possible, les trois termes du second membre.

Nous ne reproduirons pas la discussion que nous avons faite dans le cas des axes rectangulaires, et qui montre que la somme des carrés des deux côtés MI, M′I est représentée dans tous les cas par $(x-x')^2+(y-y')^2$, en entendant que les x et y sont regardés comme de simples nombres quand les coordonnées qu'elles représentent sont situées d'un côté déterminé de l'origine, et comme des nombres négatifs quand elles sont en sens contraire. Il ne reste donc à considérer que le troisième terme.

Supposons d'abord que les directions M′I, IM soient celles des axes positifs, c'est-à-dire que $x-x'$ et $y-y'$ soient positifs, en entendant comme nous l'avons fait les signes de x, y, x', y'; l'angle I sera supplément de θ, et le troisième terme, $-2\,MI.M'I\cos I$, aura pour expression

$$+2(x-x')(y-y')\cos\theta.$$

Si maintenant un seul des deux côtés MI, M′I change de sens, l'angle I se change en même temps dans son supplément, de sorte que dans ce produit deux des facteurs doivent être représentés par les mêmes expressions changées de signes : il n'y a donc aucun inconvénient à les laisser telles qu'elles étaient, en entendant toujours de la même manière les opérations sur les quantités négatives.

Si le second côté change ensuite de sens, les mêmes considérations prouvent que la première forme peut encore être conservée.

On peut donc dire que l'expression générale du carré de la distance de deux points rapportés à des axes quelconques dans un plan est

$$(x-x')^2+(y-y')^2+2(x-x')(y-y')\cos\theta,$$

les quantités $x, y, x', y', \cos\theta$ pouvant être positives ou négatives sous les mêmes conditions que dans toutes les questions dont nous avons jusqu'ici généralisé les solutions.

77. Si les points étaient rapportés à trois axes obliques et déterminés par trois coordonnées x, y, z, x', y', z', la droite menée de l'un à l'autre serait la diagonale d'un parallélépipède dont les arêtes seraient parallèles aux axes, en sens direct ou inverse. Les grandeurs de ces arêtes seraient respectivement égales aux différences ou aux sommes des coordonnées des deux points. En formant d'abord l'expression de cette diagonale dans le cas où les coordonnées x, y, z sont plus grandes que chacune des trois autres x', y', z', et passant, comme nous venons de le faire, au cas où l'inverse a lieu, on trouvera que la première expression s'applique à toutes les positions possibles des deux points, en entendant toujours de la même manière les signes des coordonnées et des cosinus. Cette valeur générale de la distance D est donnée par la formule suivante, dans laquelle les angles sont ceux que forment entre elles les directions

des axes positifs :

$$\begin{aligned}D^2 = &(x-x')^2+(y-y')^2+(z-z')^2\\&+2(x-x')(y-y')\cos\overline{xy}+2(x-x')(z-z')\cos\overline{xz}\\&+2(y-y')(z-z')\cos\overline{yz}.\end{aligned}$$

DE LA CONSTRUCTION DES TABLES TRIGONOMÉTRIQUES.

78. Les premières Tables sont dues aux astronomes de l'antiquité; elles ont été calculées par des procédés longs et pénibles; mais, comme elles étaient indispensables pour la résolution des triangles, il a fallu les construire à tout prix. Les progrès de la science ont fait connaître des moyens plus prompts et plus sûrs, dont on s'est servi soit pour vérifier des Tables déjà faites, soit pour en former de plus exactes. Nous nous bornerons à indiquer ici les moyens les plus élémentaires qu'on peut employer à cet effet. Nous pourrons parler plus tard de procédés plus parfaits. L'emploi d'une Table présente d'autant plus d'exactitude que ses termes croissent par intervalles plus petits : nous supposerons, comme cela a lieu dans celles qui sont le plus en usage, que les arcs croissent par intervalles de 10 secondes sexagésimales. La première idée qui se présente est de calculer avec une très grande approximation le sinus et le cosinus de 10 secondes et d'en déduire, par les formules connues du sinus et du cosinus d'une somme, ceux de tous les arcs suivants qui peuvent chacun être considérés comme la somme du précédent et de 10 secondes.

Pour calculer $\sin 10''$, on remarquera que, quand un arc tend vers zéro, son rapport à son sinus tend vers l'unité, et par conséquent la différence de l'un à l'autre est relativement très petite. On reconnaît même très simplement qu'en prenant toujours le rayon pour unité, la différence du sinus à l'arc est moindre que le quart du cube de cet arc. Il est donc très facile d'avoir une limite de l'erreur commise en prenant pour valeur de $\sin 10''$ celle de l'arc même de 10 secondes, qu'on peut facilement calculer puisque la demi-circonférence π est connue avec une approximation dont on peut à peine se faire une idée, et dont nous aurons bientôt l'occasion de parler.

On trouvera ainsi par défaut, à moins d'une unité du dernier ordre,

$$10'' = 0,000048481368110953599 35,$$

et $\frac{(10'')^3}{4}$ est égal par excès, à moins d'une unité du dernier ordre, à

$$0,000\,000\,000\,000\,03,$$

et comme on a

$$\sin 10'' > 10'' - \frac{(10'')^3}{4},$$

retranchant de 10 secondes la quantité précédente, supérieure à $\frac{(10'')^3}{4}$, on aura un reste *a fortiori* plus petit que $\sin 10''$. On aura donc

$$\sin 10'' > 0,0000484813680 8,$$

et d'ailleurs

$$\sin 10'' < 0,0000484813681 1,$$

de sorte que l'on a par défaut, à moins d'une unité du treizième ordre décimal,

$$\sin 10'' = 0,0000484813680.$$

On déduira facilement de là la valeur de $\cos 10''$ par excès et par défaut, et on en conclura $\sin 20''$ et $\cos 20''$.

Pour aller au delà, on fera usage de la loi simple qui existe entre les sinus et les cosinus d'arcs en progression par différence. Pour la découvrir, soient

$$x - a, \quad x, \quad x + a$$

trois arcs quelconques consécutifs d''une progression dont la différence est a.

On aura

$$\sin(x+a)+\sin(x-a)=2\sin x\cos a,$$
$$\cos(x+a)+\cos(x-a)=\cos x\cos a,$$

d'où

$$\sin(x+a)=\sin x(2\cos a)-\sin(x-a),$$
$$\cos(x+a)=\cos x(2\cos a)-\cos(x-a).$$

Ainsi, dans la série des sinus, comme dans celle des cosinus, d'arcs en progression dont la différence est a, un terme quelconque se forme des deux précédents, en multipliant le dernier par $2\cos a$, l'avant-dernier par -1, et réunissant les deux produits. Or, le facteur $2\cos a$ se représentant toujours, si on le multiplie par les neuf chiffres significatifs, on n'aura à opérer que des additions de ces produits partiels et les soustractions de quantités connues, ce qui réduira le calcul autant que possible.

79. Comme il est toujours possible de déterminer, pour les nombres que l'on calculera ainsi, des valeurs trop petites et des valeurs trop grandes, on connaîtra pour chacun une limite de l'erreur, ce qui est indispensable dans tous les calculs d'approximation. Si l'on trouvait que cette limite est devenue trop forte, il faudrait partir d'un arc plus petit que 10 secondes, car les erreurs se trouveraient relativement plus petites.

Mais on peut faire quelque chose de plus précis encore, car une limite de l'erreur ne donne pas toujours une connaissance assez précise de l'erreur même. On peut calculer avec autant d'approximation qu'on voudra les sinus et cosinus d'un assez grand nombre d'arcs, et comparer ces valeurs à celles qui résultent des calculs que nous avons indiqués.

Ainsi, le côté du décagone étant égal à la plus grande partie du rayon ou de l'unité, partagée en moyenne et extrême raison, et étant le double du vingtième de la circonférence, on aura

$$\sin 18^\circ = \frac{\sqrt{5}-1}{4}.$$

On en tirera facilement le cosinus, puis le sinus et le cosinus de la moitié ou de 9 degrés; et, par les formules du sinus et du cosinus de la somme, on aura ceux de tous les arcs de 9 en 9 degrés; c'est-à-dire des arcs de 9, 18, 27, 36, 45 degrés. Ce dernier est d'ailleurs calculable directement, et les calculs s'arrêtent nécessairement là, puisque les sinus et cosinus des arcs plus grands que 45 degrés sont les cosinus et sinus d'arcs moindres que 45 degrés.

Il n'est même pas nécessaire de continuer les calculs jusqu'à la moitié de l'angle droit : car Euler a fait voir que les lignes trigonométriques des arcs au delà de 30 degrés ou d'un tiers d'angle droit se déduisent de celles des arcs moindres. La construction des Tables se trouve par là beaucoup simplifiée; mais elle l'est encore bien davantage au moyen des séries que nous indiquerons, et qui donnent non seulement les lignes trigonométriques, mais leurs logarithmes eux-mêmes, qui sont bien plus nécessaires encore pour les calculs de la pratique.

APPLICATION

A

L'ÉTUDE DES COURBES.

APPLICATION

A

L'ÉTUDE DES COURBES.

CHAPITRE PREMIER.

REPRÉSENTATION DES LIEUX GÉOMÉTRIQUES PAR DES ÉQUATIONS. — EXEMPLES DE SOLUTIONS ÉTRANGÈRES ET DE SOLUTIONS PERDUES. — NOUVEAUX EXEMPLES DE GÉNÉRALISATION PAR LES QUANTITÉS NÉGATIVES.

80. Nous avons vu que les problèmes de Géométrie se ramenaient généralement à la détermination de certaines grandeurs, ou de la position de certains points; et comme la position d'un point sur un plan se détermine elle-même par certaines grandeurs que nous avons nommées ses *coordonnées,* il en est résulté que la résolution des problèmes de Géométrie par le calcul se réduit à la recherche d'équations entre les grandeurs données et des grandeurs inconnues, qui seront les coordonnées de points à déterminer, ou d'autres grandeurs quelconques, suivant la nature de la question.

Lorsqu'un point cherché ne peut avoir qu'une position ou du moins un nombre limité de positions, il existera deux relations distinctes entre ces deux coordonnées; et celles-ci seront données par les solutions communes à ces deux équations.

Mais lorsque le point cherché peut avoir une infinité de positions se suivant d'une manière continue, il est évident qu'il ne peut exister deux équations distinctes entre ses coordonnées, mais qu'il faut pouvoir prendre arbitrairement l'une des deux, entre certaines limites peut-être, et que l'autre doit en résulter; ce qui exige qu'il y ait une relation entre les deux coordonnées de chaque point. De sorte que la détermination d'un lieu géométrique par le calcul consistera dans la recherche de l'équation entre les coordonnées de chacun de ses points, résultant de conditions géométriques qui lui sont imposées.

81. On peut dire à la rigueur que la représentation des courbes par une équation générale entre les coordonnées de chacun de leurs points a été connue de tout temps. Ainsi, dire que la perpendiculaire abaissée d'un point quelconque d'un cercle sur un de ses diamètres est moyenne proportionnelle entre les deux segments, c'est donner une équation entre les coordonnées de tout point du cercle qui seront la perpendiculaire et l'un des segments du diamètre. Les propriétés les plus simples des autres sections coniques et d'autres courbes encore fournissaient des équations entre les coordonnées de diverses espèces d'un point quelconque de ces courbes. Mais les procédés de la science des nombres et les transformations dites *algébriques* étaient si peu avancés chez les anciens, que ces propriétés des courbes, équivalentes au fond à des équations, n'avaient pu donner lieu à de sérieuses applications de la science des nombres à la théorie des courbes.

C'est à Descartes que l'on doit réellement le premier pas dans cette direction, et il a été d'une importance capitale.

L'origine de cette conception se montre assez clairement dans quelques mots de son *Discours sur la méthode* : « Je » n'eus pas dessein, dit-il, de tâcher d'apprendre toutes ces » sciences particulières qu'on nomme communément *ma-* » *thématiques ;* et voyant qu'encore que leurs objets soient » différents, elles ne laissent pas de s'accorder toutes en ce » qu'elles ne considèrent autre chose que les divers rap- » ports ou proportions qui s'y trouvent, je pensai qu'il » valait mieux que j'examinasse seulement ces propor- » tions en général, et sans les supposer que dans les su- » jets qui serviraient à m'en rendre la connaissance plus » aisée, même aussi sans les y astreindre aucunement, afin » de les pouvoir d'autant mieux appliquer à tous les » autres auxquels elles conviendraient; puis, ayant pris » garde que pour les connaître j'aurais quelquefois besoin » de les considérer chacune en particulier et quelquefois » seulement de les retenir ou de les comprendre plusieurs » ensemble, je pensai que pour les considérer mieux en » particulier, je les devais supposer en des lignes, à cause » que je ne trouvais rien de plus simple, ni que je pusse » plus distinctement représenter à mon imagination et à » mes sens; mais que pour les retenir ou les comprendre » plusieurs ensemble, il fallait que je les expliquasse par » quelques chiffres, les plus courts qu'il me serait possible, » et que par ce moyen j'emprunterais tout le meilleur de » l'Analyse géométrique et de l'Algèbre, et corrigerais tous » les défauts de l'une par l'autre. » On voit clairement par là que Descartes s'est proposé d'employer toutes les ressources de la science des nombres à l'étude de la Géométrie, et réciproquement; mais que cette application ne serait pas restreinte à la Géométrie seulement, et qu'elle s'étendrait à toutes les autres sciences où l'on aurait à considérer des rapports ou proportions, indépendants de la nature particulière des choses dont elles s'occupent. Il entendait donc, par exemple, que les formules de la science des nombres pouvaient être mises au service de la Mécanique, de l'Astronomie et de diverses branches de la Physique. Cette conception a changé la face de toutes ces sciences, et c'est à elle en grande partie qu'elles doivent les immenses progrès qu'elles ont faits depuis Descartes. Nous ne l'envisagerons ici qu'au point de vue de l'application mutuelle de la science des nombres et de la Géométrie pure.

Après avoir donné la règle que nous avons fait connaître précédemment pour mettre en équation les problèmes de Géométrie, déterminés ou indéterminés, c'est-à-dire dans lesquels le nombre des équations est égal ou inférieur à celui des inconnues, Descartes entreprend la solution d'un problème de Géométrie, ébauché par les anciens, et dans lequel il s'agit de déterminer la position d'un point par la condition que le produit de ses distances à certaines droites données soit dans un rapport constant avec le produit de ces distances à d'autres droites données en même nombre. Il y a une infinité de points satisfaisant à cette même condition, et les géomètres anciens avaient reconnu dans quelques cas particuliers que le lieu était une section conique. Descartes mit en équation la question générale. Il détermina la position d'un point quelconque par ses distances x et y à deux axes fixes, exprima au moyen de ces deux quantités chacune des lignes en question, et la condition donnée lui fournit immédiatement une équation entre x, y et des quantités connues.

Cette équation était également facile à établir, quel que fût le nombre des lignes multipliées ; mais il n'en était pas de même de la discussion et de la construction. La longueur de chaque ligne était représentée par une expression du premier degré en x et y, et le degré des deux produits était par conséquent égal au nombre des facteurs. Les cas examinés par Euclide et Apollonius se rapportaient à des produits de deux lignes ; et l'équation trouvée par Descartes ne s'élève alors qu'au second degré, soit que dans chaque produit les deux facteurs soient inégaux, soit que dans l'un ils soient égaux, ce qui arrive lorsque les deux droites fixes se confondent ; il prouva qu'alors le lieu pouvait être l'une quelconque des trois sections coniques.

Nous ne le suivrons pas dans ce qu'il dit des cas plus compliqués, ni dans la classification qu'il établit pour les courbes.

Si nous avons parlé de ce problème, c'est parce que Descartes l'a choisi pour la première application de sa conception générale ; et nous allons reprendre l'exposition régulière des éléments de la science.

CONSIDÉRATIONS GÉNÉRALES SUR LA RECHERCHE DES ÉQUATIONS DES LIEUX GÉOMÉTRIQUES.

82. Lorsque l'on cherche à exprimer par des équations toutes les conditions géométriques qui doivent déterminer les points d'un lieu, on est souvent obligé d'introduire, outre les coordonnées du point quelconque que l'on considère et des grandeurs qui en dépendent et sont désignées dans l'énoncé, d'autres quantités non désignées et qui peuvent servir d'intermédiaires utiles. L'important est que toutes les conditions imposées soient remplies, et qu'on n'en introduise pas de nouvelles. Il est évident en effet que, si l'on assujettit les points d'un lieu à plus de conditions que n'en exige l'énoncé, on peut perdre une partie de ce lieu, et peut-être même le lieu tout entier, si aucun de ses points ne remplit à la fois les conditions de l'énoncé et en outre celles qu'on y aurait ajoutées par mégarde : comme aussi l'on pourrait avoir des points ou même des lieux étrangers à la question si l'on avait négligé d'exprimer exactement toutes les conditions imposées par l'énoncé.

Il est quelquefois difficile d'obtenir des équations qui

présentent cette réciprocité si désirable; mais il faut du moins ne pas l'ignorer, quand on ne peut faire autrement, et l'on devra toujours s'assurer si les équations sont des conséquences nécessaires de l'énoncé, et réciproquement si les conditions de l'énoncé en seront des conséquences nécessaires.

Lorsque toutes les équations ont été établies entre les coordonnées x et y d'un point quelconque du lieu, et les grandeurs variables avec ces coordonnées, désignées dans l'énoncé ou introduites comme auxiliaires, il faut en éliminer toutes les variables autres que x et y, et l'équation finale qui ne renfermera que ces deux dernières variables sera ce qu'on appelle l'*équation du lieu*.

Mais il faudra, dans le courant de ce calcul, veiller avec beaucoup de soin à ce qu'aucune solution étrangère ne s'introduise, et qu'aucune solution réelle ne se perde. Ces discussions sont quelquefois difficiles; mais, si on les néglige, on n'est pas complètement assuré du résultat. Il peut arriver que l'on reconnaisse dans ce résultat des solutions qui ne conviennent pas à la question, ou qu'on s'aperçoive qu'il en manque que l'on devrait y trouver. On recherche alors la cause de ces erreurs, mais il est toujours mieux de les reconnaître dès qu'elles s'introduisent, si, comme cela peut arriver, il n'est pas possible de les éviter.

83. Une condition géométrique peut être très simplement énoncée d'une manière générale tandis que l'équation qu'on trouve en cherchant à l'exprimer ne s'applique qu'à une partie des cas qu'elle comporte, et doit subir certaines modifications pour s'appliquer aux autres. Dans ce cas, si l'on ne prenait que l'une des formes de cette équation, faute d'avoir suffisamment discuté toutes les circonstances possibles, on perdrait les solutions correspondantes aux formes négligées. C'est pour éviter l'embarras

de ces diverses formes que nous avons tant insisté sur la généralisation des formules; car, en renfermant toutes ces formes dans une seule, quand cela est possible, à certaines conditions, un seul calcul donne aux mêmes conditions un résultat qui renferme tous les autres.

Pour éclairer ceci par un exemple simple, supposons qu'on demande *l'équation du lieu des points qui, dans un plan donné, sont à une même distance d'un point donné.*

Rapportons les positions à deux axes rectangulaires AX, AY (*fig.* 17) pris dans ce plan, et comptons les x et y

Fig. 17.

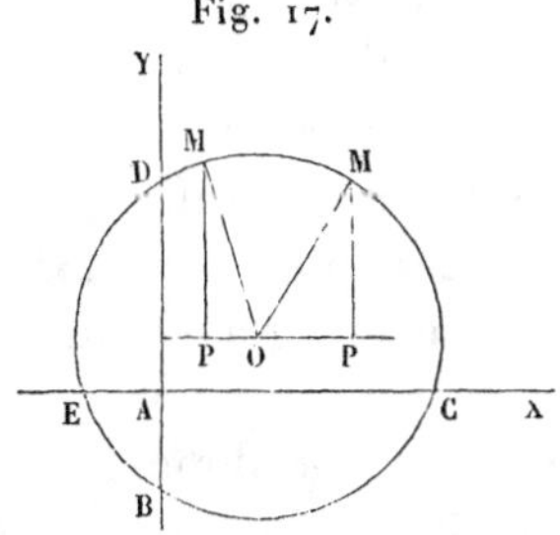

sur les deux côtés qui comprennent dans leur angle le point donné. Désignons par a et b les coordonnées de ce point qui est le centre du cercle, et par R son rayon. La condition géométrique qui détermine tous les points du cercle est facile à énoncer, mais sa traduction en équation ne l'est pas autant. Nous avons reconnu en effet précédemment que l'expression de la distance de deux points prenait plusieurs formes différentes, suivant la position relative de ses extrémités, parce que cette distance est l'hypoténuse d'un triangle dont les deux côtés de l'angle droit sont tantôt la différence et tantôt la somme des coordonnées des extrémités. En égalant à R l'expression de cette distance, on pourrait donc être obligé de faire usage de plusieurs équations pour qu'aucune partie du cercle ne fût omise. C'est ce qui arrivera si ce cercle n'est pas tout entier renfermé dans le même angle que le centre. Si, par exemple, il coupait les deux axes des deux côtés de l'origine aux points B, C, D, E, on aurait quatre formes différentes pour l'équation, se rapportant respectivement aux points des quatre parties BC, CD, DE et EB. Mais par la discussion approfondie que nous avons faite précédemment de l'expression de la distance de deux points, il a été démontré qu'une seule forme peut convenir à toutes les positions des extrémités, soit de l'une par rapport à l'autre, soit même par rapport aux axes. Le moyen de généraliser ainsi cette formule a consisté à l'établir d'abord en supposant tous les points dans le même angle des axes, auquel cas les deux côtés du triangle rectangle sont les différences des coordonnées des extrémités, puis à regarder comme implicitement négatives les coordonnées qui changeront de direction.

Ainsi, x et y désignant les coordonnées d'un point quelconque de la partie CD du cercle, les deux côtés OP, MP seront les différences $x - a$, $y - b$, ou $a - x$, $b - y$, et le carré de la distance sera $x^2 - 2ax + a^2 + y^2 - 2by - b^2$ ou $(x - a)^2 + (y - b)^2$, en entendant que, quand $x - a$ ou $y - b$ seront négatifs, on effectuera toujours les calculs d'après les règles des signes démontrées pour les quantités non isolées.

On aura alors pour l'équation générale de tous les points du cercle

$$(x - a)^2 + (y - b)^2 = R^2, \tag{1}$$

à la condition que les coordonnées négatives seront portées en sens contraires de celui qu'elles avaient dans la figure qui a servi à trouver cette équation, c'est-à-dire sur les prolongements des axes AX, AY.

La généralisation, antérieurement faite, de la formule de

la distance de deux points a donc permis de renfermer tous les points du lieu dans une seule équation qui est nécessaire et suffisante, qui comprend toutes les solutions et n'en renferme pas d'étrangères.

Cette équation (1) est donc l'*équation générale du cercle*.

84. *Équation du lieu des points tels, que le rapport de leurs distances à un point et une droite donnés soit constant.*

Cette question va montrer encore qu'une condition géométrique générale ne s'exprime pas toujours naturellement par une seule formule, mais qu'il est besoin d'en considérer plusieurs, que l'on peut faire rentrer dans une seule par les moyens déjà employés.

Prenons pour origine le point donné A (*fig.* 18), pour

Fig. 18.

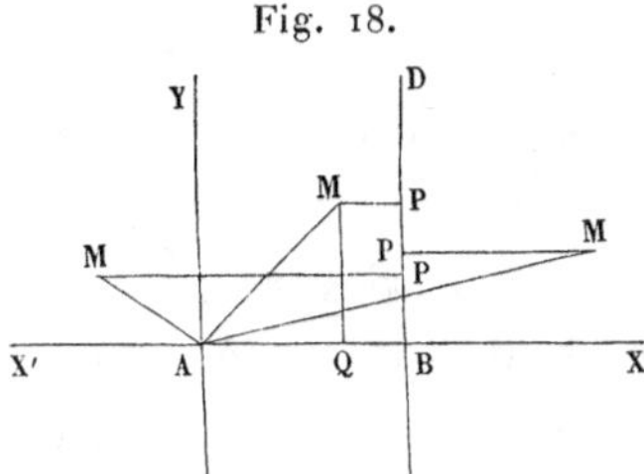

axe des x la perpendiculaire ABX à la droite donnée BD, et pour axe des y une perpendiculaire AY.

Soit $AB = a$, m le rapport donné, et considérons un point quelconque M du lieu; la condition donnée s'exprimera par l'équation générale

$$(1) \qquad AM = m.MP.$$

Il ne reste plus qu'à remplacer AM et AP par des fonctions de l'x et de l'y du point M.

On a d'abord

$$AM = \sqrt{x^2 + y^2}.$$

Quand à MP, son expression aura trois formes différentes suivant que M sera entre AY et BD, ou à droite de BD, ou enfin à gauche de AY.

Dans le premier cas l'on aura

$$MP = a - x;$$

dans le second,

$$MP = x - a,$$

et enfin dans le troisième

$$MP = a + x.$$

L'équation (1) se trouve donc remplacée par les trois suivantes :

$$\sqrt{x^2 + y^2} = m(a - x),$$
$$\sqrt{x^2 + y^2} = m(x - a),$$
$$\sqrt{x^2 + y^2} = m(a + x),$$

soit que le point M soit pris au-dessus ou au-dessous de AX.

Si l'on rend ces équations rationnelles, en élevant les deux membres au carré, elles se réduiront aux deux suivantes :

$$(2) \qquad x^2 + y^2 = m^2(a - x)^2, \quad x^2 + y^2 = m^2(a + x)^2,$$

et comme elles ne diffèrent l'une de l'autre que par le signe des puissances impaires de x, on voit qu'on peut se borner à la première, en entendant que, lorsqu'on y donnera à x une valeur positive, on la portera dans le sens AX, et que lorsqu'on y mettra pour x une valeur négative, que l'on traitera suivant les règles des signes, démontrées dans le cas des polynômes seulement, on la portera du côté AX′, et la valeur de y que donnera l'équation construira un point du lieu en la portant au-dessus ou au-dessous de l'axe des x.

On aura, en entendant ainsi les solutions négatives, pour représenter tous les points du lieu, l'équation unique (2) qui, développée, devient

$$y^2 + x^2(1 - m^2) + 2am^2x - m^2a^2 = 0.$$

85. *Équation du lieu des points également distants de deux points donnés.*

Ce lieu est évidemment une ligne droite, et cette droite peut avoir une position quelconque dans le plan donné, en choisissant convenablement les deux points. Pour obtenir l'équation du lieu de la manière la plus générale, nous prendrons un système d'axes obliques, et nous supposerons les deux points placés d'une manière quelconque par rapport à ces axes.

Soient AX, AY (*fig.* 19) les deux axes, faisant entre eux un angle θ; B, B' les deux points donnés; a, b les

Fig. 19.

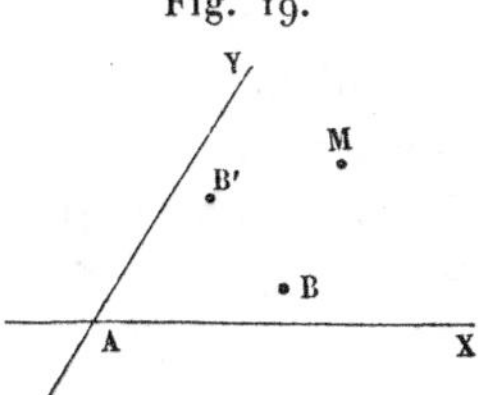

coordonnées du premier; a', b' celles du second, et x, y celles d'un point quelconque M du lieu.

Nous avons donné précédemment la formule de la distance de deux points en coordonnées obliques, et sa généralité a été démontrée sous la condition que les signes des coordonnées changeront avec leur direction. Nous aurons donc, quels que soient les signes de a, b, a', b', x, y,

$$\overline{MB}^2 = (x - a)^2 + (y - b)^2 + 2(x - a)(y - b)\cos\theta,$$
$$\overline{MB}^2 = (x - a')^2 + (y - b')^2 + 2(x - a')(y - b')\cos\theta.$$

En égalant ces deux expressions, on aura exprimé la condition générale à laquelle doivent satisfaire les points du lieu; et comme l'équation ne renfermera que les coordonnées d'un quelconque de ces points et des constantes données, ce sera celle du lieu cherché. On trouve ainsi, toute réduction faite,

$$[a' - a + (b' - b)\cos\theta]x + [b' - b + (a' - a)\cos\theta]y$$
$$= \frac{a'^2 - a^2}{2} + \frac{b'^2 - b^2}{2} + (a'b' - ab)\cos\theta.$$

Cette équation pouvant représenter toutes les droites du plan, on en conclut que l'équation la plus générale de la ligne droite est du premier degré par rapport aux coordonnées variables de tous ses points. Et il est expressément entendu pour cela que toutes les quantités a, b, a', b', x, y sont de simples nombres quand les coordonnées qu'elles désignent sont dirigées respectivement suivant AX, AY; mais que ce sont des nombres affectés du signe — quand ces coordonnées sont dans le sens opposé, et que ces nombres négatifs doivent être traités suivant les règles des signes des polynômes. Quant à $\cos\theta$, il sera positif si l'angle θ est aigu, et négatif s'il est obtus.

Nous n'entrerons dans aucun détail sur l'équation que nous venons d'obtenir, parce que la ligne droite est tellement mêlée à l'étude de toutes les courbes, qu'elle demande une discussion spéciale que nous indiquerons plus tard. Nous n'avons pour objet, en ce moment, que de donner un nouvel exemple de la recherche de l'équation d'un lieu, avec la discussion complète de la généralité de la solution et des conditions de cette généralité.

86. *Exemple de solutions étrangères et de solutions perdues.*

Proposons-nous de trouver dans un plan donné le lieu

de tous les points d'où l'on verrait sous un angle donné une droite donnée de grandeur et de position.

Soient B et C (*fig.* 20) les extrémités de la droite donnée, d sa longueur et m la tangente trigonométrique de l'angle

Fig. 20.

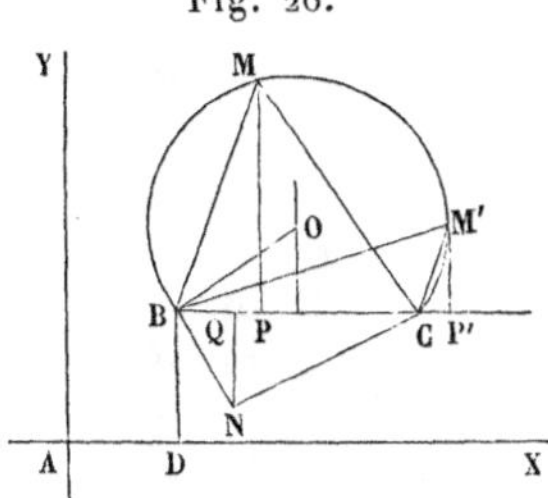

donné. Rapportons les points à deux axes rectangulaires AX, AY dont le premier soit parallèle à BC; désignons par a et b les coordonnées AD, DB du point B, par x et y celles d'un point quelconque M du lieu; celles de C seront $a+d$ et b.

Cela posé, si l'on abaisse de M la perpendiculaire MP sur BC, et que le point P tombe entre B et C, l'angle M sera la somme de deux autres ayant respectivement pour tangentes $\frac{x-a}{y-b}$ et $\frac{a+d-x}{y-b}\cdot$ On aura donc, d'après la formule générale de la tangente de la somme,

$$(1)\quad \left\{ \begin{aligned} m &= \frac{\dfrac{x-a}{y-b}+\dfrac{a+d-x}{y-b}}{1-\dfrac{(x-a)(a+d-x)}{(y-b)^2}} \\ &= \frac{d(y-b)}{(y-b)^2+(x-a)^2-d(x-a)}. \end{aligned} \right.$$

Si le point P tombe en dehors de BC, par exemple en P', l'angle BM'C sera la différence de deux angles dont les tangentes seront $\frac{x'-a}{y'-b}$ et $\frac{x'-a-d}{y'-b}\cdot$ Cette dernière a la même forme au signe près que dans le premier cas ; mais, comme elle doit être employée inversement, le résultat en x', y' sera le même que le premier en x, y. Tous les points du lieu qui sont au-dessus de BC satisferont donc à l'équation (1), qui devient, après réduction,

$$y^2 + x^2 - 2y\left(b + \frac{d}{2m}\right) - 2x\left(a + \frac{d}{2}\right) + a^2 + b^2 + d\left(a + \frac{b}{m}\right) = 0,$$

ou

$$(2) \qquad \left(y - b - \frac{d}{2m}\right)^2 + \left(x - a - \frac{d}{2}\right)^2 = \frac{d^2}{4}\left(1 + \frac{1}{m^2}\right),$$

équation qui est celle d'un cercle dont le centre a pour coordonnées $a + \frac{d}{2}$ et $b + \frac{d}{2m}$, et dont le carré du rayon est $\frac{d^2}{4}\left(1 + \frac{1}{m^2}\right)$. Les constructions qui en résultent sont si simples, que nous ne nous y arrêterons pas. Mais ce qu'il est important de remarquer, c'est que le lieu représenté par l'équation (2) est un cercle entier, tandis qu'il n'y a que l'arc au-dessus de BC qui convienne aux conditions géométriques. Car de tous les points de l'arc inférieur la ligne BC sera vue sous un angle supplémentaire de celui qui est donné. Ces points constituent donc des solutions étrangères au problème de Géométrie proposé ; et cependant le calcul les introduit sans qu'il soit possible de l'éviter. Tout ce que l'on peut faire, c'est de reconnaître à quoi tient qu'il les introduise.

87. Mais commençons par achever la mise en équation du problème proposé en considérant les points situés au-dessous de BC, et, pour éviter toute difficulté, prenons b assez grand pour que tous ces points soient au-dessus de l'axe des x.

Soit N un quelconque de ces points; l'angle BNC, qui doit encore avoir pour tangente m, se décomposera en deux autres, qui auront respectivement pour tangentes

$$\frac{x-a}{b-y} \quad \text{et} \quad \frac{a+d-x}{b-y},$$

expressions identiques aux premières, au signe près. Et comme elles doivent être traitées de la même manière, l'équation à laquelle on sera conduit différera de (1) par le signe du second membre, ou, ce qui est la même chose, par le signe du premier, c'est-à-dire de m.

Il y a deux conséquences à tirer de là :

La première est que, si pour les points situés en dessous de BC on demandait que l'angle donné eût pour tangente $-m$ au lieu de m, c'est-à-dire que BC fût vu sous l'angle supplémentaire, l'équation à laquelle on parviendrait serait précisément (1). Cela montre que cette dernière doit représenter un lieu tel que, pour les points au-dessus de BC, cette ligne est vue sous l'angle donné, et, pour les points au-dessous, sous l'angle supplémentaire. L'introduction forcée e ces solutions étrangères est donc expliquée.

La seconde conséquence est que, pour avoir la représentation complète du lieu géométrique, il faudrait deux équations, l'une, l'équation (2), pour les points au-dessus de BC, et l'autre pour les points au-dessous, qui en différerait simplement par le signe de m, et donnerait semblablement des solutions étrangères dans sa partie supérieure.

On pourrait bien sans doute former une équation unique qui équivaudrait aux deux; il suffirait de multiplier les premiers membres l'un par l'autre, les seconds étant réduits à zéro; mais ce serait compliquer au lieu de simplifier : et toutes les fois au contraire qu'une équation peut se décomposer en deux autres, on effectue la séparation.

88. *Remarque.* — Dans cet exemple, on voit qu'on aurait perdu des solutions si l'on s'était borné à prendre un point au hasard, croyant qu'il peut les représenter tous, parce qu'on ne l'a pas expressément particularisé. Mais il ne suffit pas qu'on n'ait rien énoncé de particulier sur lui, pour qu'il puisse les représenter tous dans la suite du calcul, parce que les expressions qui se déduisent de la figure qui s'y rapporte peuvent ne pas rester les mêmes pour toutes les dispositions des points. Nous insistons sur cette considération, parce qu'on s'expose à des difficultés quand on n'y a pas égard, et que les commençants sont trop disposés à croire qu'ils sont dans une généralité complète lorsqu'ils ne particularisent rien par le langage, tandis qu'ils le sont par leurs calculs et leurs raisonnements. Il est vrai que, quand les difficultés se présentent, on peut les lever en remontant à leur origine; mais il vaut mieux les prévoir et les éviter. Et d'ailleurs on n'a pas toujours l'occasion de réparer une discussion incomplète; et si l'on a perdu des solutions sans s'en apercevoir, il est très possible que rien n'en avertira dans les résultats du calcul.

89. *Solutions introduites par l'élimination des radicaux.*

Lorsque les équations qui expriment les conditions de la question renferment des radicaux du second degré, on est ordinairement obligé de rendre rationnelles les équations où ils entrent, et les résultats sont les mêmes, quel que soit le signe dont ces radicaux sont affectés.

Si donc les équations géométriques déterminent sans ambiguïté les signes qu'ils doivent avoir, le calcul pourra donner des solutions étrangères au problème proposé. Et lorsque, pour faire disparaître un radical, on l'isolera dans un membre et qu'on élèvera ensuite au carré, il faudra examiner avec soin les cas nouveaux auxquels conviendrait la nouvelle équation, et en tenir compte dans la solution finale. C'est ce que nous allons éclaircir par quelques exemples.

90. *Équation du lieu des points tels, que la somme de leurs distances à deux points fixe soit constante.*

En employant la formule générale de la distance de deux points, nous n'aurons aucune discussion à faire sur les diverses positions que peuvent avoir ceux que nous aurons à considérer; mais il faudra bien se rappeler que pour la généralité de cette formule les coordonnées doivent être considérées comme changeant de signe quand elles changent de direction. Nous nous contenterons de rappeler ce que nous avons établi précédemment à ce sujet.

Soient F, F′ (*fig.* 21) les deux points, $2c$ leur distance, et $2a$ la somme constante; prenons pour axe des x la

Fig. 21.

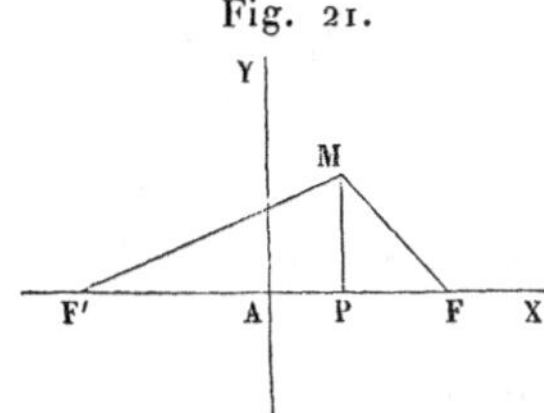

droite FF′, pour axe des y la perpendiculaire à FF′ élevée en son milieu A, et désignons par x, y les coordonnées d'un point quelconque M du lieu. La condition à laquelle il est assujetti sera exprimée par l'équation

$$\mathrm{FM} + \mathrm{F'M} = 2a,$$

ou

$$(1) \qquad \sqrt{y^2 + (x-c)^2} + \sqrt{y^2 + (x+c)^2} = 2a,$$

les coordonnées x, y pouvant avoir des signes quelconques suivant la position de M, et les abscisses de F et F′ étant

$+c$ et $-c$, comme l'exige l'emploi de la formule de la distance de deux points. L'équation (1) est bien celle du lieu, mais sous une forme qu'il n'est pas bon de conserver. On cherche toujours à rendre rationnelles les équations des courbes, à moins qu'elles ne se trouvent résolues par rapport à l'une des coordonnées, ce qui est la forme que l'on cherche particulièrement à trouver.

Pour faire disparaître les radicaux de (1), nous isolerons le premier dans un membre, et nous élèverons au carré; nous obtiendrons ainsi, toute réduction faite,

$$a^2 + cx = a\sqrt{y^2 + (x+c)^2};$$

élevant encore au carré et réduisant, on trouve enfin pour équation du lieu

$$(2) \qquad a^2y^2 + (a^2 - c^2)x^2 = a^2(a^2 - c^2),$$

et cette équation serait la même, de quelques signes qu'on affectât les deux radicaux dans l'équation (1).

Examinons maintenant à quelles diverses questions géométriques correspondraient ces diverses combinaisons de signes.

Il faut d'abord évidemment exclure celle des deux signes $-$, mais il en reste trois : la première sera celle des deux signes $+$, et correspond à la question proposée; les deux autres correspondent à la différence des deux distances, quelle que soit celle des deux qui soit la plus grande.

Est-ce une raison d'affirmer que l'équation (2) représente deux lieux géométriques : l'un tel, que la somme des distances de chacun de ses points à F et F′ soit $2a$; l'autre tel, que la différence de ces distances soit $2a$?

Cela serait certainement si les conditions de ces deux lieux pouvaient exister en même temps; mais il se trouve qu'elles sont incompatibles, et alors l'équation (2) n'en représente qu'un seul, celui qui est possible d'après les valeurs des données a et c.

Et en effet, dans le triangle MFF′, on a MF + MF′ > FF′. Donc, pour que MF + MF′ soit égal à $2a$, il faut que l'on ait $2a >$ FF′ ou $2a > 2c$, ou $a > c$, et le problème serait impossible si l'on avait $a < c$.

Mais si l'on veut que la différence de MF, MF′ soit $2a$, il faudra au contraire $2a < 2c$, puisque dans tout triangle la différence de deux côtés est plus petite que le troisième.

C'est donc la valeur relative des données a et c qui déterminera celui des deux problèmes de Géométrie que résout l'équation (2).

1° Si $a > c$, on aura, en posant $c^2 - a^2 = b^2$,

$$a^2y^2 + b^2x^2 = a^2b^2$$

pour équation du lieu des points tels, que la somme de leurs distances aux deux points F, F′ soit $2a$. C'est la courbe qu'on nomme *ellipse,* et les deux points fixes se nomment *les foyers :* nous la retrouverons plus tard dans la discussion de l'équation générale du second degré.

2° Si $a < c$, on aura, en posant $a^2 - c^2 = b^2$,

$$a^2y^2 - b^2x^2 = -a^2b^2$$

pour équation du lieu des points tels, que la différence de leurs distances à F et F′ soit $2a$. C'est la courbe qu'on nomme *hyperbole;* les deux points fixes en sont les foyers.

Nous ne nous occuperons pas ici de reconnaître la forme de ces courbes. Cette discussion particulière n'aurait pas rapport à notre objet actuel, qui est d'étudier l'introduction de solutions que l'énoncé géométrique ne comportait pas.

91. *Équation du lieu des points tels, que la somme de leurs distances à un point et une droite fixes soit constante.*

Soient F et UV (*fig.* 22) le point et la droite donnés. Prenons pour axe des x la perpendiculaire FX abaissée

Fig. 22.

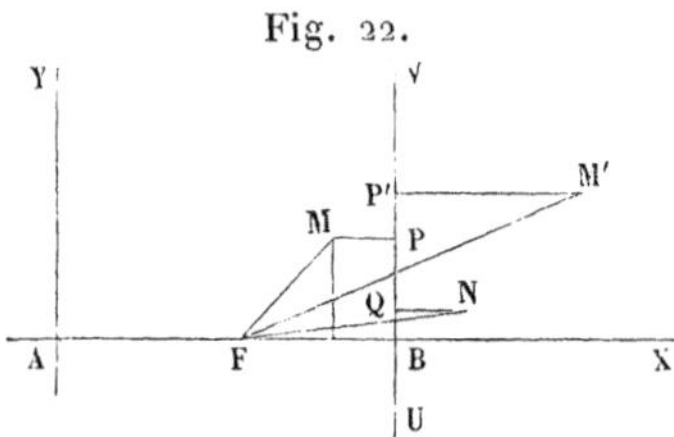

de F sur UV; et pour axe des y, la perpendiculaire AY, menée par un point A assez éloigné de F pour que tous les points que l'on aura à considérer soient du même côté de cet axe.

Soient x, y les coordonnées d'un point quelconque M du lieu situé entre UV et AY; m la somme donnée, $FB = a$, $AF = b$: la condition de la question est exprimée par l'équation $FM + MP = m$ ou

$$(1) \qquad \sqrt{y^2 + (x-b)^2} + a + b - x = m,$$

et l'on voit que l'on doit avoir $m > a$, puisqu'on a évidemment $FM + MP > FB$.

L'équation rationnelle en x à laquelle nous parviendrons renfermera non seulement les points correspondant au signe + du radical, c'est-à-dire le lieu demandé, mais encore ceux qui correspondent au signe —, s'il est possible qu'il y en ait : ce qu'il est bon d'examiner dès à présent.

Or, quelque part que soit pris le point M, à gauche de UV, on aura toujours $MP - FM < FB < m$. Donc pour aucun de ces points l'équation (1), dans laquelle le radical aurait le signe —, ne serait possible. Ainsi, en rendant rationnelle l'équation (1), elle ne renfermera pas d'autres solutions que celles que l'on demande, au moins dans toute la partie du plan à gauche de UV.

En isolant le radical dans l'équation (1) et élevant au carré, on obtient, après réduction,

$$(2)\qquad y^2 - 2(m-a)x = (m-a)^2 - 2b(m-a);$$

c'est la courbe qu'on nomme *parabole*, et qui est un nouveau cas particulier de l'équation générale du second degré.

92. Mais nous n'avons pas encore étudié complètement la question, puisque nous n'avons considéré que les points à gauche de UV, et pour lesquels $a+b-x$ est positif. Pour les points à droite, on a $x > a+b$, et le premier membre de (1) devient la différence FM' — M'P'. L'équation (1), prise dans toute son étendue, renferme donc, outre la position de la courbe qui satisfait à la question posée, un autre lieu satisfaisant à une condition géométrique différente, et qui, par conséquent, doit être considérée comme étrangère, sans qu'on puisse empêcher qu'elle ne soit comprise dans l'équation.

Il ne reste plus qu'à chercher à droite de UV les points qui pourraient convenir à la question, et dont aucun n'est donné, comme nous venons de le voir, par l'équation (1) ou (2).

Soient x, y les coordonnées d'un point N tel que $FN + NQ = m$, il en résultera

$$(3)\qquad \sqrt{y^2 + (x-b)^2} + x - a - b = m,$$

qui devient

$$(4)\qquad y^2 + 2(m+a)x = (m+a)^2 + 2b(m+a).$$

Il est facile de voir que l'équation (3), qui satisfait à la condition géométrique donnée quand on a $x > AB$, n'y satisfait pas quand on prend $x < AB$, puisque son premier membre devient la différence FM — MP. L'équation (3) ou (4), qui lui est équivalente, comme (2) l'était à (1), représente donc dans son ensemble un lieu dont la partie à droite de UV satisfait à la question, tandis que la partie à gauche n'y satisfait pas.

Le problème proposé ne peut donc être complètement résolu que par deux équations, et chacune des deux représente un lieu dont une partie convient, tandis que l'autre ne convient pas, et ne peut cependant en être détachée.

93. *Exemple de solutions étrangères en nombre fini.* — Les questions précédentes ont montré comment le calcul peut introduire des portions de lieux qui ne conviennent pas à la question proposée, mais conviennent à une question voisine; de sorte que l'équation trouvée représenterait la solution d'une question plus étendue que celle qui a été posée, et qu'on avait certainement le droit de poser. Mais il peut arriver aussi qu'il s'introduise des solutions représentant des points isolés qu'il est impossible de faire disparaître, et qui ne se rapportent même à aucune modification des conditions données. Nous en trouverons un exemple dans le problème suivant :

Trouver l'équation du lieu des points obtenus en menant d'un point fixe des droites jusqu'à leurs rencontres avec une droite donnée, et les prolongeant d'une quantité constante.

Soient A (*fig.* 23) le point donné, UV la droite donnée,

Fig. 23.

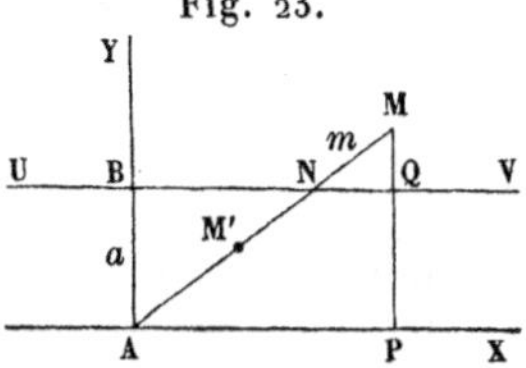

a leur distance AB, et m la quantité dont on prolonge un rayon quelconque AN pour avoir un point M du lieu.

Prenons pour axes AX parallèle à UV, et AY perpendiculaire; désignons par x, y les coordonnées MP, AP de M.

Les triangles semblables donneront

$$\frac{\text{MP}}{\text{MA}} = \frac{\text{MQ}}{\text{MN}}$$

ou

$$(1) \qquad \frac{y}{\sqrt{y^2 + x^2}} = \frac{y - a}{m},$$

d'où

$$(y - a)\sqrt{x^2 + y^2} = my.$$

Si maintenant on élève les deux membres au carré pour avoir une équation rationnelle, on introduira les solutions qui se rapporteraient au premier membre changé de signe et remplacé par $(a - y)\sqrt{x^2 + y^2}$, ce qui correspondrait à la supposition que m est porté en M' en sens contraire de NM. Ce nouveau lieu et le proposé seront représentés par l'équation suivante,

$$(2) \qquad (y - a)^2 (x^2 + y^2) = m^2 y^2,$$

qui pourrait être résolue par rapport à x^2 et deviendrait

$$x^2 = \frac{m^2 y^2}{(y - a)^2} - y^2.$$

On trouverait la même équation en prenant le point M de l'autre côté de l'axe des y, de sorte que les valeurs de x pour un même y pourront être portées dans les deux sens. Cette courbe est celle que les anciens ont nommée *conchoïde*.

Remarque. — Si l'on fait tendre le point N vers B, l'x du point M ou du point M' tend vers zéro, et les y vers $a \pm m$, de sorte que, si l'on suppose $a > m$, les deux points du lieu situés sur la perpendiculaire à AX seront au-dessus de A; et il en est de même de tous les points du lieu.

Cependant l'équation (2) est satisfaite par $x = 0, y = 0$; cette solution est donc étrangère à la question et ne peut pas être supprimée.

Si l'on faisait $x = 0$ dans l'équation primitive (1), on ne trouverait pas en évidence la solution $y = 0$ comme dans (2); mais, en faisant $y = 0$, on trouverait $\frac{0}{0}$ pour l'un des membres, et l'on ne pourrait dire que l'équation est satisfaite. Nous avons bien dit, dans la *Science des nombres*, qu'une inconnue y qui se présente sous la forme $\frac{0}{0}$ peut avoir toutes les valeurs, parce qu'elle est tirée d'une équation dont les deux membres sont nuls, quel que soit y. Mais c'était supposer que l'équation était donnée avant la division d'où résulte la valeur de y, et il est évident qu'alors on ne devait pas faire cette division, mais reconnaître que y était indéterminé. Dans le cas actuel il en est autrement : c'est la division de y par $\sqrt{x^2+y^2}$ qui précède, et il n'y a pas lieu de faire les mêmes raisonnements; il faut suivre les valeurs de ce quotient, et on voit alors qu'il est égal à 1 quand x est zéro, ce qui donne

$$\frac{y-a}{m} = 1, \quad \text{ou} \quad \frac{a-y}{m} = 1,$$

si l'on considère les points M'; les valeurs de y seront ainsi $a + m$ et $a - m$. Mais si l'on part de l'équation (2), obtenue en chassant le dénominateur $\sqrt{x^2+y^2}$ et élevant au carré, on ne trouve plus $\frac{0}{0}$ quand on fait $y = 0$; tous les termes disparaissent et l'équation est satisfaite, mais non la question.

94. En généralisant ce cas particulier, on peut dire que si, par la suite des calculs, une partie d'une équation se trouve de la forme $\frac{F(x,y)}{\varphi(x,y)}$ et qu'on multiple les deux membres par $\varphi(x,y)$, la nouvelle équation admettra nécessairement comme solutions les valeurs de x et y qui annuleront $\varphi(x,y)$ et $F(x,y)$. Si ces solutions conviennent à la question, il n'y a aucune solution étrangère introduite par cette multiplication. Mais si, comme dans le cas actuel, elles n'y conviennent pas, le calcul aura introduit ces solutions étrangères, qu'il sera le plus ordinairement impossible de supprimer.

Il faut donc toujours examiner avec soin les circonstances dans lesquelles on multiplie les deux membres par une fonction de x et y, et surtout celles où l'on supprime un facteur commun. Dans ce dernier cas, on supprime les solutions qu'il donnerait en l'égalant à zéro, et il est important de s'assurer si elles conviennent ou sont étrangères à la question.

RECHERCHE DES ÉQUATIONS POLAIRES DE QUELQUES LIEUX GÉOMÉTRIQUES.

95. *Équation polaire du cercle.*

Soient R le rayon du cercle; a et α les coordonnées polaires de son centre; r et φ les coordonnées polaires d'un point quelconque du cercle. En joignant ce dernier au centre, on aura un triangle dont les trois côtés seront R, a, r, et dont l'angle opposé au côté R sera $\alpha - \varphi$, ou $\varphi - \alpha$, quels que soient φ et α, même dans le cas où l'on considérerait des valeurs négatives pour φ et α, comme nous l'avons fait dans la Trigonométrie. Dans ce triangle on aura

$$R^2 = r^2 + a^2 - 2ar\cos(\varphi - \alpha),$$

ou

$$R^2 = r^2 + a^2 - 2ar\cos(\alpha - \varphi).$$

Ces deux équations se réduiront à une seule en considérant, comme nous l'avons fait pour la généralisation des formules trigonométriques, que deux arcs égaux et de signes contraires ont le même cosinus. Cette équation unique sera celle du cercle, puisqu'elle aura lieu entre les coordonnées de tous ses points, et deux seulement. Elle sera

$$r^2 - 2ar\cos(\varphi - \alpha) + a^2 - r^2 = 0,$$

ou, en supposant que l'axe polaire passe par le centre,

$$r^2 - 2ar\cos\varphi + a^2 - r^2 = 0,$$

et comme nous n'avons considéré que la valeur absolue du rayon vecteur, on pourra ne tenir aucun compte des valeurs négatives de r qui satisferaient à cette équation; ce qui aura lieu quand on aura $a < R$, c'est-à-dire quand le pôle sera dans l'intérieur du cercle.

96. *Équation polaire de l'ellipse.*

Soient F, F′ (*fig.* 24) les deux foyers, $2c$ leur distance, M un point quelconque du lieu, et $2a$ la somme de ses dis-

Fig. 23.

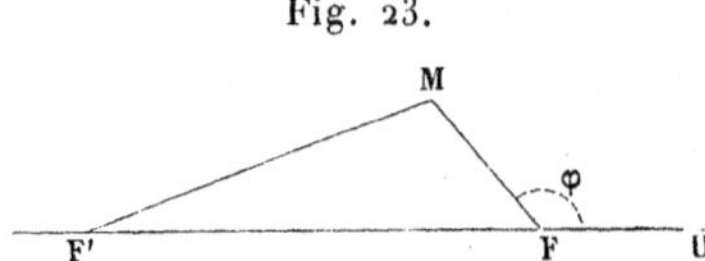

tances aux points F, F′. En prenant le point F pour pôle et comptant les angles à partir du prolongement FU de F′F, les coordonnées r et φ du point M seront FM et l'angle MFU.

Cela posé, le triangle F′MF donnera entre les valeurs absolues de ses côtés l'équation

$$\overline{\text{F}'\text{M}}^2 = r^2 + 4c^2 - 4cr\cos \text{MFF}',$$

et nous savons que cette équation ne sera générale qu'en

considérant les cosinus de deux angles supplémentaires comme égaux et de signes contraires. D'après cela, nous pourrons remplacer cos MFF' par $-\cos\varphi$, en traitant ce facteur d'après les règles des signes, démontrées dans la multiplication des polynômes. Remplaçant en outre F'M par son égal $2a - r$, l'équation deviendra

$$(2a - r)^2 = r^2 + 4c^2 + 4cr\cos\varphi,$$

ou, en réduisant,

$$r = \frac{a^2 - c^2}{a + c\cos\varphi}.$$

Telle est l'équation polaire du lieu proposé. Elle ne donnera pas de valeurs négatives de r quel que soit φ, puisque l'on a $a > c$.

97. *Équation polaire de l'hyperbole.*

Soient F, F' (*fig.* 25) les deux foyers, $2c$ leur distance

Fig. 25.

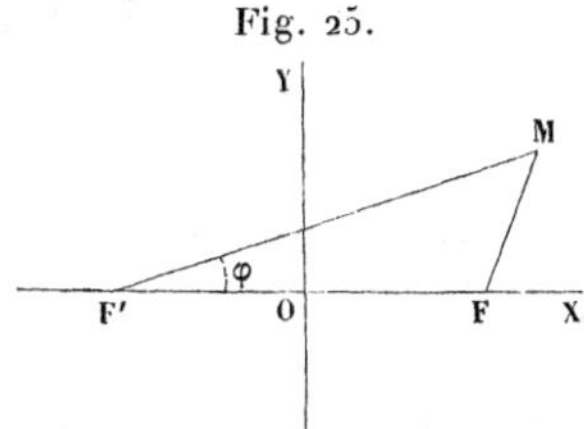

et $2a$ la différence des distances d'un point quelconque M de la courbe à ces deux points. Prenons pour pôle le foyer F', on aura

$$F'M - FM = 2a$$

si le point M est à droite de Oy, et

$$FM - F'M = 2a$$

s'il est à gauche.

Le triangle FF'M donnera

$$\overline{FM}^2 = r^2 + 4c^2 - 4cr\cos\varphi = (r \mp 2a)^2,$$

le signe — se rapportant aux points à droite de OY, au-dessus ou au-dessous de la ligne FF', et le signe + aux points à gauche. Cette équation se réduit à

$$r = (c\cos\varphi \pm a) = c^2 - a^2;$$

pour la partie située à droite de OY on aura

$$r = \frac{c^2 - a^2}{c\cos\varphi + a},$$

et pour la partie gauche

$$r = \frac{c^2 - a^2}{c\cos\varphi - a}.$$

Nous reviendrons plus tard sur ces diverses équations, quand nous traiterons d'une manière générale la théorie des coordonnées négatives.

98. *Équation polaire de la ligne droite.*

Soient (*fig.* 26) A le pôle, AU la direction de l'axe, B le

Fig. 26.

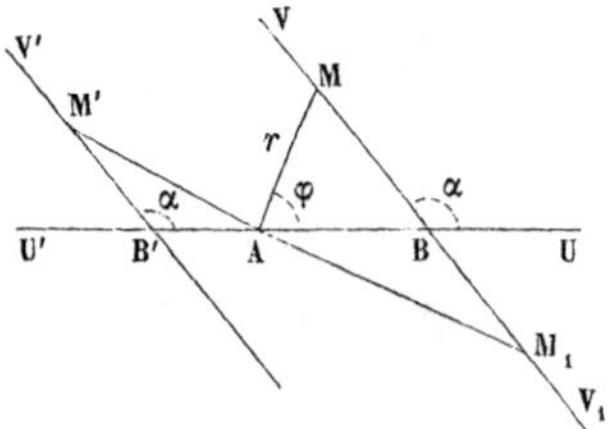

point où la droite donnée coupe l'axe, et α l'angle que fait avec AU ou BU la direction de la partie BV de la droite, que l'on obtiendra la première en faisant tourner autour de B dans le sens des angles croissants un rayon couché d'abord sur l'axe BU. Le point B peut être sur l'axe AU ou sur son prolongement. Supposons-le d'abord sur AU, et faisons AB $= a$ pour un point quelconque M de BV; on aura

$$r = \frac{a \sin \alpha}{\sin(\alpha - \varphi)};$$

pour un point quelconque M_1 du prolongement inférieur de BV, on aura

$$r = \frac{a \sin \alpha}{\sin M'}:$$

mais le $\sin M'$ est égal au sinus de la somme des deux autres angles du triangle M_1AB, laquelle est égale à $\alpha + 2\pi - \varphi$, dont le sinus est le même que celui de $\alpha - \varphi$. On trouve donc la même équation pour tous les points de la droite indéfinie.

Il reste à examiner le cas où le point B est en B' sur le prolongement AV de AU. On aura alors pour un point M_1 quelconque de B'V'

$$r = \frac{AB' \sin \alpha}{\sin(\varphi - \alpha)},$$

et il en serait de même pour les points situés sur le prolongement de B'V'.

Cette équation, qui a lieu pour tous les points de la droite, diffère, par le signe du second membre, de celle qui a été obtenue quand elle coupait l'axe du côté AU. On renfermerait donc les deux équations dans une seule, en entendant que a désigne la distance du pôle au point B quand ce point est sur la direction de l'axe à partir de laquelle on compte les angles, et qu'il désigne cette distance affectée du signe — quand le point B est du côté opposé du pôle. Les choses étant ainsi entendues, l'équation polaire générale de la ligne droite sera

$$(A) \qquad r = \frac{a \sin \alpha}{\sin(\alpha - \varphi)}.$$

99. *Remarque.* — Quand nous avons considéré le rayon vecteur du point M_1, nous avons dû prendre pour φ l'angle décrit par une droite tournant depuis AU jusqu'à AM_1 dans le sens des angles croissants. De cette manière le rayon vecteur part de la valeur a quand φ part de zéro, et augmente sans limite à mesure que φ s'approche de α; ce que nous avons déjà dit qu'on exprime en disant qu'il est infini pour $\varphi = \alpha$. Mais en augmentant φ au delà de α, le rayon direct ne rencontrera la droite proposée que quand φ aura dépassé la valeur $\alpha + \pi$, pour laquelle il serait redevenu parallèle à cette droite : et, en continuant à augmenter jusqu'à 2π, on construira le prolongement inférieur de la droite. Il n'y a là aucune difficulté; c'est ainsi que les choses ont été entendues quand on a cherché l'équation polaire qui est satisfaite pour tous les points de la droite.

Néanmoins on peut être curieux de savoir ce que donnerait cette même équation pour les valeurs de φ comprises entre α et $\alpha + \pi$, et dont on pourrait ne s'occuper en aucune façon.

Nous renverrons cette discussion après la théorie des coordonnées négatives.

100. *Équation polaire de la spirale d'Archimède.*

Un point est depuis un temps indéfini en mouvement uniforme sur une droite qui tourne uniformément autour d'un de ses points dans un plan donné; il s'agit de trouver l'équation de la courbe qu'il décrit. Cette courbe porte le nom du grand géomètre qui l'a étudiée le premier.

Prenons pour pôle le point fixe A, et pour axe l'une des positions AU de la droite mobile : désignons par b la quantité constante dont le point se déplace sur cette droite, pendant qu'elle se déplace d'un angle égal à l'unité, en prenant pour mesure des angles au centre le rapport des arcs interceptés au rayon.

Soient B (*fig.* 27) la position du point sur AU, et M une autre position quelconque, on aura, en faisant $AB = a$ et

Fig. 27.

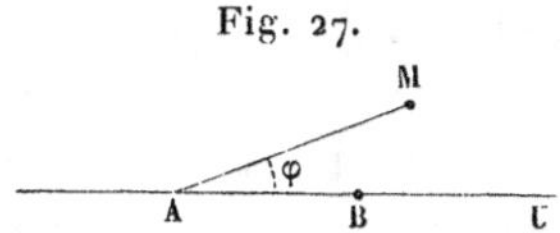

supposant que le point mobile s'éloigne de A,

$$(1) \qquad r = a + b\varphi.$$

Cette équation aura lieu évidemment pour toutes les valeurs de φ, depuis zéro jusqu'à l'infini; mais elle ne représente pas les positions du point antérieures à son arrivée en B. Pour les obtenir il suffit de prendre au-dessous de AU des rayons diminuant uniformément, de manière que b soit la diminution pour l'unité d'angle. Désignant par φ' les angles comptés à partir de AU dans le sens opposé aux angles φ, l'équation qui liera ces nouveaux points sera

$$(2) \qquad r = a - b\varphi',$$

et par conséquent l'équation (1) suffirait pour représenter encore cette partie de la courbe, si l'on y donnait à φ des valeurs négatives et qu'on les portât en sens contraire des valeurs positives à partir de l'origine AU. Cependant l'équation (2) ne construira les points du lieu que tant que $b\varphi'$ ne surpassera pas a; elle ne pourra être employée que jusqu'à la valeur particulière φ_1, telle que $b\varphi_1 = a$, et qui donnera $r = 0$. La droite mobile sera alors dans la position où elle était lorsque le point, en mouvement sur cette droite depuis un temps indéfini, passait par le point fixe.

Il reste encore à trouver l'équation du lieu des points correspondants aux positions antérieures, qui correspondent à $\varphi' > \varphi_1$. Ces points se trouvent en arrière du point A sur la droite que nous faisons rétrograder par les valeurs croissantes de φ'; et leurs distances à A augmentent toujours dans le même rapport avec les accroissements de l'angle. En les désignant par r', on aura donc

$$r' = b(\varphi' - \varphi_1) = b\varphi' - a.$$

On voit donc que l'équation (2) les produirait en portant la valeur négative $a - b\varphi'$ dans le sens opposé à celui qui correspondrait à l'angle φ'. Donc aussi l'équation (1) les fournira en donnant à φ des valeurs négatives indéfiniment croissantes, portant dans le sens direct les valeurs de r lorsque l'équation les donnera positives, et en sens contraire lorsqu'elle les donnera négatives.

On voit par cet exemple que la considération des quantités négatives peut quelquefois servir à généraliser dans un système de coordonnées polaires, aussi bien que dans un système de coordonnées rectilignes, et permettre de n'employer qu'une seule équation, au lieu de plusieurs, pour représenter les diverses parties d'une même courbe. Et le procédé est toujours le même : il consiste à porter dans des sens opposés les lignes que l'équation donne avec des signes contraires. Ces deux sens sont clairement indiqués dès que l'angle φ est connu; ils le sont aussi bien que sur les axes fixes de coordonnées rectilignes; et l'on ne peut s'expliquer par quel incroyable préjugé quelques savants ont pensé que les lignes tournantes ne devaient être considérées que dans leurs valeurs absolues.

101. *Équation polaire de la spirale logarithmique.*

Cette courbe est définie par la condition que les rayons vecteurs varient en progression par quotient, lorsque les angles varient suivant une progression par différence, et dans un sens déterminé.

Prenons pour pôle le point donné A (*fig.* 28); supposons qu'on donne un point B de la courbe, et prenons l'axe

Fig. 28.

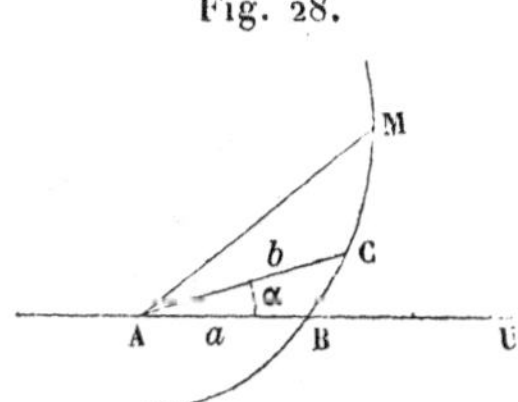

dans la direction AB. Pour compléter les données, nous admettrons que l'on connaisse un second point C de la courbe, au moyen de l'angle CAB et de la longueur AC que nous désignerons respectivement par a et b, et supposons que le sens du mouvement soit celui de AB vers AC, dans toute l'étendue du lieu.

Si nous partageons l'angle α en un nombre quelconque m de parties égales, et que nous les portions indéfiniment au delà de AC, il sera facile de trouver pour toutes les valeurs de φ qui correspondent à ces directions l'expression générale de rayons vecteurs en progression par quotient, dont AB et AC feront partie.

Soient en effet n un nombre quelconque de subdivisions de α, φ l'angle, et r le rayon vecteur correspondant AM. La raison de la progression par quotient sera $\sqrt[m]{\frac{b}{a}}$, et par conséquent AM ou r sera égal à $a\sqrt[m]{\left(\frac{b}{a}\right)^n}$ ou $a\left(\frac{b}{a}\right)^{\frac{n}{m}}$.

Posant donc $\frac{n\alpha}{m} = \varphi$, on aura

$$\frac{r}{a} = \left(\frac{b}{a}\right)^{\frac{\varphi}{\alpha}} = \left[\left(\frac{b}{a}\right)^{\frac{1}{\alpha}}\right]^{\varphi}$$

ou, en posant $\left(\frac{b}{a}\right)^{\frac{1}{\alpha}} = c$,

$$(1) \qquad \frac{r}{a} = c^{\varphi},$$

équation indépendante du nombre des subdivisions de α, qui peuvent être supposées aussi petites que l'on voudra; de sorte que φ peut être regardé comme variant d'une manière continue. L'équation que nous venons de trouver entre r et φ est donc celle du lieu demandé.

On voit que les angles φ sont les logarithmes des rapports $\frac{r}{a}$, dans la base c, et c'est pour cela que l'on a donne à cette courbe le nom de *spirale logarithmique*. Si $\left(\frac{b}{a}\right)$ est plus grand que 1, les valeurs de r vont en croissant indéfiniment avec φ : on aura $c > 1$, et la courbe se composera d'un nombre infini de spires dont les points s'éloigneront indéfiniment du pôle à mesure que l'angle φ augmentera. Si l'on avait $\left(\frac{b}{a}\right) < 1$, les rayons iraient au contraire en diminuant indéfiniment; le nombre des spires serait encore infini, et leurs points se rapprocheraient indéfiniment du pôle sans jamais y arriver.

Enfin si $\frac{b}{a} = 1$, on aura $\frac{r}{a} = 1$, ce qui donne un cercle de rayon a.

102. Mais l'équation (1) ne représente qu'une partie du

lieu, celle qui est du côté où nous avons considéré les angles φ, et il resterait à trouver celle qui fournirait les points situés de l'autre côté de AB.

Soit φ' l'angle formé avec AB par le rayon vecteur de l'un quelconque d'entre eux. En agissant comme dans le premier cas, on trouvera

$$\varphi' = \frac{n\alpha}{a} \quad \text{et} \quad a = r\left(\frac{b}{a}\right)^{\frac{n}{m}} = r\left(\frac{b}{a}\right)^{\frac{\varphi'}{\alpha}}, \quad \varphi' = \frac{n\alpha}{m},$$

et par suite

$$\frac{r}{a} = c^{-\varphi'}.$$

Les points situés dans cette seconde partie du lieu seraient donc donnés par la première équation (1), dans laquelle on donnerait à φ des valeurs négatives, que l'on porterait dans le sens opposé aux valeurs positives; et en entendant les choses ainsi, nous regarderons l'équation (1) comme celle du lieu demandé. Il est à remarquer qu'aucune valeur de φ ne donnera de valeurs négatives pour r.

CHAPITRE II.

DES LIEUX REPRÉSENTÉS PAR DES ÉQUATIONS DONNÉES.

103. Nous avons vu comment, étant donnée une propriété commune à tous les points d'un lieu, on pouvait en déduire une équation satisfaite par les coordonnées rectilignes ou polaires d'un point quelconque de ce lieu, ce que l'on appelle l'*équation* de ce lieu. Nous allons maintenant considérer la question inverse, et nous nous proposons, étant donnée une équation entre les deux coordonnées d'un même point, de déterminer le lieu de tous les points du plan dont les coordonnées satisfont à cette équation.

Pour fixer les idées, nous supposerons les points rapportés à deux axes quelconques : c'est le système le plus employé; il sera facile d'étendre aux autres, et particulièrement au système de coordonnées polaires, les considérations auxquelles celui-ci donnera lieu.

Soit

$$F(x, y) = 0$$

l'équation donnée dont il s'agit de déterminer le *lieu*.

La première chose qu'il faut savoir, c'est d'où provient cette équation. A-t-elle été obtenue en partant d'une propriété des points à déterminer, ou bien n'a-t-elle aucune origine géométrique et n'est-elle prise arbitrairement que comme exemple de discussion?

Dans le premier cas, rien n'est incertain. On sait s'il faut, pour que tous les points du lieu soient construits par cette équation unique, admettre les valeurs négatives de x

et y qui satisfont à l'équation, à la condition de les porter sur les axes dans le sens opposé à celui qui a été choisi pour les solutions positives. Dans plusieurs questions étudiées précédemment, nous avons vu que c'était à cette condition qu'une équation unique représentait tous les points du lieu : il est évident alors que si l'on veut construire tous les points du lieu au moyen de cette équation, il faudra employer toutes ses solutions réelles, positives ou négatives, et n'excepter que ses solutions imaginaires, puisque l'on a bien établi que tous les points correspondaient aux solutions réelles seulement.

Dans le second cas, on se propose de construire des points d'après une équation qu'on s'est donnée arbitrairement, et l'on est tout à fait maître de s'imposer les conditions qu'on voudra. On pourra se borner aux points dont les coordonnées seraient les solutions positives seulement, ou aux points dont les coordonnées seraient uniquement les solutions négatives, ou encore dont les x seraient positifs et les y négatifs, et réciproquement. Rien n'empêchera l'opérateur de construire des points d'après les solutions imaginaires de l'équation, en les employant de la manière qui lui conviendra. Tout sera permis, en un mot, puisque ce sera une simple question de fantaisie. Il n'y aura alors aucune difficulté à se proposer sur l'interprétation des solutions. Celui qui s'en ferait et croirait les lever se ferait illusion à lui-même : il serait la dupe d'une apparence de solution pour une question mal posée.

Ce second cas donc ne mérite pas un examen sérieux; il ne peut être regardé que comme un simple amusement à l'occasion d'une équation, et n'aurait de scientifique que l'apparence. Nous devons nous borner au cas où l'origine, ou les données de l'équation, fixent d'une manière précise l'usage que l'on doit faire des diverses formes que peuvent affecter les solutions de l'équation.

Les moyens de généralisation que nous emploierons par la suite pour la représentation de tous les points d'un lieu par une seule équation ne consisteront que dans la considération des signes + et — attachés, comme nous l'avons fait jusqu'ici, aux deux directions opposées des coordonnées prises à partir de l'origine sur chacun des axes, ou du rayon vecteur sur la ligne déterminée par l'angle φ. C'est pourquoi nous ne tiendrons aucun compte des solutions imaginaires, et nous ferons des solutions négatives un usage conforme aux prescriptions de la question. Quelles qu'elles soient, les méthodes de discussion n'en seront pas modifiées, puisqu'il ne s'agira que de négliger les solutions négatives, ou bien de les porter d'un autre côté bien déterminé.

104. *Une équation unique représente généralement un lieu continu.*

Supposons que, entre deux valeurs a, b, toute valeur prise pour x détermine une valeur réelle de y donnant lieu à la construction d'un point, c'est-à-dire positive si l'on doit rejeter les solutions négatives, et de signe quelconque si on doit les accepter en les portant en sens opposé. Dans ce cas, si le premier membre de l'équation

$$F(x, y) = 0$$

est une fonction continue de x et y, il est facile de voir que, en faisant croître x d'une manière continue de a à b, la fonction y variera anssi d'une manière continue, soit qu'elle puisse s'exprimer en x au moyen des fonctions simples admises dans le calcul, soit que l'on doive se borner aux procédés d'approximation relatifs aux racines des équations à une seule inconnue. Les points construits ainsi se suivront donc d'une manière continue.

Il est possible qu'à partir d'une certaine valeur de x les valeurs de y deviennent imaginaires, et alors le lieu est interrompu. Il pourra renaître ensuite, si les valeurs redeviennent réelles, et cela pourra se produire un nombre de fois quelconque : de sorte que le lieu total de l'équation pourra se composer de plusieurs lieux, séparément continus, mais entièrement isolés les uns des autres. Pour être sûr de n'en perdre aucun, il sera nécessaire de considérer les valeurs positives de x croissant indéfiniment depuis zéro, puis de revenir à zéro et donner à x des valeurs négatives indéfiniment croissantes. En construisant pour chacune de ces valeurs de x toutes celles que l'équation fournit pour y, on est certain d'avoir la construction complète du lieu de l'équation.

Nous examinerons d'une manière spéciale les circonstances importantes que peut comporter la discussion des lieux; nous n'avons voulu ici qu'envisager sommairement le moyen de reconnaître l'existence du lieu, et les diverses parties séparées dont il peut être composé.

105. *Des points communs à deux lieux dont on a les équations.*

Si un point se trouve à la fois sur ces deux lieux, ses coordonnées doivent satisfaire à l'équation de l'un et de l'autre de ces lieux; et réciproquement, tout système de valeurs de x et y qui satisfait à ces deux équations construit un point qui est sur l'un et l'autre lieu. Le problème géométrique de l'intersection de deux lieux correspond donc, dans la science des nombres, à la recherche des solutions réelles communes à deux équations; et réciproquement.

106. Nous avons prouvé l'existence d'un lieu continu entre deux valeurs a, b de x, telles que toutes les valeurs intermédiaires en donnaient de réelles pour y. Mais s'il n'y avait qu'un nombre limité de valeurs de x qui en donnassent de réelles pour y, le lieu se composerait d'un nombre limité de points isolés, correspondant à ces solutions réelles de l'équation. Si, par exemple, $F(x, y)$ était la somme de deux carrés, l'équation serait de la forme

$$f(x, y)^2 + \varphi(x, y)^2 = 0$$

et ne pourrait être satisfaite que si l'on avait à la fois

$$f(x, y) = 0, \quad \varphi(x, y) = 0,$$

ce qui ne donnerait en général qu'un nombre limité de solutions, et par conséquent un nombre limité de points pour le lieu de l'équation.

Enfin, si $F(x, y)$ était la somme de trois carrés, il faudrait trouver des valeurs de x et y qui les annulassent séparément tous les trois, ce qui serait le plus souvent impossible : il n'y aurait alors aucun point qui satisfît, et l'équation n'aurait aucun lieu.

107. *Classification des équations dans un système de coordonnées rectilignes.*

On partage d'abord les équations en *algébriques* et en *transcendantes*.

On appelle *algébriques* celles où les variables x et y ne sont soumises qu'aux opérations qu'on nomme *algébriques*, et qui sont l'addition, la soustraction, la multiplication, la division, l'élévation aux puissances et l'extraction des racines.

On appelle *transcendantes* celles où les variables entrent comme exposants, ou sous les indices de logarithmes ou de fonctions trigonométriques.

Les équations algébriques étant supposées débarrassées de tous les radicaux, et tous les dénominateurs variables étant chassés, se classent suivant leur degré, qui se mesure par la plus forte somme des exposants de x, y, dans les divers termes de l'équation.

C'est dans cet ordre qu'il convient de les étudier d'abord, et l'on commencera, par conséquent, par les équations du premier degré en x et y.

Mais, avant ces discussions spéciales, il est bon de résoudre une question qui leur est applicable à toutes, et peut quelquefois beaucoup les simplifier : c'est la recherche des formules générales propres à faire passer d'un système de coordonnées à un autre.

CHAPITRE III.

DE LA TRANSFORMATION DES COORDONNÉES. — GÉNÉRALISATION DES FORMULES AU MOYEN DES QUANTITÉS NÉGATIVES.

108. Les équations qui expriment des conditions géométriques dépendent beaucoup du système de coordonnées auquel les points sont rapportés ; elles peuvent être très compliquées dans un système et très simples dans un autre.

Le choix n'en est donc pas indifférent; et lorsqu'il a été fait d'une manière désavantageuse, ou lorsque la généralité d'une question a demandé qu'il fût pris d'une manière indéterminée, il peut être bon, quand on en vient à particulariser la discussion, de chercher si le système primitif de coordonnées ne pourrait pas être utilement changé en d'autres plus appropriés aux conditions spéciales des diverses questions auxquelles on serait ramené.

Quelles que soient, au reste, les raisons qui peuvent porter à faire ce changement, la question que l'on se propose se ramène à celle-ci : *Trouver deux équations entre les coordonnées d'un point quelconque dans un système, et ses coordonnées dans un autre ;* car en substituant dans une équation quelconque du premier système, aux coordonnées qui y entrent, leurs valeurs tirées de ces deux relations, on aura une équation entre les coordonnées des mêmes points, dans le nouveau système.

Si on avait l'équation d'un lieu, on en aura une différente, mais qui représentera identiquement le même lieu, et dans la même position; il n'y aura de changé que le mode de détermination de ses points.

Si, au contraire, les points considérés sont en nombre limité, et que leurs coordonnées doivent être entièrement déterminées, on aura encore ces mêmes points à la même place; seulement ils seront donnés au moyen de coordonnées d'une autre espèce qui seront déterminées par les équations obtenues par la substitution des valeurs trouvées pour les premières en fonction des secondes, d'après les deux relations entre ces quatre quantités.

Nous allons examiner les cas les plus importants auxquels cette question générale peut donner lieu.

109. *Formules pour passer d'axes quelconques à des axes parallèles.*

Soient AX, AY (*fig.* 29) les axes du système donné; et A'X', A'Y' ceux auxquels on veut rapporter les points et

Fig. 29.

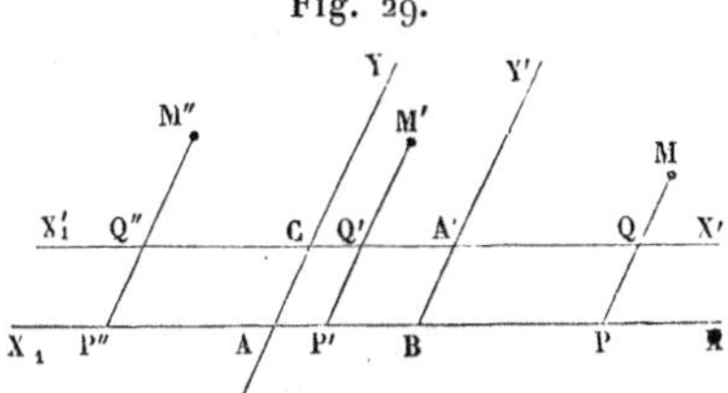

qui sont parallèles aux premiers, et respectivement dans le même sens; a et b les coordonnées AB, A'B de la nouvelle origine. Désignons par x, y les coordonnées d'un point quelconque M dans le premier système, et par x', y' ses coordonnées dans le second.

Il s'agit d'exprimer généralement, si cela est possible, x et y en fonction de x', y'. La discussion étant absolument semblable pour les y comme pour les x, nous nous bornerons à celle-ci.

Supposons d'abord que le point B soit sur le prolongement AX, sur lequel on porte les valeurs positives, et que le pied Q de l'ordonnée y' tombe du côté A'X' sur lequel on compte les x' positifs, A'X' étant supposé dans le même sens indéfini que AX.

Il est évident qu'on aura

$$AP = a + A'Q,$$

$$(1) \qquad x = a + x',$$

tant qu'on restera dans ces conditions.

Si maintenant le pied de y' se trouve en Q' entre A' et C, on aura

$$CQ' = a - A'Q' \quad \text{ou} \quad x = a - A'Q'.$$

Donc, si l'on veut que la formule (1) s'applique à cette nouvelle disposition, il faudra y regarder x' comme désignant $-$ A'Q'.

Enfin, si le pied de l'ordonnée y' tombe en Q'', et le pied P'' de l'y sur le prolongement AX_1 opposé à AX, on aura

$$AP'' = A'Q' - a \quad \text{ou} \quad -AP'' = -A'Q' + a;$$

donc la formule (1) s'appliquerait encore à cette position du point M, si l'on entendait que x est remplacé par $-$ AP'', et x' par $-$ A'Q'.

Donc, enfin, la formule (1) conviendrait à toutes les positions du point sur le plan, à la condition que les x et x' y seraient regardés comme de simples nombres quand ils seront portés sur les directions respectives AX, A'X', et comme des nombres affectés du signe $-$ quand ils seront portés dans les directions opposées.

Il ne reste plus qu'à examiner le cas où l'origine A' aurait son abscisse du côté AX_1.

Il faudra recommencer avec cette nouvelle position du point B la discussion que nous venons de faire.

Soient B (*fig.* 30) le pied de l'ordonnée de A', et M un

point tel, que le pied de son ordonnée y tombe du côté AX; on aura $x = x' - AB$, formule différente de (1), mais qui y rentrerait si dans celle-ci on remplaçait a par $-AB$.

Fig. 30.

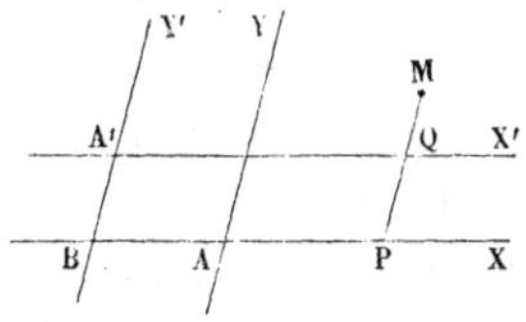

Les autres positions de M conduiraient à la même remarque. Donc l'équation (1) convient à toutes les positions des points du plan et de la nouvelle origine elle-même, en entendant comme nous venons de le dire les signes de x, x', a.

La discussion serait entièrement la même pour les y; de sorte qu'on peut dire que les relations entre les anciennes coordonnées et les nouvelles sont exprimées par les équations générales

$$(2) \qquad \begin{cases} x = a + x', \\ y = b + y', \end{cases}$$

à la condition que ces six quantités seront considérées comme positives dans un sens, et négatives dans l'autre.

Si l'axe des x' était dirigé en sens contraire de l'axe des x, on verrait facilement que la formule générale entre x et x' serait $x = a - x'$ au lieu de $x = a + x'$; de sorte que les formules (2) seraient changées en

$$x = a - x', \quad y = b + y'.$$

Et de même, si l'axe des y' était dirigé en sens contraire de l'axe des y, la seconde des formules (2) se changerait en

$$y = b - y'.$$

110. *Changement de direction des axes autour de la même origine.*

Supposons que les points d'un plan aient été rapportés

d'abord à un système d'axes rectangulaires, ce que l'on fait ordinairement quand aucun système oblique ne semble offrir des avantages spéciaux. Il peut arriver que l'on espère des simplifications en prenant de nouveaux axes dans des directions différentes; et pour faire l'essai de la manière la plus complète, on ne doit pas d'avance les assujettir à être rectangulaires. Il est d'ailleurs inutile de compliquer cette nouvelle question du changement de l'origine, puisque, en vertu des formules précédentes, ce changement se fera avec la plus grande facilité, soit avant, soit après le changement de direction.

La question que nous avons à résoudre est donc celle-ci :

Trouver deux équations entre les coordonnées x, y d'un point quelconque par rapport à deux axes rectangulaires, et ses coordonnées x', y' par rapport à des axes quelconques ayant la même origine.

Soient AX, AY (*fig.* 31) les directions du sens positif des premiers axes; AX', AY' les directions positives des

Fig. 31.

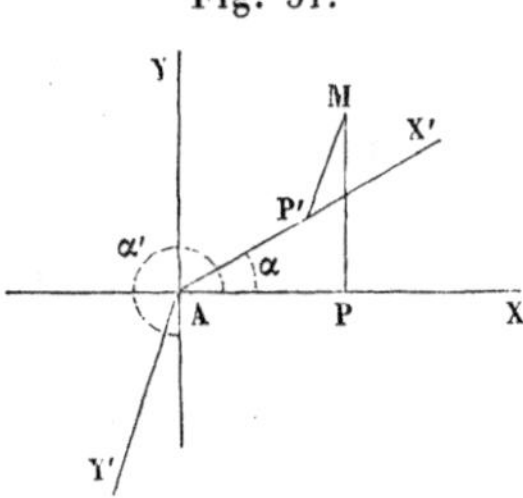

nouveaux; α l'angle que fait la direction AX' avec AX en tournant autour de A à partir de AX jusqu'à ce que la direction mobile coïncide avec AX', quelle que puisse être la valeur de cet angle; α' l'angle formé de même avec AX par la direction mobile quand elle vient coïncider avec AY'.

Considérons un point quelconque M du plan; abaissons MP perpendiculaire sur AX, MP′ parallèle à AY′; AP, MP et AP′, MP′ seront les grandeurs absolues de x, y et de x', y'.

Cela posé, considérons le polygone fermé AP′MPA, parcourons-le à partir de l'origine dans le sens marqué par ces lettres, et multiplions la valeur absolue de chaque côté par le cosinus de l'angle formé avec une direction fixe par la direction de ce côté dans le sens où il est parcouru; nous savons que la somme de ces produits, pour le contour entier du polygone, est égale à zéro. Choisissons d'abord pour cette direction fixe celle de AX.

La généralité de l'équation que nous allons trouver, et les conditions sous lesquelles elle a lieu, seront facilement établies au moyen de la remarque suivante.

Lorsqu'un des côtés AP′, P′M du polygone, AP′ par exemple, sera décrit dans le sens même de l'axe correspondant AX′, l'angle des deux directions sera celui de cet axe avec AX, que nous exprimerons par $\overline{X'X}$; mais s'il était en sens opposé, comme l'est par exemple, dans notre figure, le côté P′M par rapport à son axe AY′, l'angle serait le supplément de celui de AY′ avec AX, et le terme de la somme devra être, d'après le théorème général, $-$ MP′ cos Y′X. D'où il résulte généralement que chacun de ces termes dans la somme sera le produit de la coordonnée par le cosinus de l'angle des directions des axes positifs correspondants, si l'on regarde les coordonnées comme négatives quand elles sont dans le sens opposé aux directions choisies AX′, AY′.

Quant aux deux autres côtés MP, PA, le premier donne un produit nul; le second est parcouru dans le sens de P vers l'origine A, ce qui est le sens opposé à AX si P est du côté AX, et le sens même de AX si P est du côté opposé; de sorte que le côté PA fournira dans l'un et l'autre cas un terme exprimé par $-x$, et l'on aura l'équation générale

$$x = x'\cos\overline{x'x} + y'\cos\overline{y'x},$$

et l'on trouverait de même, en prenant AY pour la direction fixe,

$$y = x'\cos\overline{x'y} + y'\cos\overline{y'y}.$$

Il ne reste plus qu'à exprimer ces quatre cosinus au moyen de α et α'; et on se rappellera que dans l'estimation des angles avec la direction fixe on peut aussi bien prendre le supplément à quatre droits que l'angle même. On aura ainsi

$$\cos\overline{x'x} = \cos\alpha, \quad \cos\overline{y'x} = \cos\alpha',$$

$$\cos\overline{x'y} = \cos\left(\frac{\pi}{2} - \alpha\right) \quad \text{ou} \quad \cos\left(\alpha - \frac{\pi}{2}\right),$$

et par suite

$$\cos\overline{x'y} = \sin\alpha,$$

et enfin

$$\cos\overline{y'y} = \cos\left(\frac{\pi}{2} - \alpha'\right) \quad \text{ou} \quad \cos\left(\alpha' - \frac{\pi}{2}\right),$$

et par conséquent

$$\cos\overline{y'y} = \sin\alpha'.$$

On aura donc les deux relations générales suivantes entre les coordonnées x, y et x', y',

$$(3) \qquad \begin{cases} x = x'\cos\alpha + y'\cos\alpha', \\ y = x'\sin\alpha + y'\sin\alpha', \end{cases}$$

et elles ne seront générales qu'à la condition de prendre les coordonnées comme positives dans un sens, et négatives dans le sens opposé, et de traiter ces quantités négatives dans les calculs suivant les règles des signes des polynômes; de sorte qu'il n'y a aucune difficulté à faire sur la manière de les employer.

111. Si l'on changeait à la fois l'origine et la direction des axes, on commencerait par transporter l'origine, sans changer la direction des axes, ce qui se ferait au moyen des

formules (2); puis on passerait de ces axes intermédiaires aux axes définitifs au moyen des formules (3), et l'on aurait ainsi

$$x = a + x' \cos \alpha + y' \cos \alpha',$$
$$y = b + x' \sin \alpha + y' \sin \alpha'.$$

Si les axes primitifs faisaient entre eux un angle quelconque θ, on trouverait par des considérations analogues

$$(4) \quad \begin{cases} x = a + \dfrac{x' \sin(\theta - \alpha) + y' \sin(\theta - \alpha')}{\sin \theta}, \\ y = b + \dfrac{x' \sin \alpha + y' \sin \alpha'}{\sin \theta}. \end{cases}$$

Et si l'on voulait revenir du second système au premier, il suffirait de substituer à x', y' les valeurs en x et en y que donneraient les équations (4).

Les formules (4) reproduiraient les formules (2) si l'on y faisait $\alpha = 0$, $\alpha' = \theta$.

Elles reproduiraient les dernières du n° **109** en faisant $\alpha = \pi$ conjointement avec $\alpha' = \theta$ ou $\alpha' = \theta + \pi$; et $\alpha = 0$ conjointement avec $\alpha' = \theta + \pi$.

112. Si les deux systèmes d'axes étaient rectangulaires, les formules (3) ne dépendraient que d'un seul angle α; mais il y a deux cas qu'il faut bien distinguer. Les nouveaux axes des x' et y' peuvent être l'un par rapport à l'autre dans le même sens que ceux des x et y, ou en sens inverse; c'est-à-dire que si l'on fait tourner autour de l'origine le système $x'y'$ jusqu'à ce que l'axe positif des x' coïncide avec celui des x, l'axe positif des y' pourra coïncider avec celui des y, ou bien avec son prolongement.

Dans le premier cas on aura

$$\alpha' = \alpha + \frac{\pi}{2},$$

et dans le second

$$\alpha' = \alpha + \frac{\pi}{2} + \pi.$$

On aura donc dans le premier

$$\cos\alpha' = -\sin\alpha, \quad \sin\alpha' = \cos\alpha,$$

et dans le second

$$\cos\alpha' = \sin\alpha, \quad \sin\alpha' = -\cos\alpha.$$

Les formules (2) deviendront donc dans le premier cas

$$(5) \qquad \left\{ \begin{aligned} x &= x'\cos\alpha - y'\sin\alpha, \\ y &= x'\sin\alpha + y'\cos\alpha, \end{aligned} \right.$$

et dans le second

$$(6) \qquad \left\{ \begin{aligned} x &= x'\cos\alpha + y'\sin\alpha, \\ y &= x'\sin\alpha - y'\cos\alpha. \end{aligned} \right.$$

113. *Remarque.* — La forme linéaire des équations (4) par rapport à x, y, x', y' donne lieu à une conséquence remarquable. Si les deux membres de l'équation d'un lieu sont des fonctions rationnelles et entières des deux coordonnées, le degré de cette équation ne changera pas par cette transformation. En effet, en remplaçant x et y par des expressions du premier degré en x', y', on ne peut avoir évidemment une somme d'exposants plus forte qu'on ne l'avait en x et y; mais le degré du résultat total ne pourrait-il pas devenir moindre par la destruction des termes les plus élevés ? On pourrait reconnaître directement que cela n'est pas possible, mais une bien simple observation le démontre; car si l'équation en x, y' était de degré moindre que celle en x, y, il faudrait que ce degré s'élevât en revenant à cette dernière par la substitution à x', y' de leurs valeurs linéaires en x, y, tirées de (4); ce qui est impossible.

On voit donc que, si l'équation d'un lieu est d'un certain degré par rapport à un certain système d'axes, elle conservera toujours ce même degré, quel que soit le système d'axes auquel on la rapporte.

Et c'est pour cela qu'il est possible de prendre le degré des équations comme moyen de classification des lieux géométriques.

114. *Transformation de coordonnées rectilignes en coordonnées polaires, et réciproquement.*

Si le pôle n'est pas à l'origine et a pour coordonnées les quantités positives ou négatives a, b, on commencera par y transporter l'origine et les axes parallèlement à eux-mêmes, au moyen des formules (2); et il ne restera plus qu'à trouver deux relations entre les nouvelles coordonnées rectilignes d'un point quelconque et ses coordonnées polaires, le pôle étant à l'origine des premières; ce qui est le cas que nous examinerons en premier lieu.

115. Soient donc les axes AX, AY, que nous supposerons d'abord rectangulaires; prenons l'axe des x positifs pour origine des angles variables, et pour pôle l'origine des coordonnées x et y.

Les coordonnées polaires d'un point sont la longueur de la droite qui joint le pôle à ce point, ou le rayon vecteur du point; et l'angle que fait avec l'axe la direction du rayon vecteur, qui est celle de la droite partant du pôle et allant vers le point. Nous désignerons ces deux coordonnées par r et φ. Il s'agit de trouver deux équations générales entre x, y, r, φ, d'où l'on pourra tirer x et y en fonction de r et φ, ou réciproquement r et φ en fonction de x et y.

Soit M (*fig.* 32) un point quelconque du plan. Ses coordonnées seront, quant à la grandeur seulement, les

Fig. 32.

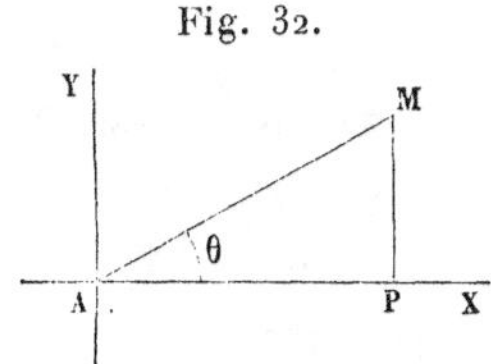

deux côtés d'un triangle rectangle dont l'hypoténuse est r; quant aux signes, on voit immédiatement que le cosinus de l'angle φ est positif ou négatif en même temps que x, et que $\sin\varphi$ est de même positif ou négatif en même temps que y; de sorte que les deux équations entre x, y, φ, r sont

$$(7) \qquad x = r\cos\varphi, \quad y = r\sin\varphi,$$

en entendant que $\sin\varphi$, $\cos\varphi$ prennent pour les diverses valeurs de φ les signes admis dans la Trigonométrie; que x et y sont positifs dans un sens et négatifs dans l'autre; enfin que r est toujours la valeur absolue du rayon vecteur.

116. Si le pôle était différent de l'origine et avait pour coordonnées a et b, les formules seraient évidemment, d'après ce que nous avons dit ci-dessus,

$$(8) \qquad x = a + r\cos\varphi, \quad y = b + r\sin\varphi.$$

Si les axes primitifs faisaient entre eux un angle quelconque θ, les formules seraient

$$x = a + \frac{r\sin(\theta - \varphi)}{\sin\theta}, \quad y = b + \frac{r\sin\varphi}{\sin\theta}.$$

Enfin, si l'axe polaire faisait avec AX un angle α positif ou négatif, les formules seraient

$$(9) \qquad x = a + \frac{r\sin(\theta - \varphi - \alpha)}{\sin\theta}, \quad y = b + \frac{r\sin(\varphi + \alpha)}{\sin\theta}.$$

117. Si l'on voulait au contraire passer d'un système de coordonnées polaires à un système de coordonnées rectilignes, par rapport auquel le pôle et l'axe polaire seraient situés comme nous l'avons supposé dans les formules précédentes, il suffirait de tirer de ces dernières les valeurs de r et φ en x et y, et de les substituer dans les équations données en r et φ.

Considérons, par exemple, les équations (8). Elles donneront, en prenant la valeur absolue du radical,

$$r = \sqrt{(x-a)^2 + (y-b)^2},$$

$$\cos\varphi = \frac{x-a}{\sqrt{(x-a)^2 + (y-b)^2}},$$

$$\sin\varphi = \frac{y-b}{\sqrt{(x-a)^2 + (y-b)^2}}.$$

Si l'équation donnée est

$$F(r, \sin\varphi, \cos\varphi) = 0,$$

la substitution n'offre aucune difficulté, si ce n'est peut-être des irrationnalités à faire disparaître. Mais si l'angle φ lui-même entre dans l'équation, qui sera alors de la forme

$$F(r, \varphi) = 0,$$

il faudra tirer φ des équations précédentes, qui donneront

$$\varphi = \operatorname{arc\,cos} \frac{x-a}{\sqrt{}}, \quad \varphi = \operatorname{arc\,sin} \frac{y-b}{\sqrt{}},$$

et si l'on ne s'assujettissait qu'à l'une de ces expressions, on ne satisferait pas à toutes les exigences, puisque le cosinus d'un arc correspond à deux sinus égaux et de signes contraires ; et il en est de même d'un sinus. Lorsqu'on se bornera à exprimer l'une des deux conditions, il pourra en résulter des embarras et des apparences de difficultés et de contradictions qu'on lèvera facilement au moyen de la remarque que nous venons de faire.

DE QUELQUES AUTRES SYSTÈMES DE COORDONNÉES.

118. Les deux systèmes que nous venons de considérer sont les seuls que l'on emploie ordinairement. Quand on donne une équation entre d'autres éléments de détermination des points, on ne la regarde pas comme l'équation du lieu ; et ce qui n'est au fond qu'un problème de transformation de coordonnées est considéré comme une recherche d'équation de lieu d'après des conditions données.

Si, par exemple, on prenait pour coordonnées des points leurs distances δ, δ' à deux points fixes, l'équation $\delta + \delta' = a$ serait celle d'un lieu géométrique. Mais quand on propose de trouver ce lieu par cette condition que la somme des distances à deux points fixes soit constante, on ne prend pas ordinairement pour coordonnées ces distances; on les exprime au moyen de coordonnées rectangulaires x, y et on les substitue dans la condition donnée entre δ, δ'; on dit alors qu'on a l'équation du lieu.

En prenant pour axe des x la ligne qui joint les deux points fixes, et la perpendiculaire au milieu pour axe des y, les équations de transformation de coordonnées seraient, en désignant par $2c$ la distance des deux points donnés,

$$\delta = \sqrt{y^2 + (x - c)^2}, \quad \delta' = \sqrt{y^2 + (x + c)^2},$$

et le lieu dont l'équation serait, dans le premier système, $\delta + \delta' = a$, serait représenté dans le second par l'équation

$$\sqrt{y^2 + (x - c)^2} + \sqrt{y^2 + (x + c)^2} = a.$$

On la rendrait facilement rationnelle, et ce calcul donnerait lieu à la discussion qui a été faite précédemment.

119. Les points pourraient encore être déterminés par les angles formés avec une direction fixe, par les lignes qui les joindraient à deux points fixes pris sur la droite.

Soient B, B′ (*fig.* 33) ces deux points et BX la direction

Fig. 33.

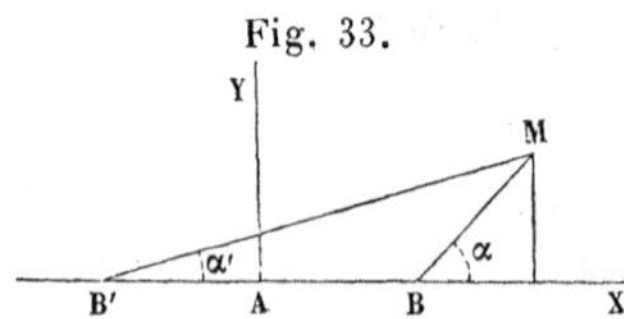

fixe par rapport à laquelle on estime les angles α, α' que font les directions BM, B'M menées de B et B' au point quelconque M du plan. Les équations entre les coordonnées α, α' du point M et ses coordonnées rectangles seraient, en posant $BB' = 2a$ et prenant l'origine au milieu A de BB',

$$\operatorname{tang}\alpha = \frac{y}{x-a}, \quad \operatorname{tang}\alpha' = \frac{y}{x+a}.$$

Si donc on avait une relation entre α et α' qui serait l'équation d'un lieu dans le premier système, on aurait celle du même lieu dans le second, en éliminant α et α' entre les trois équations.

Un des cas les plus simples, et qui se rapporte à une courbe bien connue, est celui où l'on aurait

$$\operatorname{tang}\alpha \operatorname{tang}\alpha' = -\frac{b^2}{a^2},$$

b^2 étant une quantité donnée quelconque. On aurait alors par l'élimination

$$\frac{y^2}{x^2-a^2} = -\frac{b^2}{a^2}, \quad \text{d'où} \quad a^2y^2 + b^2x^2 = a^2b^2,$$

équation qui représente la courbe qu'on nomme *ellipse*.

Nous ne parlerons pas de tous les systèmes de détermination qu'on pourrait imaginer. Dans chaque cas la transformation de ces coordonnées en coordonnées rectilignes ou polaire se fera d'après la nature des éléments de détermination des points, qui pourraient quelquefois être si peu commodes à employer, que l'idée ne viendrait même pas de leur donner le nom de *coordonnées;* et la question s'énoncerait comme un problème étranger à toute transformation de système de coordonnées.

OBSERVATIONS SUR LES SIGNES DES COORDONNÉES RECTILIGNES DANS LE PASSAGE D'UN SYSTÈME D'AXES A UN AUTRE.

120. Lorsque l'on part d'une équation

$$F(x,y)=0 \tag{1}$$

entre les coordonnées x, y, et qu'on change le système, par exemple, au moyen des formules précédentes,

$$\left\{\begin{array}{l} x=a+x'\cos\alpha+y'\cos\alpha', \\ y=b+x'\sin\alpha+y'\sin\alpha', \end{array}\right. \tag{2}$$

on obtient une équation

$$F(a+x'\cos\alpha+y'\cos\alpha',\ b+x'\sin\alpha+y'\sin\alpha')=0, \tag{3}$$

qui admet une solution en x', y' correspondant à chacune de celles que donne l'équation (1) en x, y, les valeurs de x, y, x', y', dans les deux solutions correspondantes, étant toujours liées par les équations (2).

S'il y a dans l'équation (1) des solutions étrangères au problème géométrique, les correspondantes dans (3), construisant les mêmes points, seront également étrangères et devront être laissées de côté.

Si l'équation (1) n'a que des solutions positives, l'équation (3) pourra en avoir de négatives; et ce n'est qu'en les portant en sens contraire qu'elle donnera, comme nous l'avons démontré, les mêmes points que l'équation (1).

Si l'équation (1) avait des solutions positives et des solutions négatives, et qu'on ne dût admettre que les premières, on n'en serait pas moins obligé d'admettre dans (3) les solutions négatives qui leur correspondent; et l'on ne devrait rejeter que les solutions correspondantes aux négatives de (1), même lorsqu'elles seraient positives dans (3) puisqu'elles construiraient des points qui ne conviennent pas à la question.

Enfin, si l'équation (1) a des solutions positives et des solutions négatives, et que l'on doive rejeter une partie des unes et des autres, on devra rejeter les correspondantes dans (3), quels que soient les signes dont elles soient affectées.

COMMENT ON DOIT TENIR COMPTE DES SIGNES DES COORDONNÉES DANS LA MISE EN ÉQUATION DES PROBLÈMES GÉOMÉTRIQUES.

121. Supposons des points, en nombre fini ou infini, situés dans le même angle des axes des coordonnées, et des équations générales entre les coordonnées de ces points, prises avec leurs valeurs absolues, c'est-à-dire des équations qui aient lieu quelles que soient les valeurs des quantités qui y entrent et la position relative des points, situés toujours dans le même angle des axes.

Nous venons de voir comment devaient être pris les signes de nouvelles coordonnées, si l'on changeait l'origine; mais la question que nous allons examiner n'est pas tout à fait la même. Nous ne voulons pas faire un changement de coordonnées après avoir trouvé des équations dans un système d'axes qui renferme tous les points dans un seul angle; nous voulons former les équations en prenant tout d'abord une origine telle, que les points se trouvent placés d'une manière quelconque dans les quatre angles des axes.

Or, si l'on commençait par prendre le premier système d'axes, où tous les points sont dans un même angle, que l'on y formât toutes les équations de la question et qu'on passât ensuite à l'origine choisie, on obtiendrait, comme nous l'avons déjà dit, des équations entre les coordonnées des mêmes points par rapport aux axes choisis, dans lesquelles ces coordonnées devront être considérées comme des nombres absolus, d'un côté de l'origine, et comme des nombres négatifs, de l'autre; et c'est à cette condition que ces équations conviendront à tous les points. Mais on parviendra évidemment aux mêmes résultats sans commencer par l'origine auxiliaire, en exprimant exactement les mêmes choses successives au moyen des coordonnées voulues, et passant par la même suite de considérations; les calculs ne différeront des autres qu'en ce que, au lieu des coordonnées qui s'y rapporteraient, on aura leurs valeurs en fonction des nouvelles qui doivent y être prises alors avec leurs différents signes. Mais il est évident qu'il n'est nullement utile de se reporter à chaque instant par la pensée aux axes qui renfermeraient tous les points dans un seul angle, et qu'on n'a besoin de s'occuper que des relations successives à établir entre les données et les variables ou les inconnues, en s'assujettissant toujours à la condition de regarder comme négatives les coordonnées dirigées en sens contraire de celles dont on ne doit considérer que les valeurs absolues. Et il est inutile de rappeler que les opérations sur ces quantités négatives isolées doivent être exécutées suivant les règles démontrées dans le cas des polynômes, puisque toutes nos formules n'ont été démontrées générales que sous cette condition expresse.

122. *Remarque.* — Ces raisonnements prouvent qu'en partant d'un système d'axes quelconques et ayant égard aux signes des coordonnées, on obtient finalement les mêmes équations que si l'on avait pris des axes renfermant tous les points dans un même angle, regardant leurs coordonnées comme des nombres absolus, et passant ensuite aux axes proposés au moyen des formules générales de transformation. D'où il résulte nécessairement que si tous les points cherchés ne pouvaient être liés par les mêmes équations générales, dans le cas où ils seraient cependant compris dans le même angle des axes; si, par exemple, dans ce cas même, tous les points d'un lieu désigné ne pouvaient être représentés par une équation unique, il en serait de même pour les équations qu'on obtiendrait pour toute autre origine. Ces équations représentent toujours les mêmes lieux, ou les mêmes points en nombre fini ; et quand on a choisi un système d'axes, on n'a pas à s'occuper de ce qui arriverait pour tout autre.

CHAPITRE IV.

ÉQUATIONS POLAIRES DONT LES LIEUX PEUVENT AVOIR TOUS LEURS POINTS CONSTRUITS PAR DEUX SYSTÈMES DIFFÉRENTS DE VALEURS DES COORDONNÉES. — RAYONS VECTEURS NÉGATIFS.

123. Les formules pour passer d'un système de coordonnées rectilignes à un système polaire donnent lieu à des remarques importantes.

A la seule inspection des formules (9) du n° **116**, on reconnaît que si, en donnant à φ et r les valeurs particulières φ_1, r_1, on a eu un certain système de valeurs pour x, y, on obtiendrait le même système, et par conséquent le même point, en donnant à φ et à r les valeurs $\varphi_1 \pm \pi$ et $-r_1$; parce que, dans les formules (9), le facteur r et le facteur trigonométrique changeraient en même temps de signe sans changer de grandeur, et que, par suite, le produit serait le même.

Cela posé, soit l'équation d'un lieu en coordonnées rectilignes

$$F(x, y) = 0; \tag{1}$$

son équation polaire sera

$$F\left[a + \frac{r\sin(\theta - \varphi - \alpha)}{\sin\theta},\quad b + \frac{r\sin(\varphi + \alpha)}{\sin\theta}\right] = 0, \tag{2}$$

et nous avons vu qu'en prenant seulement les valeurs positives de r, l'équation (2) donnerait tous les points du lieu représenté par l'équation (1). Mais, d'après la remarque précédente, si (2) est satisfaite quand on y fait

$$\varphi = \varphi_1, \quad r = r_1,$$

elle le sera quand on y fera

$$\varphi = \varphi_1 \pm \pi, \quad r - r_1.$$

Ce résultat de pur calcul donne lieu à cette remarque géométrique importante, que le même point correspondant à $\varphi = \varphi_1$, $r = r_1$ serait construit en prenant $\varphi = \varphi_1 \pm \pi$, qui donne la direction opposée à celle que donne φ_1, et portant la solution négative $- r_1$, que donnera nécessairement l'équation (2), dans un sens contraire à la direction correspondante à $\varphi_1 \pm \pi$.

124. Il y aura deux manières de construire chacun des points du lieu de l'équation (2) : l'une en considérant les valeurs positives de r et les portant dans la direction déterminée par la valeur correspondante de φ; l'autre en admettant les valeurs négatives de r et les portant en sens contraire de la direction déterminée par la valeur de φ qui les a fournies.

On pourra se borner à un seul de ces procédés, et alors, pour avoir tous les points du lieu de l'équation (1), il faudra que l'angle φ passe par toutes les valeurs de 0 à 2π. Mais, si l'on admet les solutions négatives comme les positives de l'équation (2) pour l'inconnue r, il suffira évidemment de faire varier φ de 0 à π,

Observations sur la proposition précédente.

125. Il ne faut pas oublier que la double construction pour chaque point n'a été démontrée qu'en considérant l'équation polaire telle qu'elle est obtenue immédiatement par la substitution des valeurs de x et y en r et φ, et entendue avec les mêmes restrictions que pourrait comporter l'équation (1).

Si donc on transforme d'une manière quelconque cette équation, il faudra s'assurer si l'on a bien le même résultat en faisant une même substitution à r et φ dans cette dernière ou dans la transformée.

Il n'y aura aucun doute à cet égard si $F(x, y)$ est une fonction entière; les multiplications et les élévations aux puissances seront les seules opérations à exécuter sur les expressions

$$a + \frac{r \sin(\theta - \varphi - \alpha)}{\sin\theta} \quad \text{et} \quad b + \frac{r \sin(\varphi + \alpha)}{\sin\theta},$$

et les résultats seront les mêmes quand on remplacera φ et r par des valeurs quelconques, avant ou après qu'on aura exécuté les opérations indiquées par la fonction F.

Mais supposons que, dans $F(x, y)$, il se trouve un radical du second degré assujetti à être pris positivement, c'est-à-dire que le résultat numérique du calcul soit précédé du signe +. Si sous ce radical il n'y a que des puissances paires de x, y, comme, par exemple, $+\sqrt{mx^2 + ny^2}$, et que les formules de transformation soient simplement

$$x = r\cos\varphi, \quad y = r\sin\varphi,$$

le radical deviendra

$$+\sqrt{mr^2\cos^2\varphi + xr^2\sin^2\varphi},$$

et restera le même quand on mettra $\varphi + \pi$ et $-r$ au lieu de φ et r.

Or, si l'on avait fait passer le facteur r^2 hors du radical, on construirait encore le lieu proposé en écrivant pour le radical

$$r\sqrt{m\cos^2\varphi + x\sin^2\varphi},$$

en entendant que r est pris positivement. Mais il est clair que changer φ et r en $\varphi + \pi$ et $-r$ ne donnerait plus le même résultat qu'en laissant r^2 sous le radical; et alors il ne serait plus vrai que les points du lieu pussent être construits des deux manières : il faudrait pour cela que le radical pût être pris avec le double signe.

Cette simple observation suffira quelquefois pour lever des difficultés provenant de ce que l'on ne se sera pas bien rendu compte des conditions d'une question.

126. *Le théorème de la double construction ne s'applique qu'à l'équation transformée complète.*

Nous avons démontré qu'en faisant usage de l'équation (2) on pouvait construire chaque point par deux systèmes différents de solutions ; mais, si cette équation était décomposée en plusieurs autres, la proposition n'aurait pas lieu pour chacune d'elles séparément. Elle n'a été démontrée que pour l'équation qui les renferme toutes ; et il n'en serait autrement que dans des cas tout à fait exceptionnels.

C'est ce que nous allons éclaircir par quelques exemples.

127. Considérons d'abord l'équation de l'ellipse

$$a^2y^2 + b^2x^2 = a^2b^2.$$

En prenant pour pôle le foyer dont les coordonnées sont

$$y = 0, \quad x = \sqrt{a^2 - b^2} = b$$

et l'axe polaire dans le sens des x positifs, l'équation sera

$$(a^2 - c^2\cos^2\varphi)r^2 + 2b^2cr\cos\varphi - b^4 = 0,$$

et l'on voit que, si r et φ forment une solution de cette équation, $-r$ et $\varphi + \pi$ en formeront une autre. Mais le premier membre est décomposable en deux facteurs du premier degré en r, qui, égalés successivement à zéro, donnent pour r les deux valeurs suivantes :

$$r = \frac{b^2}{a + c\cos\varphi}, \quad r = \frac{b^2}{-a + c\cos\varphi}.$$

Si l'on considère l'une quelconque des deux, par exemple la première, on voit que, si elle satisfaite par un système de valeurs de r_1 et φ_1, elle ne le sera pas quand on changera φ_1 en $\varphi_1 + \pi$, et r_1 en $-r_1$. Mais alors il faut, d'après ce qui a été démontré, que la seconde soit satisfaite, quand on y met pour φ et r les valeurs $\varphi_1 + \pi$ et $-r_1$; et, en effet, elle devient ainsi

$$-r_1 = \frac{-b^2}{a + c\cos\varphi_1} \quad \text{ou} \quad r_1 = \frac{b^2}{a + c\cos\varphi_1},$$

ce qui est exact, puisque φ_1 et r_1 satisfont à la première.

128. On remarquera que la première équation

$$r = \frac{b^2}{a + c\cos\varphi}.$$

donnera toujours pour r des valeurs finies positives, puisque a est plus grand que c, et qu'au contraire la seconde donne toujours r négatif. On pourra donc se borner à la première; elle construira le lieu tout entier, en faisant varier φ de 0 à 2π, puisque nous avons démontré en général qu'on pouvait construire le lieu complet de l'équation en x, y, en donnant à φ toutes les valeurs de 0 à 2π, et ne tenant compte que des valeurs positives de r.

129. Et de même on pourrait se borner à considérer la seconde équation

$$r = \frac{-b^2}{a - c\cos\varphi},$$

qui ne donne que des valeurs négatives, car tous les points construits par la première pouvant être construits par les solutions de la seconde, portées en sens contraires, on obtiendra le lieu tout entier en ne faisant usage que de la seconde.

130. Prenons pour second exemple l'hyperbole ayant pour équation

$$a^2 y^2 - b^2 x^2 = -a^2 b^2,$$

et prenons d'abord pour pôle le sommet qui a pour coordonnées $y = o$, $x = -a$; on obtiendra l'équation polaire suivante :

$$r^2(a^2 \sin^2 \varphi = b^2 \cos^2 \varphi) + 2ab^2 r \cos \varphi = o.$$

Le premier membre est le produit de deux facteurs dont l'un est r et pour toute valeur de φ donnerait pour solution $r = o$; ce qui devait être, puisque le pôle est sur la courbe. Le théorème qui s'applique à l'ensemble des deux facteurs s'appliquera donc à l'autre facteur seulement, égalé à zéro; et l'on pourra, par conséquent, y admettre ou n'y pas admettre les valeurs négatives de r. Dans le premier cas, il faudra faire varier φ de o à π; et dans le second, de o à 2π.

La valeur de r que l'on en tire est, en posant $a^2 + b^2 = c^2$,

$$r = \frac{2ab^2 \cos \varphi}{c^2 \cos^2 \varphi - a^2},$$

et l'on reconnaît bien que si φ_1 et r_1 y satisfont, $\varphi_1 + \pi$ et $-r_1$ y satisferont encore.

Nous allons d'abord la construire en admettant les rayons vecteurs négatifs.

En faisant $\varphi = o$, on trouve $r = 2a$, et r reste positif jusqu'à ce que φ soit parvenu à la valeur dont le cosinus est $\frac{a}{c}$. On construira ainsi la branche infinie partant du sommet à droite et située au-dessus de l'axe des x. L'angle φ augmentant, r devient négatif, et, quand il est devenu égal à $\frac{\pi}{2}$, r est nul, et l'on a construit la branche infinie située au-dessous de l'axe des x et à gauche du sommet pris pour pôle.

En continuant d'augmenter φ, r redevient positif jusqu'à l'angle dont le cosinus est $-\frac{a}{c}$, et l'on a construit la branche symétrique de la seconde par rapport à l'axe des x.

Enfin, φ variant depuis une valeur jusqu'à π, r redevient négatif et donne la construction de la quatrième branche, symétrique de la première.

131. Si l'on avait rejeté les rayons vecteurs négatifs, la première branche construite aurait été la même; mais depuis l'angle dont le cosinus est $\frac{a}{c}$ jusqu'à $\frac{\pi}{2}$, les rayons vecteurs étant négatifs, on n'aurait construit aucun point. De $\frac{\pi}{2}$ jusqu'à l'angle dont le cosinus est $-\frac{a}{c}$, on aurait eu des rayons vecteurs qui auraient construit la branche qui tout à l'heure était la troisième. De cet angle jusqu'à π les rayons sont négatifs, et l'on n'aura aucun point. Les deux branches au-dessus de l'axe seront donc construites quand φ variera de o à π; les deux autres branches seront données par les valeurs de φ, de π à 2π; et $\cos\varphi$ reprenant les mêmes valeurs pour les directions symétriques par rapport à l'axe, ces deux branches seront symétriques des premières.

132. Considérons maintenant l'équation polaire de la même courbe en prenant pour pôle le foyer dont les coordonnées sont $y = 0$, $x = -\sqrt{a^2 + b^2} = -c$; il faudra faire, dans l'équation en x et y,

$$x = -c + r\cos\varphi, \quad y = r\sin\varphi,$$

ce qui donnera

$$r^2(a^2 - c^2\cos^2\varphi) + 2b^2cr\cos\varphi - b^4 = 0.$$

Le premier membre est le produit de deux facteurs qui,

égalés à zéro, donnent les deux valeurs suivantes pour r,

$$r = \frac{b^2}{a + c\cos\varphi}, \tag{1}$$

$$r = \frac{b^2}{-a + c\cos\varphi}. \tag{2}$$

Dans ce cas aucune de ces deux équations polaires n'est satisfaite par les deux systèmes φ_1, r_1 et $\varphi_1 + \pi$, $-r_1$; mais si l'une l'est par l'un des deux, l'autre le sera par l'autre, comme cela devait être d'après la démonstration générale du théorème.

Les valeurs négatives données pour r par l'une ou l'autre des équations (1), (2) pourront, comme nous l'avons dit en général, être admises ou rejetées; et la discussion sera toujours abrégée en les admettant. Mais il ne suffira pas dans le cas actuel de faire varier φ de 0 à π dans l'une des deux, par exemple dans (1), comme dans le cas où l'un des sommets était pris pour pôle; et cela tient à ce que l'équation (1) n'est pas satisfaite par les deux systèmes φ_1, r_1 et $\varphi_1 + \pi$ $-r_1$, tandis que cette condition était remplie quand le pôle était au sommet.

133. Si l'on construit la courbe au moyen de l'équation (1), en admettant les valeurs positives et négatives de r, on construira les quatre branches en faisant arriver φ de 0 à 2π.

La branche à gauche de l'axe des y et au-dessus de l'axe des x sera donnée par les valeurs de φ comprises entre $\varphi = 0$, $\cos\varphi = -\frac{a}{c}$, et r sera positif;

La branche à droite de l'axe des y et au-dessous de l'axe des x, par les valeurs suivantes de φ jusqu'à π, et r sera négatif;

La branche symétrique de celle-ci, par rapport à l'axe des x, par les valeurs suivantes jusqu'à $\cos\varphi = -\frac{a}{c}$; r sera encore négatif;

Enfin la branche symétrique de la première, par les valeurs suivantes de φ jusqu'à 2π, et les valeurs de r seront positives.

De sorte que le signe de r est le même pour tous les points de deux branches symétriques par rapport à l'axe des x, comme nous l'avions déjà reconnu précédemment.

Autres exemples d'équations polaires qui ne donnent pas lieu à la double construction.

134. Dans les exemples que nous venons de donner d'équations polaires dont les lieux ne peuvent être construits par un double système de valeurs, il n'entrait que des lignes trigonométriques de l'angle φ : nous allons en considérer d'autres où entre l'angle φ lui-même.

La spirale d'Archimède, dont l'équation est $r = a + b\varphi$, n'est pas satisfaite quand on change les coordonnées φ et r d'un de ses points en $\varphi + \pi$ et $-r$; donc ses points ne peuvent être construits par les deux systèmes de valeurs des coordonnées.

La spirale logarithmique dont l'équation est $r = ac^{\varphi}$ n'est pas non plus satisfaite quand on change les coordonnées φ et r d'un quelconque de ses points en $\varphi + \pi$ et $-r$.

On voit, sans qu'il soit besoin de multiplier davantage les exemples, que le théorème que nous avons démontré pour les équations polaires obtenues par la transformation d'une équation, donnée en coordonnées rectilignes, n'a pas lieu pour toutes les équations polaires, et ne doit être appliqué qu'avec beaucoup de circonspection.

135. *Contradiction apparente.* — Mais cela peut donner lieu à la difficulté suivante. Ne pourrait-on pas penser que toute équation polaire peut provenir d'une équation rectiligne, puisqu'on peut d'abord passer du système polaire à un système rectiligne, et revenir ensuite de ce dernier au premier? Alors l'équation polaire proposée étant obtenue par la transformation d'une équation en coordonnées rectilignes en une équation en coordonnées polaires, le théorème en question devrait s'y appliquer : et comme cela n'est pas toujours exact, il semble qu'il y ait *contradiction* entre les propositions établies.

136. *Solution de la difficulté.* — Dans la démonstration que nous avons donnée du théorème, nous avons supposé que les opérations indiquées dans le premier membre de l'équation (2) du n° 123 étaient entendues de la même manière que dans $F(x, y)$ et avec les mêmes restrictions. Il est donc indispensable d'examiner avec soin les conditions des deux transformations successives, opérées en partant d'une équation polaire donnée, pour y revenir après avoir passé par une équation en coordonnées rectilignes.

Comme les idées générales se trouvent dans chaque cas particulier, et s'y reconnaissent plus facilement que dans l'ensemble de tous les cas, pourvu qu'on ait soin de les faire ressortir et de n'employer les circonstances particulières qu'à leur donner la possibilité de se manifester, nous nous bornerons à considérer les exemples que nous venons de présenter, d'équations polaires qui ne donnent pas lieu à la double construction.

137. *Ellipse.* — En prenant pour pôle le foyer de droite, nous avons trouvé l'équation

$$(1) \qquad r = \frac{b^2}{a + c\cos\varphi} \quad \text{ou} \quad r(a + c\cos\varphi) = b^2,$$

qui construit tous les points du lieu et ne donne que des valeurs positives pour r.

Passons maintenant à des coordonnées rectangles, en prenant, pour plus de simplicité, le pôle pour origine, l'axe des x pour axe polaire, et posant, par conséquent,

$$x = r\cos\varphi, \quad y = r\sin\varphi,$$

d'où

$$r = \sqrt{x^2+y^2} \quad \text{et} \quad \cos\varphi = \frac{x}{\sqrt{x^2+y^2}};$$

en substituant dans (1), nous obtiendrons

$$(2) \qquad a\sqrt{x^2+y^2} + cx - b^2 = 0.$$

Arrivé à ce point, on peut rendre l'équation rationnelle ou la laisser telle qu'elle est; examinons ces deux manières de procéder.

1° En faisant disparaître le radical, on introduit les solutions correspondantes au signe — du radical et qui seraient précisément celles que donnerait l'équation

$$r = \frac{b^2}{-a + c\cos\varphi} \quad \text{ou} \quad -ar + cr\cos\varphi = b^2,$$

qui conduit à

$$-a\sqrt{x^2+y^2} + cx - b^2 = 0.$$

On voit donc que l'équation rationnelle en x et y ne renferme pas seulement les solutions de l'équation polaire, mais encore d'autres solutions telles, que le retour aux coordonnées polaires donnera une équation jouissant de la propriété de la double construction, parce qu'elle renfermera, outre l'équation polaire proposée, une seconde équation polaire. Ce n'est donc pas la proposée qui jouit de la propriété en question.

2° Supposons que l'on conserve la forme de l'équation (2) et qu'on repasse aux coordonnées polaires, on aura

$$(3) \qquad a\sqrt{r^2\cos^2\varphi + r^2\sin^2\varphi} + cr\cos\varphi - b^2 = 0,$$

équation dont le premier membre est bien une fonction

de $r\cos\theta$ et $r\sin\theta$, qui semble, par conséquent, ne pas devoir changer quand on change φ et r en $\varphi+\pi$ et $-r$, et en même temps n'être autre chose que le premier membre de l'équation proposée

$$ar + cr\cos\varphi - b^2 = 0,$$

ce qui conduirait à cette conséquence fausse, que si φ_1 et r_1 sont une solution de cette dernière, $\varphi_1+\pi$ et $-r_1$ en formeraient une autre.

L'erreur est bien facile à apercevoir. En effet, le radical dans (2) est assujetti à représenter r et non $-r$, sans quoi (1) et (2) ne coïncideraient pas. Si donc on remplace r par $-r_1$ dans (3), le radical devra être aussi remplacé par $-r_1$; et par conséquent, si (3) est satisfaite par $\varphi=\varphi_1$ et $r=r_1$, elle ne le sera pas par $\varphi=\varphi_1+\pi$ et $r=-r_1$.

On voit donc comment les restrictions qui se trouvent dans la fonction $F(x,y)$, quand il s'agit de l'équation (2), changent les conditions qui sont nécessaires à la démonstration du théorème. Ici, en effet, le radical dans (3) est assujetti à être pris avec un signe qui dépend de la valeur substituée, tandis que la démonstration générale de la double construction supposait expressément que la forme de la fonction F restait la même, quelques valeurs qu'on donnât aux variables.

138. *Hyperbole.* — En prenant le foyer de gauche pour pôle, nous avons trouvé deux valeurs de r, dont l'ensemble présente la double construction, mais aucune des deux ne la présente isolément. Elles construisent l'une et l'autre la courbe entière en faisant varier φ de 0 à 2π et portant les valeurs négatives de r dans le sens inverse. Bornons-nous

à considérer la suivante :

$$(1)\qquad r = \frac{b^2}{a + c\cos\varphi}, \quad \text{ou} \quad ar + cr\cos\varphi = b^2;$$

les rayons vecteurs positifs construiront la partie de la courbe située à gauche de l'axe des y ; les rayons vecteurs négatifs, celle située à droite.

Il s'agit d'examiner ce qui arrive quand on passe de cette équation à l'équation en coordonnées rectilignes $F(x, y) = 0$, en prenant pour plus de simplicité l'origine au pôle, puis qu'on repasse de cette dernière à l'équation polaire $F(r\cos\varphi,\ r\sin\varphi) = 0$; et d'expliquer pourquoi cette dernière, qui semble présenter la double construction, ne jouit cependant pas de cette propriété, si elle coïncide réellement avec l'équation (1), et que l'on n'ait pas introduit de solutions étrangères.

L'équation (1) donne pour la première transformation

$$a\sqrt{x^2 + y^2} + cx - b^2 = 0,$$

et, pour qu'elle représente exactement (1), il faut que $\sqrt{x^2 + y^2}$ représente toujours r et non $-r$.

Revenons maintenant aux coordonnées polaires. L'équation désignée généralement par $F(r\cos\varphi,\ r\sin\varphi) = 0$ sera ici

$$(2)\qquad a\sqrt{r^2\cos^2\varphi + r^2\sin^2\varphi} + cr\cos\varphi - b^2 = 0,$$

avec cette restriction que le radical $\sqrt{r^2}$ sera remplacé par r et non par $-r$, sans quoi cette équation ne coïnciderait pas avec (1) et les conclusions, quelles qu'elles fussent, ne s'appliqueraient pas à la proposée. Mais cette restriction sur les valeurs du radical fait que la fonction $F(x, y)$ change de forme suivant les substitutions, puisque le terme $a\sqrt{x^2 + y^2}$ doit changer de signe avec r. Les conditions de la double construction ne sont donc plus remplies, et il n'y a aucune raison pour qu'elle soit admissible.

Des raisonnements analogues se feraient pour la partie de l'hyperbole correspondante aux valeurs négatives de r que donne l'équation (1); et il n'y a lieu à aucune difficulté.

Exemples d'équations où entre l'angle lui-même.

139. Dans les exemples précédents, les équations ne renfermaient que des lignes trigonométriques de l'angle φ; supposons maintenant que l'angle lui-même y entre, et considérons l'équation

$$F(r, \varphi) = 0, \tag{1}$$

dont le premier membre est, par exemple, une fonction rationnelle et entière quelconque de r et φ, et dont on construit les solutions négatives en sens contraire du sens direct. Cette équation ne donne pas lieu à la double construction pour tous ses points : car les deux équations $F(r_1, \varphi_1) = 0$ et $F(-r_1, \varphi_1 + \pi) = 0$ déterminent en général un nombre fini de valeurs pour φ_1 et r_1. Si, par exemple, on considère $r = a\varphi + b$, ces deux équations

$$r_1 = a\varphi_1 + b, \quad -r_1 = a(\varphi_1 + \pi) + b,$$

conduiront à la valeur unique

$$\varphi_1 = -\frac{b}{a} - \frac{\pi}{2},$$

qui donnera

$$r_1 = -\frac{a\pi}{2}.$$

Cela posé, prenons le pôle pour origine et transformons l'équation (1), au moyen des formules

$$x = r\cos\varphi, \quad y = r\sin\varphi,$$

qui donnent

$$r = \sqrt{x^2 + y^2}, \quad \varphi = \text{arc}\left\{\begin{array}{l}\cos\dfrac{x}{\sqrt{x^2+y^2}},\\[2ex] \sin\dfrac{y}{\sqrt{x^2+y^2}},\end{array}\right.$$

cette dernière notation indiquant l'arc qui a pour cosinus $\frac{x}{\sqrt{x^2+y^2}}$, et pour sinus $\frac{y}{\sqrt{x^2+y^2}}$.

Nous obtiendrons ainsi pour équation du même lieu en coordonnées rectangles

$$(2)\qquad F\left(\sqrt{x^2+y^2},\ \text{arc}\left\{\begin{array}{l}\cos\dfrac{x}{\sqrt{x^2+y^2}}\\ \sin\dfrac{y}{\sqrt{x^2+y^2}}\end{array}\right.\right)=0;$$

et il ne faut pas oublier que, dans les termes provenant de r, le radical $\sqrt{x^2+y^2}$ sera positif ou négatif, suivant que la valeur de r donnée par l'équation sera elle-même positive ou négative; mais que, dans les termes provenant de φ, $\sqrt{x^2+y^2}$ doit être pris en valeur absolue, x et y étant les coordonnées positives ou négatives du point que l'on considère : car c'est ce que nécessitent les formules

$$x=\sqrt{x^2+y^2}\cos\varphi,\quad y=\sqrt{x^2+y^2}\sin\varphi.$$

Le premier membre de l'équation (2) est donc assujetti à quelque restriction, puisque le radical qui y entre ne doit pas être partout pris avec le même signe. La démonstration faite dans l'hypothèse où une même expression représente partout la même chose ne subsiste donc plus nécessairement, et ses conclusions seraient généralement erronées. C'est ce que nous allons reconnaître en essayant de l'appliquer à l'équation (2).

Si, en effet, on veut transformer cette équation en coordonnées polaires, au moyen des formules

$$x=r\cos\varphi,\quad y=r\sin\varphi,$$

on obtient d'abord

$$(3)\ F\left(\sqrt{r^2\cos^2\varphi+r^2\sin^2\varphi},\ \text{arc}\left\{\begin{array}{l}\cos\dfrac{r\cos\varphi}{\sqrt{r^2\cos^2\varphi+r^2\sin^2\varphi}}\\ \sin\dfrac{r\sin\varphi}{\sqrt{r^2\cos^2\varphi+r^2\sin^2\varphi}}\end{array}\right.\right)=0,$$

où il n'entre que les produits $r\cos\varphi$, $r\sin\varphi$, qui restent bien les mêmes quand on remplace φ et r, soit par φ_1, r_1, soit par $\varphi_1 + \pi$ et $-r_1$. Mais il est facile de voir qu'il n'en est pas de même de la fonction F.

En effet, d'après les observations précédentes, le rapport $\frac{r}{\sqrt{r^2\cos^2\varphi + r^2\sin^2\varphi}}$ doit toujours être pris égal à $+1$; par suite, la substitution de φ_1 et r_1 dans (3) donnera

$$F\left[r_1, \quad \text{arc}\left\{\begin{matrix}\cos(\cos\varphi_1)\\ \sin(\sin\varphi_1)\end{matrix}\right.\right]$$

et la substitution de $\varphi_1 + \pi$ et $-r_1$ donnerait

$$F\left[-r_1, \quad \text{arc}\left\{\begin{matrix}\cos(-\cos\varphi_1)\\ \sin(-\sin\varphi_1)\end{matrix}\right.\right]$$

qui n'est nullement identique à l'expression précédente; et par conséquent, si φ_1 et r_1 satisfont à (3), $\varphi_1 + \pi$ et $-r_1$ n'y satisferont généralement pas. Il faudrait, pour avoir des résultats identiques, conserver au radical le même signe, là où il représente r, qui en change; et le faire changer de signe dans les expressions $\frac{r\cos\varphi}{\sqrt{\quad}}$, $\frac{r\sin\varphi}{\sqrt{\quad}}$, où il doit toujours être pris positivement.

L'erreur qui faisait croire à la possibilité de la double construction provenait donc de ce qu'on ne tenait pas compte des restrictions auxquelles était assujettie l'équation (2) en x et y.

Et l'on voit comment, en en tenant soigneusement compte, les deux substitutions conduisent, après la double transformation, à deux expressions identiques à

$$F(r_1, \varphi_1) \quad \text{et} \quad F(-r_1, \varphi_1 + \pi),$$

que l'on obtiendrait d'après l'équation proposée $F(r, \varphi)$, qui, comme nous l'avons fait voir d'abord, ne sont pas généralement nulles en même temps.

On remarquera facilement que le passage aux coordonnées rectangles introduit une infinité d'arcs, différant du premier d'un multiple quelconque de 2π. Ce sont ceux que l'on trouverait en faisant usage de l'équation (1) et faisant tourner indéfiniment le rayon vecteur, comme cela doit être. Si à l'un de ces angles, φ_1 par exemple, correspond une valeur de r_1, les autres valeurs de φ comprises dans la formule $\varphi_1 \pm 2n\pi$ donneraient pour r des valeurs différentes de r_1, que l'on pourrait déterminer soit par l'équation (1), soit par l'équation (2). Appliquons ces considérations générales à quelques cas particuliers.

140. *Spirale d'Archimède.* — L'équation $r = a\varphi$ de cette spirale devient, en passant aux coordonnées polaires,

$$\sqrt{x^2+y^2} = a \operatorname{arc} \left\{ \begin{array}{l} \cos \dfrac{x}{\sqrt{x^2+y^2}}, \\ \sin \dfrac{y}{\sqrt{x^2+y^2}}. \end{array} \right.$$

Il n'y aurait qu'à répéter ce qui vient d'être dit pour une fonction entière quelconque de r et φ, dans laquelle rentre le premier membre de $r - a\varphi = 0$.

141. *Spirale logarithmique.* — Soit maintenant l'équation

$$r = ab^{\varphi}, \tag{1}$$

qui donne toujours r positif et n'admet pas la double construction; elle devient en coordonnées rectangles, en abrégeant la désignation complète de l'angle,

$$\sqrt{x^2+y^2} = ab^{\operatorname{arc}\cos \frac{x}{\sqrt{x^2+y^2}}} \tag{2}$$

et le radical représente r, positif ou négatif, dans le premier membre seulement.

Revenant aux coordonnées polaires, avec les conditions imposées au radical, nous obtiendrons

$$(3) \qquad \sqrt{r^2\cos^2\varphi + r^2\sin^2\varphi} = ab^{\operatorname{arc\,cos}\frac{r\cos\varphi}{\sqrt{r^2\cos^2\varphi + r^2\sin^2\varphi}}}.$$

Soit une solution φ_1, r_1 de cette équation, r_1 étant positif, l'équation (3) donnera

$$(4) \qquad r_1 = ab^{\operatorname{arc\,cos}.\cos\varphi_1}.$$

Si l'on substituait maintenant $\varphi_1 + \pi$ et $-r_1$ à φ et r dans (3), en ne tenant compte d'aucune restriction, elle serait bien satisfaite, comme nous l'avons dit en général; mais, en observant que $\frac{r}{\sqrt{r^2\cos^2\varphi + r^2\sin^2\varphi}}$ doit être remplacé par $+1$, et que le radical du premier membre représente r, on trouverait

$$-r_1 = ab^{\operatorname{arc\,cos}(-\cos\varphi_1)},$$

équation incompatible avec (4).

142. Il suit de cette discussion que les contradictions signalées n'étaient qu'apparentes; elles tenaient à ce que, dans les transformations qu'on faisait subir à l'équation polaire primitive et à l'équation en x, y à laquelle elle conduisait, on ne tenait pas compte des restrictions auxquelles il fallait avoir égard pour que ces équations représentassent exactement le même lieu.

CHAPITRE V.

DU LIEU DE L'ÉQUATION DU PREMIER DEGRÉ A DEUX VARIABLES. — ÉQUATION DE LA LIGNE DROITE. — GÉNÉRALISATION AU MOYEN DES QUANTITÉS NÉGATIVES.

143. Parmi les problèmes que nous nous sommes proposés comme applications de la méthode de recherche des équations de lieux, s'est trouvé celui où la condition géométrique etait que chaque point fût également distant de deux points fixes. Ce lieu était évidemment une ligne droite, et qui pouvait occuper toutes les positions sur le plan, en choisissant convenablement les deux points. Il eût été facile aussi de reconnaître que cette équation, qui était du premier degré en x et y, pouvait coïncider avec toute équation donnée de ce degré. D'où il résulte que toute ligne droite est représentée, dans son étendue indéfinie, par une équation du premier degré, unique, à la condition que les valeurs négatives qu'elle donnera pour l'une ou l'autre coordonnée soient portées en sens contraire des valeurs positives; et que, réciproquement, toute équation du premier degré a pour lieu une ligne droite indéfinie dans les deux sens, à la condition que ses solutions, tant positives que négatives, seront employées comme nous venons de le dire.

Mais, comme notre marche générale ne doit pas se fonder sur les conséquences de questions qui ont été discutées en quelque sorte fortuitement, nous nous bornons à rappeler celles auxquelles ce problème nous avait conduit, comme induction peut-être, quoique la question que nous allons traiter soit assez simple pour n'en avoir pas besoin.

144. Soit l'équation la plus générale du premier degré

$$Ay + Bx + C = 0,$$

dans laquelle les coefficients A, B, C peuvent être positifs, négatifs ou nuls.

On peut d'abord se débarrasser des deux cas particuliers où A ou B seraient nuls. Car, si l'on a $A = 0$, il en résulte pour y une valeur réelle, constante, positive ou négative; dans le premier cas, tous les points d'une parallèle à l'axe des x conviendront exclusivement. Dans le second cas, si l'on n'accepte pas les solutions négatives, aucun point ne conviendra; et si l'on doit les construire en sens contraire des solutions positives, le lieu sera une parallèle à l'axe des x du côté opposé.

Si l'on avait $B = 0$ seulement, x serait constant et le lieu serait une parallèle à l'axe des y; ou il n'y en aurait pas, si la valeur des x est négative, et doit être rejetée. Occupons-nous donc du cas général où ces coefficients ne sont pas nuls; mettons l'équation sous la forme

$$y = ax + b, \tag{1}$$

qui renferme même le cas des parallèles à l'axe des x, et n'offre d'exception que quand y ne doit pas y entrer, ce qui est le cas de parallèles à l'axe des y.

Supposons d'abord, pour fixer les idées, que a et b soient positifs.

Soient AX, AY les axes sur lesquels on portera les valeurs positives de x et y, et θ l'angle qu'ils font entre eux.

Partons de $x = 0$ (*fig.* 34), et faisons-le croître indéfini-

Fig. 34.

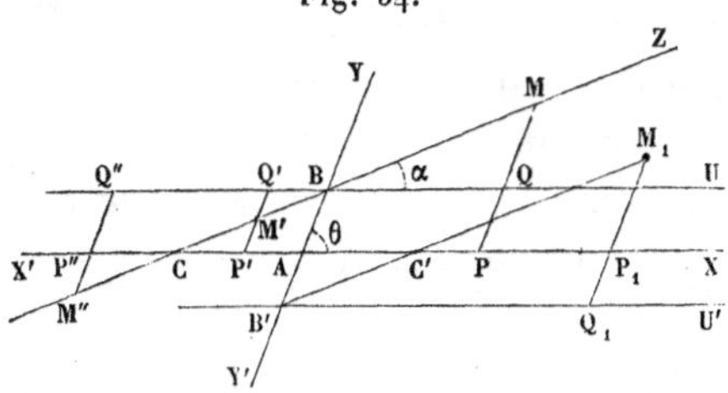

ment d'une manière continue : ce que l'on exprime dans un

langage abrégé peu rigoureux, en disant qu'on fait croître l'abscisse x de zéro à l'*infini*.

La valeur de l'ordonnée y se compose d'une partie constante b, et d'une partie qui varie proportionnellement à x. Si donc on prend $AB = b$ et qu'on mène BU parallèle à AX, on obtiendra le point du lieu, correspondant à une abscisse quelconque AP, en menant PM parallèle à AY et portant au delà de son point de rencontre Q avec BU une longueur QM égale à ax ou telle que $\frac{MQ}{BQ} = a$. D'où il suit que tous les points M sont dans l'angle YBU, sur une droite indéfinie partant de M et inclinée sur l'axe, d'une quantité $\alpha < \theta$, telle que l'on ait

$$\frac{MQ}{BQ} = \frac{\sin\alpha}{\sin(\theta - \alpha)}, \quad \text{ou} \quad \frac{\sin\alpha}{\sin(\theta - \alpha)} = a,$$

d'où

$$\tan\alpha = \frac{a \sin\theta}{1 + a\cos\theta}.$$

Le coefficient a, déterminant complètement α, se nomme quelquefois le coefficient d'inclinaison de la droite. Si l'on ne veut construire que les solutions positives de l'équation, le lieu est borné à la partie indéfinie BZ de la ligne droite. Mais si l'on veut, ou que l'on doive admettre les solutions négatives de l'équation (1), en les portant sur les prolongements opposés des axes, c'est-à-dire sur les directions AX′, AY′, il y aura encore des points à construire; et nous allons voir qu'ils auront pour lieu le prolongement indéfini de la droite BZ en sens opposé.

En effet, si l'on prend sur AX′ une quantité quelconque AP′, et qu'on remplace dans (1) x par $-AP'$, en supposant d'abord $a.AP' < b$, on trouvera

$$y = b - a.AP' = P'Q' - a.Q'B.$$

La quantité qu'il faut retrancher de P′Q′ pour avoir le

point M′ du lieu, a donc avec Q′B un rapport égal à a qui est celui de MQ à BQ; et par conséquent M′ est sur le prolongement de la droite ZB. Il en sera de même jusqu'à ce que l'on ait $a.\text{AP}' = b$, d'où résultera $y = 0$, et le point du lieu sera à la rencontre de ZB avec l'axe des x. Si l'on continue à augmenter l'abscisse négative, et qu'on la prenne égale à $-\text{AP}''$, la valeur de y tirée de (1) sera négative et égale au signe près à $a.\text{AP}'' - b$. Mais $a.\text{AP}''$ ou $a.\text{BQ}''$ étant à BQ″ dans le rapport a, si l'on prend $\text{Q}''\text{M}'' = a.\text{BQ}''$, le point M″ sera sur le prolongement de la droite ZBC; et comme P″M″ est $a.\text{AP}'' - b$, M″ est le point du lieu, s'il est entendu qu'on portera sur le prolongement AY′ les valeurs négatives de y. On voit donc, comme nous l'avions annoncé, que l'équation (1) a pour lieu tous les points d'une ligne droite, si l'on porte les valeurs de x et de y positives dans un sens, et les négatives dans le sens opposé.

Et réciproquement, comme par le point B on ne peut mener qu'une droite faisant, avec la direction BU ou AX, un angle donné α, la droite ainsi menée a pour équation

$$y = ax + b,$$

dans laquelle

$$b = \text{AB} \quad \text{et} \quad a = \frac{\sin\alpha}{\sin(\theta - \alpha)}.$$

145. Mais nous n'avons examiné que le cas où a et b sont positifs. La discussion des autres cas sera tout à fait semblable, et nous nous bornerons à l'indiquer.

Si, par exemple, a étant encore positif, b est négatif, on prendra sur AY′ une longueur AB′ égale à la valeur absolue de B, et on mènera B′U′ parallèle à AX. L'équation (1) sera alors

$$y = ax - \text{AB}'.$$

Si donc on prend $x = \text{AP}_1$, que par P_1 on mène P_1Q_1 parallèle à AY, et qu'on prenne $\text{Q}_1\text{M}_1 = a.\text{AP}_1$, on aura un point du lieu, pourvu que la soustraction soit possible, ou que l'on ait $a.AP_1 > AB'$.

Si l'on n'accepte pas les solutions négatives, le lieu commencerait alors au point C' de l'axe des x, pour lequel on aurait $a.AC' = AB'$. Ce lieu serait une ligne droite partant de C' et inclinée de l'angle α déterminé par l'équation

$$\frac{\sin\alpha}{\sin(\theta-\alpha)} = a.$$

Si l'on doit construire les solutions négatives, en les portant en sens opposé, on reconnaîtra facilement que l'équation (1) aura pour lieu la droite entière dont nous venons de construire la partie indéfinie partant de C'.

Il est presque inutile de dire que, si $b = 0$, on a une droite indéfinie passant par l'origine des coordonnées.

146. Il ne reste donc plus qu'à examiner les cas où a est négatif, b pouvant être positif, négatif, ou nul.

Représentons a par $-m$ et mettons l'équation (1) sous la forme

$$(2) \qquad y = -mx + b;$$

prenons $AB = b$ (*fig.* 35), et menons BU parallèle à AX;

Fig. 35.

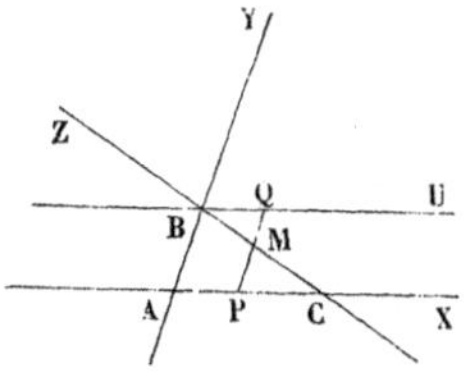

soit $x = AP = CQ$, on aura

$$y = AB - m.BQ = PQ - m.BQ.$$

On aura donc un point du lieu en prenant $QM = m.BQ$; et le rapport $\frac{MQ}{PQ}$ étant constant, les points M seront sur une droite partant de B; ils seront dans l'angle YAX tant qu'on aura $mx < AB$. Si l'on prend $mx = AB$, on aura $y = 0$, ce qui donnera le point C où cette droite coupe AX.

Le lieu se réduirait à la partie BC, si l'on ne devait pas construire les solutions négatives de (2). Si on les admet, tant pour x que pour y, on reconnaîtra facilement que la droite BC, prolongée indéfiniment, est le lieu de l'équation (2) ou de l'équation (1) dans laquelle a est négatif et b positif.

Pour avoir la signification géométrique du coefficient a, on désignera encore par α l'angle de la direction supérieure CZ de la droite, avec la direction AX; et, dans ce cas, on aura $\alpha > \theta$.

Or m est le rapport

$$\frac{MQ}{BQ}, \quad \text{ou} \quad \frac{\sin\alpha}{\sin(\alpha - \theta)};$$

on aura donc

$$m = \frac{\sin\alpha}{\sin(\alpha - \theta)}.$$

Si donc on emploie les signes comme on l'a fait dans la Trigonométrie, et qu'on remplace $\sin(\alpha - \theta)$ par $-\sin(\theta - \alpha)$, on aura

$$m = \frac{-\sin\alpha}{\sin(\theta - \alpha)}, \quad \text{ou} \quad a = \frac{\sin\alpha}{\sin(\theta - \alpha)},$$

de sorte que par l'emploi des signes, entendu comme dans tout ce qui précède dans la science, l'expression de a en α est générale, quel que soit le signe de a.

Resterait encore à examiner le cas où b est négatif en même temps que a; mais cette discussion est tellement identique aux précédentes, qu'il est tout à fait inutile que nous nous y arrêtions; nous recommandons seulement aux élèves de la faire.

147. La conséquence générale de cette discussion peut s'énoncer ainsi :

« L'équation du premier degré représente dans tous les cas une ligne droite indéfinie dans les deux sens, si l'on admet les solutions négatives et qu'on les porte en sens contraire des solutions positives.

» Et réciproquement une droite indéfinie est représentée par une équation unique du premier degré, à la condition d'en admettre toutes les solutions, tant positives que négatives. »

On pourrait facilement établir directement cette proposition réciproque ; mais nous ne nous y arrêterons pas, et nous nous bornerons à la remarque que nous avons faite précédemment, que par un point donné on ne peut mener qu'une seule droite telle, que la direction de sa partie au-dessus de l'axe des x fasse avec la direction des x positifs un angle donné. Car l'équation $y = ax + b$, représentant une droite coupant l'axe des y en un point arbitraire, et faisant avec un axe un angle α qui peut être quelconque, peut représenter toutes les droites du plan. Donc toute droite du plan est représentée par une équation du premier degré entre les coordonnées de chacun de ses points.

SOLUTIONS DE QUELQUES QUESTIONS RELATIVES A LA LIGNE DROITE.

148. *Trouver l'équation d'une droite qui passe par deux points donnés.*

Soient x', y' et x'', y'' les coordonnées de ces deux points. L'équation cherchée doit être renfermée dans l'équation générale de toutes les droites

$$(1) \qquad y = ax + b,$$

et il ne s'agit que de déterminer les coefficients a, b, de manière que la droite qu'elle représente passe par les deux points : condition qui s'exprimera par les deux équations

$$y' = ax' + b,$$
$$y'' = ax'' + b,$$

d'où l'on tirera les valeurs de a en b. En les retranchant, on aura

$$y'' - y' = a(x'' - x'),$$

équation qui n'est impossible que si l'on a $x'' = x'$ sans avoir $y'' = y'$; la droite est alors parallèle à l'axe des y, et c'est le seul cas d'exception de l'équation (1).

La valeur de a sera donc

$$a = \frac{y'' - y'}{x'' - x'},$$

et celle de b sera

$$b = y' - x'\frac{y'' - y'}{x'' - x'}.$$

Les reportant dans l'équation (1), on aura l'équation cherchée, qui sera

$$y - y' = \frac{y'' - y'}{x'' - x'}(x - x'),$$

ou

$$(x'' - x')(y - y') = (y'' - y')(x - x').$$

Sous cette forme, elle n'est sujette à aucune exception et représente aussi bien les parallèles aux axes que les droites qui les rencontrent tous les deux.

Si l'on choisit pour les deux points donnés ceux où la droite coupe les axes, il suffira de faire $y' = 0$, $x'' = 0$, et l'équation de la droite deviendra

$$y = -\frac{y''}{x'}(x - x') \quad \text{ou} \quad \frac{y}{y''} + \frac{x}{x'} = 1.$$

Et si on remplace x' et y'' par α et β,

$$\frac{y}{\beta} + \frac{x}{\alpha} = 1,$$

α et β étant susceptibles de signes implicites, comme les quantités x' et y'' qu'elles remplacent.

Si la droite devait passer par un troisième point (x''', y'''), ces coordonnées devraient satisfaire à l'équation déduite des deux premiers points; d'où résulterait

$$\frac{y''' - y'}{x''' - x'} = \frac{y'' - y'}{x'' - x'};$$

c'est la condition pour que les trois points donnés soient en ligne droite.

149. *Intersection de deux droites dont on a les équations.*

Soient les équations de ces droites

$$y = ax + b, \quad y = a'x + b'.$$

Nous avons vu qu'en général les coordonnées des points communs à deux lieux étaient les solutions communes réelles de leurs équations. Résolvant donc les deux équations données, on aura pour les coordonnées du point de rencontre

$$x = \frac{b' - b}{a - a'}, \quad y = \frac{ab' - ba'}{a - a'}.$$

Le seul cas d'impossibilité est celui où l'on a $a = a'$; les droites alors ne se couperont pas. Et l'on reconnaît en effet que la condition $a = a'$ entraîne l'égalité des angles α, α', et par suite le parallélisme.

150. *Équation d'une droite passant par un point donné, et parallèle à une droite donnée.*

Soient x', y' les coordonnées du point, et m le coefficient d'inclinaison de la droite. L'équation de toute droite étant

$$(1)\qquad y = ax + b,$$

la condition pour qu'elle passe par le point sera

$$y' = ax' + b.$$

Cette condition détermine b en fonction de a et, reportant dans (1), on obtient

$$y - y' = a(x - x'),$$

qui, quel que soit a, représente une droite passant par le point donné. Mais, pour que cette droite soit parallèle à la droite donnée, on devra avoir $a = m$. L'équation cherchée est donc

$$y - y' = m(x - x').$$

151. *Angle de deux droites dont on a les équations.*

Supposons d'abord les axes rectangulaires, et soient a, a' les coefficients d'inclinaison des deux droites, ou les tangentes des angles α, α' (*fig.* 36), que leurs prolongements

Fig. 36.

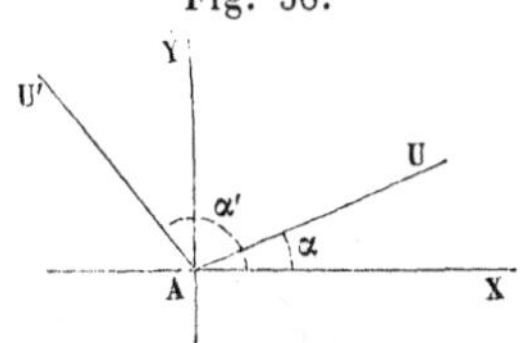

supérieurs font avec la direction des x positifs. L'angle que font entre eux ces deux prolongements est $\alpha' - \alpha$ si on a $\alpha' > \alpha$; et $\alpha - \alpha'$ si $\alpha > \alpha'$.

Dans le premier cas on aura

$$\operatorname{tang} \mathrm{U'AU} = \frac{\operatorname{tang}\alpha' - \operatorname{tang}\alpha}{1 + \operatorname{tang}\alpha \operatorname{tang}\alpha'} = \frac{a' - a}{1 + aa'},$$

et dans le second

$$\operatorname{tang} U'AU = \frac{a - a'}{1 + aa'}.$$

En employant l'une ou l'autre, quand on ignore si a est plus petit ou plus grand que a', on est toujours sûr d'avoir la tangente de l'un des deux angles que forment entre elles les deux droites; mais il est incertain si ce sera celui des deux prolongements situés au-dessus de l'axe des x, c'est-à-dire du côté où se trouve l'axe des y positifs.

Il n'est pas besoin de rappeler que la formule de la tangente de la différence a été démontrée générale, sous la condition des signes.

152. L'angle U'AU sera d'autant plus près d'un angle droit que sa tangente sera plus grande; les deux droites seront donc perpendiculaires quand l'expression $\frac{a' - a}{1 + aa'}$, croissant indéfiniment, cessera de représenter un nombre; ce que l'on exprime dans un langage rapide, mais inexact, en disant qu'elle est devenue *infinie*. Pour que cette fraction devienne infinie, il faut, ou que son dénominateur devienne nul, le numérateur étant fini, ou que le numérateur devienne infini, le dénominateur étant fini.

Dans le cas où a et a' sont finis, la condition pour que les droites soient perpendiculaires sera

$$1 + aa' = 0.$$

Et c'est là la seule condition pour qu'elles le soient. Car, pour que le numérateur fût infini, il faudrait que l'une des deux quantités a, a' le fût, par exemple a'; mais alors la fraction aurait pour limite $\frac{1}{a}$, qui est la tangente d'un angle différent de l'angle droit. Dans ce cas, l'une des droites est parallèle à l'axe des y, et $\frac{1}{a}$ est la tangente de l'angle que fait la seconde avec cet axe.

153. *Équation de la perpendiculaire abaissée d'un point donné sur une droite donnée. Expression de la distance du point à la droite.*

Soient x', y' les coordonnées du point, et

$$y = ax + b \tag{1}$$

l'équation de la droite. Celle d'une droite quelconque passant par le point donné sera

$$y - y' = a'(x - x'),$$

et l'on devra avoir $1 + aa' = 0$ pour qu'elle soit perpendiculaire à la première. L'équation de la droite demandée sera donc

$$y - y' = -\frac{1}{a}(x - x'). \tag{2}$$

Pour avoir la distance du point (x', y') à la droite donnée, il faudra calculer les valeurs de x et y qui satisfont aux équations (1), (2), et la valeur de cette distance p sera donnée par la formule générale démontrée précédemment. On aura ainsi, en supposant x et y connus,

$$p = \sqrt{(x - x')^2 + (y - y)^2}.$$

Mais, au lieu de x et y, il est plus convenable de calculer les différences $x - x'$, $y - y'$; et pour cela on mettra l'équation (1) sous la forme

$$y - y' = a(x - x') - (y' - ax' - b).$$

Cette équation jointe à (2) fera connaître $x - x'$, $y - y'$, et l'on obtiendra pour p la valeur suivante :

$$p = \frac{y' - ax' - b}{\sqrt{1 + a^2}}. \tag{3}$$

154. *Remarque.* — Si l'on prend le radical en valeur absolue, cette formule donnera pour p une valeur positive si l'on a $y' > ax' + b$, et négative si $y' < ax' + b$.

Or $ax' + b$ est l'ordonnée de la droite donnée, pour l'abscisse x'; l'inégalité $y' > ax' + b$ a donc lieu, quels que soient les signes, lorsque le point donné est au-dessus de la droite donnée, c'est-à-dire dans la partie du plan qu'on obtiendrait en marchant dans le sens des y positifs, à partir de tous les points de cette droite : l'inégalité $y' < ax' + b$ aura donc lieu pour tous les points situés au-dessous de la droite.

Cette propriété de la formule (3) mérite d'être remarquée. En l'employant, et prenant toujours la valeur absolue du radical, elle donne des valeurs positives pour les perpendiculaires abaissées des points situés au-dessus de la droite, et négatives pour tous les points au-dessous. Ces perpendiculaires changent de signe en même temps que de sens.

155. Si l'équation de la droite était donnée sous la forme

$$Ay + Bx + C = 0,$$

qui donne

$$y = -\frac{B}{A}x - \frac{C}{A},$$

il suffira de changer a et b en $-\frac{B}{A}$ et $-\frac{C}{A}$ dans un résultat quelconque obtenu en partant de la forme $y = ax + b$, pour obtenir le résultat correspondant à la nouvelle forme. En faisant cette substitution dans la formule (3), on obtiendra

$$p = \frac{Ay' + Bx' + C}{\sqrt{A^2 + B^2}}.$$

Le signe de cette expression changera avec celui du numérateur; mais le coefficient A peut modifier la proposition démontrée ci-dessus. En effet, en mettant ce numérateur sous la forme

$$A\left(y' + \frac{B}{A}x' + \frac{C}{A}\right),$$

la quantité entre les parenthèses est bien égale encore à y' diminué de l'ordonnée $-\frac{Bx'}{A}-\frac{C}{A}$ de la droite; mais, si A est négatif, il faut renverser la conclusion, et le numérateur sera positif quand le point donné sera au-dessous de la droite, et négatif dans le cas contraire. Si A est positif, les conclusions sont les mêmes que quand l'équation de la droite est mise sous la forme $y = ax + b$.

APPLICATION DES RÉSULTATS PRÉCÉDENTS A QUELQUES QUESTIONS SIMPLES.

156. *Du centre des moyennes distances.* — On propose de déterminer, si cela est possible, un point tel, que sa distance à toute droite, située dans un plan donné, soit la moyenne des distances de points donnés en nombre quelconque, à la même droite.

Soient $x_1 y_1, x_2 y_2, \ldots, x_m y_m$ les coordonnées de m points donnés et X, Y celles du point inconnu.

L'équation d'une droite quelconque du plan peut se mettre sous la forme

$$y = ax + b.$$

Prenons-la d'abord telle, que tous les points donnés soient d'un même côté, leurs distances à cette droite, exprimées par les formules

$$\frac{y_1 - ax_1 - b}{\sqrt{1+a^2}}, \quad \frac{y_2 - ax_2 - b}{\sqrt{1+a^2}}, \quad \ldots, \quad \frac{y_m - ax_m - b}{\sqrt{1+a^2}},$$

seront toutes de même signe : positives, si l'on suppose la droite au-dessous d'eux.

La distance du point (X, Y) à la même droite aura pour valeur

$$\frac{Y - aX - b}{\sqrt{1+a^2}},$$

et devra être égale à la somme des premières divisée par m, si le point (X, Y) est pris du même côté; et s'il était de l'autre côté, il faudrait changer son signe pour ne pas égaler des quantités de signes différents.

En supprimant le dénominateur commun et désignant les sommes des abscisses et des ordonnées respectivement par $\sum x_1$, $\sum y_1$, on aura, pour exprimer la condition donnée, l'équation

$$\frac{1}{m}\sum y_1 - \frac{a}{m}\sum x_1 - b = Y - aX - b,$$

b disparaît, et il reste

$$Y - \frac{1}{m}\sum y_1 = a\left(X - \frac{1}{m}\sum x_1\right).$$

Pour que cette équation ait lieu quel que soit a, il est nécessaire et suffisant que l'on ait

$$X = \frac{1}{m}\sum x_1, \quad Y = \frac{1}{m}\sum y_1.$$

Avant d'aller plus loin, il est bon de voir ce qui serait arrivé si l'on avait pris la forme inverse pour l'expression de la perpendiculaire abaissée de (X, Y), c'est-à-dire

$$\frac{-Y + aX + b}{\sqrt{1 + a^2}};$$

la quantité b n'aurait plus disparu, et, pour que l'équation eût lieu quels que fussent a et b, il aurait fallu trois équations au lieu de deux entre X et Y, et l'on n'aurait pu y satisfaire.

Nous avons donc trouvé un point tel, que sa distance à toute droite qui laisse tous les points donnés d'un même côté est la moyenne de la distance de ces points à la même droite. Ce point est unique et ses coordonnées s'obtiennent en divisant la somme algébrique de celles des points donnés par leur nombre.

Considérons maintenant une droite quelconque traversant le système des points donnés. Les formules que nous avons employées pour toutes les distances donnent des résultats positifs pour les points situés d'un côté de la droite, et négatifs pour ceux qui sont situés de l'autre. D'où il suit que la somme algébrique que nous avons écrite exprime la différence entre la somme des distances des points situés d'un même côté et la somme des distances des points situés de l'autre, et indique même par son signe quelle est la plus grande des deux.

Il existe donc un point unique dans le plan des points donnés qui est tel, que sa distance à toute droite du plan est la moyenne de celles des points donnés, en entendant que toutes ces distances sont considérées comme positives pour les points situés d'un même côté de la droite arbitrairement choisie, et comme négatives pour les points situés de l'autre.

Ce point se nomme le *centre des moyennes distances* des points donnés. Ses coordonnées sont les moyennes *algébriques* de celles de ces points.

157. *Lieu des points d'où une droite donnée de longueur et de position est vue sous un angle donné. — Remarque relative à la formule de l'angle de deux droites.*

Nous avons déjà considéré ce problème comme exemple de solutions étrangères; il va nous servir actuellement à montrer les précautions qu'exige l'emploi de la formule de l'angle de deux droites.

Soient BB′ (*fig.* 37) la droite donnée, $2a$ sa longueur

Fig. 37.

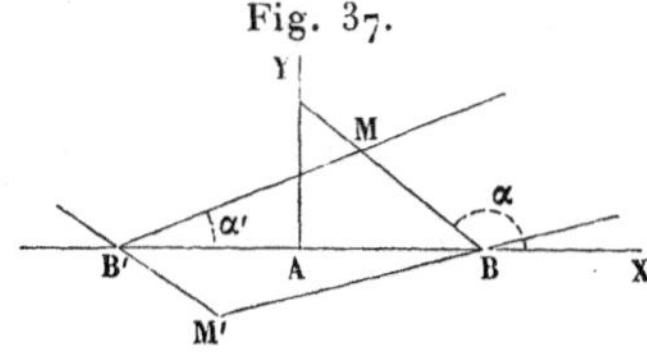

et μ la tangente de l'angle sous lequel elle doit être vue du point quelconque M du lieu.

Les équations des droites menées de B et B′ à M seront, en prenant B′B pour axe des x, et pour axe des y la perpendiculaire au milieu,

$$y = m(x - a), \quad y = m'(x + a),$$

m, m' étant les tangentes des angles α, α'.

Si le point M est au-dessus de l'axe des x, l'angle sous lequel sera vue BB′ sera $\alpha - \alpha'$, et l'on devra avoir

$$(1) \qquad \frac{m - m'}{1 + mm'} = \mu.$$

Mais si le point est en M′, au-dessous de AX, l'angle sous lequel sera vue BB′ sera $\alpha' - \alpha$, et sa tangente sera

$$\frac{m' - m}{1 + mm'}.$$

Or, l'équation (1) peut s'écrire ainsi : $\frac{m' - m}{1 + mm'} = -\mu$. Les points du plan satisfaisant à (1) seront donc tels, que de ceux qui seront au-dessus de AX on verra BB′ sous l'angle dont la tangente est μ, et que de ceux qui seront au-dessous, BB′ sera vue sous l'angle dont la tangente est $-\mu$, c'est-à-dire sous l'angle supplément. C'est là l'explication du résultat que nous allons trouver en faisant usage de l'équation unique (1).

Si nous désignons par x, y les coordonnées qui satisfont aux équations des deux droites, on aura

$$m = \frac{y}{x - a}, \quad m' = \frac{y}{x + a},$$

et, les reportant dans (1), on aura entre les coordonnées d'un point quelconque du lieu l'équation suivante,

$$\frac{\frac{y}{x - a} - \frac{y}{x + a}}{1 + \frac{y^2}{x^2 - a^2}} = \mu,$$

ou, en réduisant,

$$y^2 + x^2 - a^2 = \frac{2ay}{\mu},$$

laquelle peut se mettre sous la forme

$$(2) \qquad \left(y - \frac{a}{\mu}\right)^2 + x^2 = a^2\left(1 + \frac{1}{\mu^2}\right).$$

On reconnaît alors que le lieu est un cercle dont le centre a pour coordonnées $x = 0$, $y = \frac{a}{\mu}$ et dont le rayon est $\frac{\mu a}{\sqrt{1+\mu^2}}$. Il passe par les deux points B, B′. Sa partie supérieure et sa partie inférieure sont des segments capables d'angles supplémentaires, comme nous l'avons prévu.

Si l'on voulait une équation renfermant tous les points d'où BB′ serait vue sous l'angle donné, il faudrait réunir les équations de deux cercles, représentés l'un par l'équation (1), l'autre par celle qu'on obtiendrait en changeant μ en $-\mu$ dans (1); et chacune de ces équations représenterait un lieu dont une partie serait étrangère à la question.

Ces considérations bien simples se reproduiront dans bien des circonstances, et serviront à expliquer des résultats qui pourraient surprendre au premier abord; et c'est pour cela que nous les présentons comme méritant toute l'attention des élèves.

CHAPITRE VI.

DU LIEU GÉOMÉTRIQUE DE L'ÉQUATION GÉNÉRALE DU SECOND DEGRÉ.

158. Quand on cherche l'équation d'un lieu d'après des conditions géométriques, on a soin de discuter l'étendue des formules qu'on emploie et les conditions de leur généralité et de leur application à tous les points en question, de quelque manière qu'ils soient situés. Toutes les formules que nous avons employées jusqu'ici n'étaient générales qu'à la condition de porter les coordonnées négatives en sens contraire des coordonnées positives. Mais quand on donne une équation sans dire d'où elle provient, et qu'on demande d'en construire le lieu, il est nécessaire de dire si ce sont les solutions positives ou les solutions négatives que l'on veut construire, et sur quels axes il faut les porter. La question qu'on se pose est arbitraire, et l'on pourrait aussi bien avoir la fantaisie de ne considérer que les valeurs négatives des coordonnées, que celle de les rejeter entièrement. Nous nous placerons ici dans l'hypothèse où l'on accepte toutes les solutions réelles de l'équation et où les coordonnées négatives sont portées en sens contraire des positives. Les précédents nous y engagent; mais il est bien entendu qu'on est maître de se borner aux solutions positives; il suffira alors de supprimer les parties du lieu qui correspondraient à des solutions négatives.

Cela étant bien entendu, proposons-nous de déterminer le lieu de tous les points du plan, dont les coordonnées, soit positives, soit négatives, satisfont à l'équation générale du second degré

$$(1) \qquad ay^2 + bxy + cx^2 + dy + ex + f = 0.$$

Et d'abord remarquons que, quel que soit le lieu de cette équation, si on le rapportait à des axes choisis arbitrairement sur le plan, son équation serait du même degré; et par conséquent l'équation (1), qui est aussi générale que possible, peut être supposée celle du même lieu par rapport à tout système d'axes; de sorte que toute proposition qui se trouvera établie relativement à l'un ou à l'autre de ces axes le sera relativement à une droite arbitraire.

Cette remarque, qui s'applique à tous les degrés, nous permettra de démontrer très simplement des propriétés très générales des courbes du second degré.

159. *Intersection par une droite quelconque.* — Si l'on cherche l'intersection du lieu de l'équation (1) par l'axe des x, ce qui se fera en y faisant $y = 0$, on aura pour déterminer la position de ces points l'équation

$$(2) \qquad cx^2 + ex + f = 0.$$

Or, en général, cette équation n'admet pas plus de deux racines; et l'axe des x représentant une droite quelconque du plan, on obtient cette proposition générale : *Une droite quelconque ne peut en général avoir plus de deux points communs avec une courbe du second degré.* Pour que ces deux points existent, il faut que les racines de l'équation (1) soient réelles et inégales.

Si elles étaient égales, les deux points seraient réunis en un seul. Il n'y en aurait aucun, si elles étaient imaginaires. Si l'on avait $c = 0$, il n'y aurait qu'un point de rencontre. Mais cette circonstance est différente de celle des racines égales. En effet, si l'on conçoit que les coefficients de (2) varient d'une manière continue en tendant vers la condition d'égalité des racines, les deux points de rencontre se rapprocheront indéfiniment et se confondront quand on aura $e^2 = 4cf$. Dans le second cas, c tendant vers zéro, l'une des racines croît sans limite, les deux points s'éloignent indéfiniment l'un de l'autre, et, quand on a $c = 0$, il n'en subsiste plus qu'un.

Enfin, si l'on avait $c = 0$, $e = 0$, $f = 0$, l'équation (1) serait satisfaite quel que fût x, et par conséquent tous les points de l'axe des x conviendraient. Dans ce cas particulier cet axe appartient au lieu. L'équation (1) devient alors $y(ay + bx + d) = 0$ et représente l'ensemble de deux droites dont l'une a pour équation $y = 0$ et l'autre $ay + bx + d = 0$. C'est le seul cas où une droite puisse avoir plus de deux points communs avec un lieu du second degré.

160. *Diamètres.* — Occupons-nous maintenant de construire tous les points du lieu. Il faudra pour cela, comme nous l'avons dit généralement, donner à x d'une manière continue toutes les valeurs réelles de 0 à $\pm\infty$ et déterminer la suite des valeurs réelles correspondantes de y. A cet effet, nous résoudrons l'équation (1) par rapport à y, et nous aurons

$$(3)\quad y = \frac{bx + d}{2a} \pm \frac{1}{2a}\sqrt{(b^2 - 4ac)x^2 + 2(bd - 2ae)x + d^2 - 4af}.$$

Cette expression montre d'abord que, pour toute valeur de x qui rend le radical réel, il y a deux valeurs de y réelles, et par suite deux points du lieu situés sur une parallèle à l'axe des y, et également distants du point du plan dont l'ordonnée serait $-\frac{bx + d}{2a}$. La suite des points milieux des cordes parallèles à l'axe des y et relatives aux valeurs successives de x est donc représentée par l'équation

$$y = \frac{bx + d}{2a},$$

qui est celle d'une ligne droite UV (*fig.* 38, p. 208). Et

comme l'axe des y a une direction quelconque par rapport au lieu, on obtient cette proposition générale :

Dans toute courbe du second degré, le lieu des milieux d'un système quelconque de cordes parallèles est une ligne droite. Cette droite se nomme le *diamètre* de ces cordes.

La suite de la discussion va beaucoup dépendre du signe du coefficient de x^2 sous le radical, et nous la partagerons en trois cas bien distincts, correspondant aux trois hypothèses

$$b^2 - 4ac < 0, \quad b^2 - 4ac > 0, \quad b^2 - 4ac = 0.$$

161. *Premier cas.* — Soit $b^2 - 4ac < 0$. En le mettant en facteur sous le radical, nous aurons

$$y = -\frac{bx+d}{2a} \pm \frac{1}{2a}\sqrt{(b^2-4ac)\left(x^2 + 2\frac{bd-2ae}{b^2-4ac}x + \frac{d^2-4af}{b^2-4ac}\right)},$$

et posant $b^2 - 4ac = -k^2$.

$$y = -\frac{bx+d}{2a} \pm \frac{k}{2a}\sqrt{-x^2 + 2\frac{2ae-bd}{b^2-4ac}x - \frac{d^2-4af}{b^2-4ac}},$$

Posant $\frac{2ae-bd}{b^2-4ac} = m$, la quantité sous le radical devient

$$-(x-m)^2 + m^2 - \frac{d^2-4af}{b^2-4ac},$$

et comme $-(x-m)^2$ est toujours négatif, il faut que l'ensemble des termes suivants soit positif, ou le radical ne serait jamais réel, et l'équation proposée ne représenterait aucun lieu. Supposant donc $-m^2\frac{d^2-4af}{b^2-4ac}$ positif, en le représentant par p^2, l'équation (1) résolue sera

$$y = -\frac{bx+d}{2a} \pm \frac{k}{2a}\sqrt{p^2-(x-m)^2}.$$

La forme de la quantité sous le radical dispense de considérer toutes les valeurs de x de $-\infty$ à $+\infty$. Car, pour que y soit réel, il faut que l'on ait $(x-m)^2 < p^2$ ou au plus l'égalité $(x-m)^2 = p^2$, qui donne $x = m \pm p$. Ces deux valeurs AB, AB′ de x, rendant le radical nul, donnent deux points sur le diamètre même. Soient D, D′ ces deux points, C le milieu entre B et B′ ; on aura par suite $AC = m$, $BC = CB' = p$ et $DO = D'O$. Maintenant, pour avoir $(x-m)^2 < p^2$, il faudra que $x - m$ ou $m - x$ soit plus

Fig. 38.

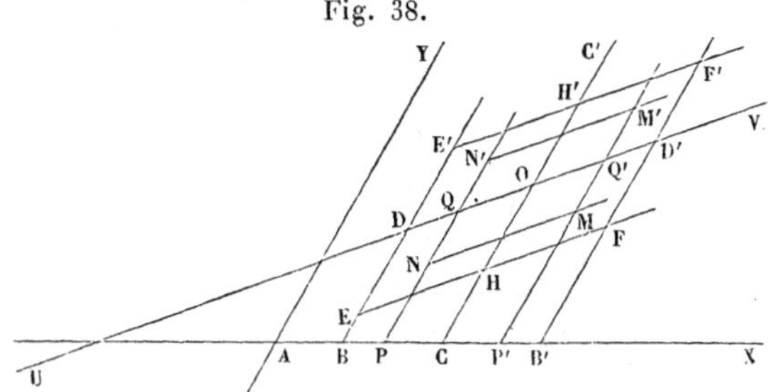

petit que p, et par suite que x soit compris entre $m+p$ et $m-p$, et par conséquent le lieu est compris entre les parallèles indéfinies BD, B′D′.

La plus grande valeur du radical aura lieu quand $x - m$ sera zéro, ou $x = m$. Si donc à partir de O on porte en dessus et en dessous $\frac{kp}{2a}$, on aura deux points H, H′ appartenant au lieu, et qui seront les plus éloignés du diamètre DD′. D'où il suit que, si par ces points on mène des parallèles EF, E′F′ à ce diamètre, le lieu sera tout entier compris entre ces parallèles ; et comme il l'est déjà entre EE′ et FF′, il sera renfermé dans l'intérieur du parallélogramme EFF′E′, et passera par les milieux de ses quatre côtés. De plus, toute valeur de x entre $m - p$ et $m + p$ donnant des valeurs réelles pour y, le lieu sera une courbe continue et fermée. On lui a donné le nom d'*ellipse*.

CENTRE ET DIAMÈTRES CONJUGUÉS.

162. Si l'on remarque que $(x-m)^2$ aura des valeurs égales pour $x-m=\pm\alpha$ ou $x=m\pm\alpha$, quel que soit α, et que, par suite, le radical et les longueurs à porter à partir du diamètre seront les mêmes, on voit que si l'on prend $CP'=CP$, d'où $QO=Q'O$, les quatre points M, M', N, N' correspondants de la courbe seront les sommets d'un parallélogramme dont deux côtés seront parallèles à l'axe des y et les deux autres au diamètre. Ses diagonales passeront par le point constant O, où elles seront coupées en deux parties égales. L'ellipse jouit donc de cette propriété que *si l'on joint un quelconque de ses points au point* O, *et qu'on prolonge cette ligne d'une quantité égale en sens contraire, on a encore un point du lieu.*

Relativement à toute courbe, un point qui jouit de cette propriété se nomme *centre.*

L'ellipse a donc un centre; il est sur le diamètre; ses coordonnées x, y ont pour valeurs $x_1 = m$ et $y_1 = -\dfrac{bm+d}{2a}$, ou, en remplaçant m par sa valeur,

$$x_1 = \frac{2ae-bd}{b^2-4ac},\quad y_1 = \frac{2cd-be}{b^2-4ac}.$$

Il est facile de voir que l'ellipse ne peut avoir qu'un seul centre; car si elle en avait deux, la corde qui passerait par ces deux points devrait les avoir l'un et l'autre pour milieu; ce qui est absurde.

On démontre en Géométrie une proposition très générale à ce sujet. Elle consiste en ce qu'une courbe qui a deux centres en a une infinité situés à des distances égales à la droite qui les joint; et qu'elle peut être coupée en une infinité de points par les droites parallèles à la ligne des centres. Il ne peut donc y avoir qu'un seul centre, au plus, pour les courbes qui ne peuvent avoir qu'un nombre fini de points en ligne droite : ce qui est le cas de toutes les *courbes* du second degré.

Le diamètre des cordes parallèles à l'axe des y, passant par le centre de l'ellipse, et la direction de cet axe étant arbitraire, tous les diamètres de l'ellipse passent par son centre.

163. Une autre propriété très importante résulte encore de ce que le point O est le centre du parallélogramme NM'N'N : c'est que les milieux des côtés MN, M'N' seront situés sur la ligne indéfinie CO, parallèle à l'axe des y.

Cette droite sera donc le lieu des milieux des cordes parallèles au diamètre UV, et par conséquent le diamètre de ces cordes.

Les deux diamètres UV, COC' jouissent donc de cette propriété remarquable, que chacun d'eux est le diamètre des cordes parallèles à l'autre : c'est ce qu'on appelle un système de *diamètres conjugués*.

Et comme l'axe des y a une direction arbitraire dans le plan, on peut énoncer cette propriété générale :

Tout diamètre de l'ellipse a un conjugué.

164. *Deuxième cas.* — Passons au cas de $b^2 - 4ac > 0$. L'équation (3) devient, en faisant $b^2 - 4ac = k^2$, $\frac{2ae - bd}{b^2 - 4ac} = m$,

$$y = -\frac{bx+d}{2a} \pm \frac{k}{2a}\sqrt{x^2 - 2mx + \frac{d^2 - 4af}{b^2 - 4ac}},$$

ou

$$y = -\frac{bx+d}{2a} \pm \frac{k}{2a}\sqrt{(x-m)^2 - m^2 + \frac{d^2 - 4af}{b^2 - 4ac}}.$$

Il faut maintenant distinguer deux cas dépendant du signe de la somme des termes qui suivent $(x - m)^2$.

Supposons-la d'abord positive, et posons

$$-m^2+\frac{d^2-4af}{b^2-4ac}=p^2,$$

nous aurons

$$y=-\frac{bx+d}{2a}\pm\frac{k}{2a}\sqrt{(x-m)^2+p^2},$$

et il est évident que toute valeur de x donnera des valeurs réelles pour y et, par conséquent, des points du lieu. La droite $y=-\frac{bx+d}{2a}$ sera encore le diamètre des cordes parallèles à l'axe des y; mais la courbe ne le rencontrera pas, parce que le radical ne saurait devenir nul. Sa valeur minimum correspond à $x=m$ et est égale à $\frac{kp}{2a}\cdot$ Les deux points ainsi construits sont donc les plus rapprochés du diamètre ; et si par chacun d'eux on mène une parallèle à ce diamètre, il n'y aura aucun point du lieu entre ces deux lignes. Et comme le radical croît sans limite à mesure que x s'éloigne de m, dans l'un ou l'autre sens, le lieu est composé de quatre branches indéfinies dont les points s'éloignent indéfiniment du diamètre, en même temps qu'ils s'avancent indéfiniment dans le sens des x positifs ou négatifs. Les deux branches d'un même côté du diamètre forment un lieu continu, et le lieu total se compose de deux parties indéfinies dans deux sens, et entièrement séparées de l'une l'autre.

Cette courbe se nomme *hyperbole*.

Voyons maintenant ce qui arriverait si l'on avait $-m^2+\frac{d^2-4af}{b^2-4ac}=-p^2$.

L'équation du lieu deviendrait

$$y=-\frac{bx+d}{2a}\pm\frac{k}{2a}\sqrt{(x-m)^2-p^2}.$$

Il faut alors, pour que y soit réel, que l'on ait

$$(x-m)^2 > p^2.$$

Le radical est nul pour $x-m=\pm p$; ainsi la courbe coupe son diamètre aux deux points correspondant à $x=m\pm p$. Entre ces deux valeurs, le radical serait imaginaire, et, par conséquent, il n'y a aucun point du lieu entre les deux parallèles à l'axe des y correspondant à ces abscisses. Mais, si x s'éloigne indéfiniment de l'une et de l'autre dans l'un et l'autre sens, le radical est toujours réel et va en croissant indéfiniment, de sorte que le lieu complet de l'équation a encore quatre branches indéfinies appartenant deux à deux à deux parties continues entièrement séparées l'une de l'autre : on l'appelle encore *hyperbole*.

Enfin, si l'on avait $-m^2+\dfrac{d^2-4af}{b^2-4ac}=0$, les deux valeurs de y seraient du premier degré et présenteraient deux droites se coupant sur le diamètre.

Cela posé, nous allons continuer la discussion sans faire de distinction entre les deux cas, et nous écrirons comme il suit la valeur de y

$$(4) \qquad y=-\frac{bx+d}{2a}\pm\frac{k}{2a}\sqrt{(x-m)^2+q},$$

q pouvant être positif ou négatif.

165. *Centre et diamètres conjugués.*

Les propriétés de l'hyperbole se reconnaîtront identiquement comme pour l'ellipse. Les deux valeurs $x=m\pm\alpha$, quel que soit α, donneront une même valeur au radical; et les quatre points du lieu qui en résulteront seront les sommets d'un parallélogramme dont le centre aura pour abscisse m, et dont les côtés seront parallèles, les uns à l'axe des y, les autres au diamètre.

Il résultera de là que, si l'on joint un point quelconque du lieu au point constant du diamètre, ayant m pour abscisse, et qu'on prolonge cette ligne d'une quantité égale, on obtiendra encore un point du lieu. Ce point constant du diamètre est donc *centre* de la courbe.

Les coordonnées x, y ont pour valeurs, comme dans le cas de l'ellipse,

$$x_1 = \frac{2ae - bd}{b^2 - 4ac}, \quad y_1 = \frac{2cd - be}{b^2 - 4ac}.$$

166. Les côtés du parallélogramme qui sont parallèles au diamètre ont évidemment leurs milieux sur la parallèle à l'axe des y menée par le centre.

Cette parallèle est donc le diamètre des cordes parallèles au premier.

Ces deux diamètres sont donc tels, que chacun d'eux est le diamètre des cordes parallèles à l'autre, et par conséquent ils sont *conjugués*.

D'après ce que nous avons reconnu, l'un des deux seulement rencontre l'hyperbole.

167. *Asymptotes.* — Si dans l'équation (4) on supprimait le terme q, on aurait

$$(5) \qquad y = -\frac{bx + d}{2a} \pm \frac{k(x - m)}{2a},$$

équation qui représente deux droites qui coupent le diamètre au point dont l'abscisse est m, c'est-à-dire au centre de l'hyperbole. Ces deux droites jouissent de cette propriété remarquable, que les quatre branches de l'hyperbole s'en approchent indéfiniment sans jamais les atteindre.

Pour le démontrer, considérons dans (4) et (5) les parties affectées du signe $\pm$, qui expriment ce que l'on doit porter de part et d'autre du diamètre. La différence de leurs carrés est $\frac{k^2 q}{4a^2}$, et par conséquent constante. Mais en donnant à x des valeurs indéfiniment croissantes, positives ou négatives, les quantités qu'il faut porter au-dessus et au-dessous du diamètre croissent sans limite; donc leur différence tend vers zéro, puisqu'elle est égale à la différence constante de leurs carrés, divisée par leur somme indéfiniment croissante.

D'après cela, il est clair que les points des quatre branches de la courbe s'approcheront indéfiniment des quatre prolongements indéfinis de ces droites, à mesure que les valeurs absolues des abscisses croîtront de plus en plus des deux côtés de l'origine.

Toute droite qui jouit de la propriété que la distance des points d'une branche de courbe infinie à cette droite a pour limite zéro, à mesure que l'on s'avance indéfiniment sur cette branche, se nomme ***asymptote*** de cette branche. L'hyperbole a donc deux asymptotes, et chacune d'elles l'est dans les deux sens. Elles se coupent au centre de la courbe.

168. *Troisième cas.* — Soit enfin $b^2 - 4ac = 0$. La discussion sera fort différente dans ce cas, parce que le polynôme sous le radical n'est plus du second degré.

La valeur de y se réduit à

$$y = -\frac{bx+d}{2a} \pm \frac{1}{2a}\sqrt{2(bd-2ae)x + d^2 - 4af},$$

ou

$$y = -\frac{bx+d}{2a} \pm \frac{1}{2a}\sqrt{2(bd-2ae)\left[x + \frac{d^2-4af}{2(bd-2ae)}\right]}.$$

Pour que y soit réel, il faut que $bd - 2ae$ et $x + \frac{d^2-4af}{2(bd-2ae)}$ soient de même signe, de sorte qu'à partir de la valeur $x = \frac{4af-d^2}{2(bd-2ae)}$, qui annule le second facteur et donne le point unique d'intersection de la courbe avec le diamètre, il faut que x marche indéfiniment du côté des x positifs si l'on a $bd - 2ae > 0$; et du côté des x négatifs si l'on a $bd - 2ae < 0$. Le radical croîtra alors indéfiniment, et la courbe se composera de deux branches infinies, non séparées, et s'étendant indéfiniment du côté de l'axe des x positifs, ou bien de l'axe des x négatifs.

Cette courbe, d'une forme très-différente des deux autres, se nomme *parabole*.

Si, outre $b^2 - 4ac = 0$, on avait encore $bd - 2ae = 0$, le radical aurait une valeur constante. Si l'on a $d^2 - 4af > 0$, cette valeur est réelle, et le lieu consiste en deux droites parallèles au diamètre. Si $d^2 - 4af = 0$, ces deux droites se confondent avec le diamètre même. Et, enfin, si l'on a $d^2 - 4af < 0$, la valeur de y est imaginaire quel que soit x, et l'équation ne représente aucun lieu.

CHAPITRE VII.

APPLICATION DE LA TRANSFORMATION DES COORDONNÉES A LA SIMPLIFICATION DE L'ÉQUATION GÉNÉRALE DU SECOND DEGRÉ.

---

169. Le passage d'un système de coordonnées rectilignes à un autre introduit quatre constantes, dépendantes de la position des nouveaux axes par rapport aux premiers. Ce sont les coordonnées de la nouvelle origine et les angles des nouveaux axes avec l'un des premiers. On peut donc se proposer de choisir ces constantes de manière à simplifier l'équation donnée, quelle qu'elle soit, et à rendre ainsi plus facile la discussion du lieu qu'elle représente, et généralement la solution de toutes les questions qui s'y rapportent.

C'est ce que nous allons faire pour l'équation générale du second degré, et nous commencerons par le simple déplacement de l'origine, en conservant la direction des axes.

170. *Déplacement de l'origine.* — Soit l'équation

$$ay^2 + bxy + cx^2 + dy + ex + f = 0, \tag{1}$$

rapportée à des axes quelconques. Proposons-nous de la rapporter à des axes parallèles x', y' passant par une origine ayant pour coordonnées les indéterminées α, β.

En substituant à x et y $x' + \alpha$ et $y' + \beta$, l'équation (1) devient

$$\left\{\begin{aligned} &ay'^2 + bx'y' + cx'^2 + (2a\beta + b\alpha + d)y' \\ &\quad + (2c\alpha + b\beta + e)x' \\ &\quad + a\beta^2 + b\alpha\beta + c\alpha^2 + d\beta + e\alpha + f = 0. \end{aligned}\right. \tag{2}$$

Les trois termes du second degré ont les mêmes coefficients

que dans (1), mais les trois autres renferment α et 6; on peut donc, en général, en faire disparaître deux à volonté, et nous choisirons ceux qui renferment x' ou y'. Il suffira pour cela de poser

$$(3)\qquad \begin{cases} 2a6 + b\alpha + d = 0, \\ b6 + 2c\alpha + e = 0, \end{cases}$$

d'où l'on tire

$$(4)\qquad \begin{cases} \alpha = \dfrac{2ae - bd}{b^2 - 4ac}, \\ 6 = \dfrac{2cd - be}{b^2 - 4ac}. \end{cases}$$

On voit d'abord que cela n'est possible que si l'on n'a pas $b^2 - 4ac = 0$. Les termes du premier degré ne peuvent donc disparaître que dans le cas de l'ellipse et de l'hyperbole; et alors l'équation (2) se réduit à

$$(ay'^2 + bx'y' + c)x'^2 + P = 0,$$

P étant le résultat de la substitution des valeurs (4) dans le premier membre de (1).

On peut reconnaître dans les formules (4) les valeurs des coordonnées du centre, mais *la forme de l'équation* (5) *suffit pour prouver que l'origine des coordonnées x', y' est centre de la courbe*, c'est-à-dire que toute corde qui y passe y est coupée en deux parties égales.

Soit, en effet, $y' = mx'$ l'équation d'une droite quelconque passant par l'origine; les abscisses des points où elle coupe la courbe seront données par l'équation

$$(am^2 + bm + c)x'^2 + P = 0,$$

dans laquelle x' n'entre qu'au carré, puisque tous les termes en x', y' dans (5) étaient du second degré. Les deux valeurs de x' sont donc égales et de signe contraire, quand elles sont réelles, et les deux points de rencontre sont à égale distance de l'origine qui, par conséquent, est centre de la courbe.

171. *Réciproquement.* — Pour qu'un point du plan soit centre, il faut qu'en le prenant pour origine l'équation ne renferme plus de termes du premier degré, car sans cela l'équation qui donnerait les abscisses des points de rencontre de la courbe avec une droite quelconque menée par ce point renfermerait x'^2 et x' : l'origine ne serait donc pas le milieu de la corde, et par conséquent ne serait pas centre; *il n'y a donc qu'un seul centre pour l'ellipse et l'hyperbole,* puisqu'il n'y a qu'une seule solution pour les équations (4) lorsqu'on n'a pas $b^2 - 4ac = 0$.

172. Lorsque l'on a $b^2 - 4ac = 0$, les équations (3) sont incompatibles, à moins que l'on n'ait $2ae - bd = 0$, et par suite $2cd - be = 0$, auquel cas elles sont indéterminées. Mais nous avons reconnu que l'équation représentait alors deux droites parallèles au diamètre, et non plus une parabole. Donc, lorsque $b^2 - 4ac = 0$, il n'y a pas de centre ou il y en a une infinité. Il n'y en a pas quand le lieu est une parabole; et il y en a une infinité quand le lieu consiste en deux droites parallèles.

173. La résolution des équations (3) correspond à l'intersection des deux lieux géométriques représentés par chacune de ces équations, considérée isolément, en y regardant α et β comme des coordonnées variables. Ces équations, étant du premier degré, représentent des lignes droites. Si l'on remplace α et β par les lettres ordinaires x, y, la première droite aura pour équation

$$2ay + bx + d = 0 \quad \text{ou} \quad y = -\frac{bx+d}{2a}:$$

c'est le diamètre des cordes parallèles à l'axe des y.

La seconde, $by + 2cx + e = 0$, donne

$$x = -\frac{by + e}{2a} \quad \text{ou} \quad y = -\frac{2cx + e}{b};$$

ce serait le diamètre des cordes parallèles à l'axe des x, et le centre serait à la rencontre de ces deux diamètres.

Ils seraient parallèles si l'on avait $\frac{b}{2a} = \frac{2c}{b}$ ou $b^2 = 4ac$, et c'est le cas de la parabole. Il n'y a pas rencontre des deux droites (3) à moins que l'on n'ait $2ae - bd = 0$, auquel cas les deux équations (3) se confondent en une seule. Les deux diamètres se réduisent alors à un seul, dont tous les points satisfont, et sont par conséquent des centres du lieu, comme cela est évident, puisque le lieu consiste alors en deux droites parallèles.

174. Le changement d'origine, introduisant deux indéterminées, permet toujours de faire disparaître deux termes de l'équation complète; et, lorsqu'on ne peut faire disparaître les deux du premier degré, on peut faire disparaître l'un d'eux et le terme indépendant des variables. Si c'est l'ordonnée qu'on veut faire disparaître, on aura pour déterminer les coordonnées de la nouvelle origine les deux équations

$$(6) \qquad \begin{cases} 2a\beta + b\alpha + d = 0, \\ a\beta^2 + b\alpha\beta + c\alpha^2 + d\beta + e\alpha + f = 0. \end{cases}$$

Éliminant β, on obtient

$$(b^2 - 4ac)\alpha^2 + 2(bd - 2ae)\alpha + d^2 - 4af = 0.$$

Dans le cas où $b^2 - 4ac$ est différent de zéro, cette équation a deux racines, réelles ou imaginaires. Si $b^2 - 4ac = 0$, elle se réduit au premier degré, et il y a toujours une solution réelle, mais unique.

On peut remarquer que les solutions communes aux deux

équations (6) sont les coordonnées des points communs au diamètre des cordes parallèles à l'axe des y et à la courbe donnée. Dans le cas de l'hyperbole seulement, ce diamètre peut ne pas couper la courbe, et les racines de l'équation en α seraient imaginaires. Il ne serait pas possible alors de faire disparaître le terme en y et le terme indépendant, par un simple déplacement de l'origine, sans changer la direction des axes. Il pourrait en être de même pour la disparition du terme en x; et même il pourrait arriver qu'aucun des deux ne pût disparaître conjointement avec le terme indépendant, en conservant aux axes la même direction.

Dans le cas de la parabole, α est réel et fini, puisque l'hypothèse $bd - 2ae = 0$, qui le rendrait infini, n'a lieu que lorsque l'équation représente deux droites parallèles, et non la courbe que nous avons nommée *parabole*. On peut donc toujours faire disparaître de l'équation de la parabole un des termes du premier degré et le terme indépendant.

CHANGEMENT DE DIRECTION DES AXES DE COORDONNÉES.

175. *Application aux courbes à centre.*

L'équation des courbes à centre a été réduite, en y transportant l'origine, à la forme

$$(1) \qquad ay^2\, bxy + cx^2 + P = 0,$$

et l'on peut supposer, sans restreindre la généralité de la discussion, que les axes sont rectangulaires; car, s'ils avaient été obliques, on aurait pu passer à des axes rectangulaires, et l'équation eût été toujours du second degré. Or, nous avons pris la forme la plus générale pour l'équation proposée; elle peut donc être supposée celle que l'on aurait obtenue en passant aux axes rectangulaires. L'équation (1), rapportée à des axes parallèles à ces derniers, peut donc être regardée comme rapportée à des axes rectangulaires.

Cela posé, les formules, pour passer d'axes rectangulaires X, Y à des axes quelconques X', Y', faisant avec l'axe des x les angles α, α', sont, comme nous l'avons vu,

$$x = x' \cos\alpha + y' \cos\alpha',$$
$$y = x' \sin\alpha + y' \sin\alpha'.$$

Substituant dans (1) et posant

$$a \sin^2\alpha' + b \sin\alpha' \cos\alpha' + c \cos^2\alpha' = \mathrm{A},$$
$$2a \sin\alpha \sin\alpha' + b(\sin\alpha\cos\alpha' + \sin\alpha'\cos\alpha) + 2c \cos\alpha \cos\alpha' = \mathrm{B},$$
$$a \sin^2\alpha + b \sin\alpha \cos\alpha + c \cos^2\alpha = \mathrm{C},$$

l'équation (1) devient

$$(2) \qquad \mathrm{A}y'^2 + \mathrm{B}x'y' + \mathrm{C}x'^2 + \mathrm{P} = 0,$$

et l'on peut faire disparaître deux de ses termes, puisque l'on a deux indéterminées α, α' qui ne sont assujetties qu'à la condition de ne pas mettre les deux axes X', Y' en ligne droite.

Considérons les diverses combinaisons auxquelles cela peut donner lieu.

1° En posant B = 0, on a entre α et α' l'équation

$$(3) \qquad 2a \operatorname{tang}\alpha \operatorname{tang}\alpha' + b(\operatorname{tang}\alpha + \operatorname{tang}\alpha') + 2c = 0,$$

et l'un des deux angles α, α' peut être pris arbitrairement.

L'équation (1) se réduit à

$$(4) \qquad \mathrm{A}y'^2 + \mathrm{C}x'^2 + \mathrm{P} = 0,$$

et l'on voit que chacun des deux axes est le diamètre des cordes parallèles à l'autre ; ils forment, par conséquent, un système de diamètres conjugués, et l'équation (3) est, par conséquent, la relation qui doit exister entre les directions de deux droites pour qu'elles soient parallèles à un système quelconque de diamètres conjugués

Parmi ces systèmes, le plus remarquable serait celui où les diamètres seraient rectangulaires. Pour le trouver, il suffit de joindre à l'équation (3) la suivante

$$1 + \operatorname{tang}\alpha \operatorname{tang}\alpha' = 0;$$

éliminant entre elles $\operatorname{tang}\alpha'$, on a

$$\operatorname{tang}^2\alpha + 2\frac{c-a}{b}\operatorname{tang}\alpha - 1 = 0,$$

et, à cause de la symétrie des équations par rapport à $\operatorname{tang}\alpha$ et $\operatorname{tang}\alpha'$, les deux valeurs de $\operatorname{tang}\alpha$ seront celles de $\operatorname{tang}\alpha$ et $\operatorname{tang}\alpha'$, et les deux systèmes d'axes se confondront.

Ces deux valeurs sont toujours réelles, puisque le dernier terme est négatif; et comme il est -1, les deux directions fournies par les valeurs de $\operatorname{tang}\alpha$ sont rectangulaires.

Ces diamètres conjugués rectangulaires se nomment les *axes* de la courbe, ellipse ou hyperbole. Et, en général, on nomme *axe* d'une courbe quelconque tout diamètre perpendiculaire à ses cordes. Les points de rencontre des axes de l'ellipse ou de l'hyperbole avec ces courbes en sont les *sommets*.

2° Posons maintenant

$$A = 0, \quad C = 0,$$

ou

$$a\operatorname{tang}^2\alpha + b\operatorname{tang}\alpha + c = 0,$$
$$a\operatorname{tang}^2\alpha' + b\operatorname{tang}\alpha' + c = 0;$$

$\operatorname{tang}\alpha$ et $\operatorname{tang}\alpha'$ sont donc les racines d'une même équation : elles seront réelles et inégales si $b^2 - 4ac > 0$, c'est-à-dire dans le cas de l'hyperbole seulement. On prendra l'une de ces racines pour $\operatorname{tang}\alpha$, et l'autre pour $\operatorname{tang}\alpha'$, puisque les axes X', Y' doivent avoir des directions différentes. Il n'existe donc qu'un seul système d'axes qui réduise l'équation de l'hyperbole à la forme

$$(5) \qquad Bx'y' + P = 0$$

et l'on reconnaît immédiatement que ces axes sont asymptotes de la courbe.

176. Réciproquement, il n'y a que cette forme d'équation qui puisse faire que les deux axes soient asymptotes.

Considérons, en effet, l'équation générale

$$ay^2 + bxy + cx^2 + dy + ex + f = 0.$$

Pour que l'axe des x soit asymptote, il faut que, x croissant indéfiniment, y tende vers zéro. Or, si l'on divise tous les termes par x^2, et qu'on fasse croître x indéfiniment, y ne pourra pas tendre vers zéro, car, tous les termes tendant vers zéro, excepté c, l'équation serait impossible. Si donc l'axe des x est asymptote, il faut que c soit nul; ce qui réduit l'équation à

$$ay^2 + bxy + dy + ex + f = 0.$$

Divisant par x et le faisant croître indéfiniment, on voit que y ne pourra pas tendre vers zéro si l'on n'a pas $e = 0$. Il faut donc que l'équation ne renferme pas le terme en x^2, ni le terme en x, pour que l'axe des x soit asymptote.

De même, pour que l'axe des y soit asymptote, il faut que les termes en y^2 et en y n'entrent pas dans l'équation, qui, par conséquent, ne peut renfermer que le rectangle des variables et le terme indépendant. Et comme nous avons vu qu'il n'y avait qu'un seul système d'axes qui pût réduire l'équation générale à la forme (5), il s'ensuit que l'hyperbole ne peut avoir que deux asymptotes.

177. L'équation (4) renferme l'ellipse et l'hyperbole, et on les distingue par les signes de A et C; et l'on voit, d'après le caractère général propre à l'une et à l'autre, que, si A et C sont de même signe, la courbe sera une ellipse, et qu'elle sera une hyperbole s'ils sont de signes contraires.

Cas de l'ellipse. — A et C étant de même signe, il faut

que P soit de signe contraire, ou l'équation n'aurait pas de solutions réelles et ne représenterait aucun lieu. Cherchant les points de rencontre de la courbe avec ses axes, et représentant par a et b les longueurs des demi-axes des x et des y, on aura

$$a^2 = -\frac{P}{C}, \quad b^2 = -\frac{P}{A}.$$

Tirant de là A et C, l'équation (4) deviendra

$$\frac{x^2}{a^2} + \frac{y^2}{b^2} = 1 \quad \text{ou} \quad a^2 y^2 + b^2 x^2 = a^2 b^2.$$

Telle est l'équation générale des ellipses rapportées à leurs axes, tant pour la direction que pour la grandeur.

Cas de l'hyperbole. — Un seul des axes rencontrera la courbe, puisque A et C sont de signes contraires. Supposons que ce soit l'axe des x, et appelons $2a$ sa longueur, on aura

$$-\frac{P}{C} = a^2.$$

Mais $-\frac{P}{A}$ sera négatif et pourra être représenté par $-b^2$. L'équation (4) deviendra alors

$$a^2 y^2 - b^2 x^2 = -a^2 b^2 \quad \text{ou} \quad \frac{y^2}{b^2} - \frac{x^2}{a^2} = -1.$$

Ces équations des courbes à centre sont celles que l'on choisit ordinairement, comme étant les plus commodes pour la résolution de presque toutes les questions qui se rapportent à ces courbes.

Il est certaines questions cependant pour lesquelles il est plus avantageux de prendre pour origine l'un des deux sommets. En choisissant pour l'ellipse le sommet qui est à gauche du centre sur l'axe des x, on trouve l'équation

$$a^2 y^2 + b^2 x^2 - 2ab^2 x = 0 \quad \text{ou} \quad y^2 = -\frac{b^2}{a^2} x^2 + \frac{2b^2}{a} x,$$

et pour l'hyperbole, en prenant le sommet à droite du centre,

$$a^2y^2 - b^2x^2 - 2ab^2x = 0 \quad \text{ou} \quad y^2 = \frac{b^2}{a^2}x^2 + \frac{2b^2}{a}x;$$

de sorte que les deux courbes peuvent être représentées à la fois par une équation de la forme

$$y^2 = mx^2 + nx,$$

m étant négatif dans le cas de l'ellipse, et positif dans le cas de l'hyperbole.

178. *Changement de direction des axes dans le cas de la parabole.*

Nous avons vu que le changement d'origine ne pouvait, dans ce cas, conduire à rapporter la courbe à un point aussi remarquable que dans le cas de l'ellipse et de l'hyperbole. On pourrait bien faire disparaître un terme du premier degré et le terme indépendant; l'origine se trouverait alors sur la courbe. Mais on n'aperçoit pas facilement quel serait le point le plus avantageux à choisir; et il vaut mieux réserver cette question, et commencer à simplifier l'équation générale, au moyen du changement de direction des axes. Soit donc l'équation

$$ay^2 + bxy + cx^2 + dy + ex + f = 0,$$

et supposons les axes rectangulaires, ce qui ne restreint nullement la discussion, comme nous l'avons déjà fait voir. En substituant à x et y les valeurs suivantes,

$$x = x'\cos\alpha + y'\cos\alpha',$$
$$y = x'\sin\alpha + y'\sin\alpha',$$

et égalant à zéro le coefficient de $x'y'$, nous retrouverons l'équation

$$2a\tang\alpha\tang\alpha' + b(\tang\alpha + \tang\alpha') + 2c = 0.$$

Comme elle renferme deux indéterminées, il y a une infinité de manières d'y satisfaire. Mais si l'on veut que le nouveau système soit rectangulaire, elle devient, comme précédemment

$$\tan^2 \alpha + 2\frac{c-a}{b}\tan \alpha - 1 = 0,$$

et ses deux racines correspondent, l'une à l'axe des x', et l'autre à l'axe des y'.

Mais l'équation qui existe entre les trois coefficients des termes du second degré, dans le cas de la parabole, exige que, en même temps que le coefficient de $x'y'$ sera nul, celui de x'^2 ou celui de y'^2 le soit aussi ; et cela dépendra de celle des deux valeurs de tang α qu'on prendra pour déterminer l'axe des x'.

On aura aussi

$$y'^2 + D y' + E x' + F = 0,$$

ou

$$x'^2 + D'y' + E'x' + F' = 0,$$

équations qui ne diffèrent que par le changement de x' en y'.

Le système d'axes qui réduit l'équation de la parabole à l'une ou l'autre de ces formes est unique ; et comme il est indifférent de prendre l'un ou l'autre pour axe des x', nous nous bornerons à la forme suivante :

$$y'^2 + Dy' + Ex' + F = 0.$$

Nous pouvons maintenant déplacer l'origine en posant

$$x' = x'' + m,$$
$$y' = y'' + n,$$

m et n étant les coordonnées de la nouvelle origine, et l'équation devient

$$y''^2 + (2n + D)y'' + Ex'' + n^2 + Dn + Em + F = 0;$$

on pourra poser

$$2n + D = 0,$$
$$n + Dn + Em + F = 0,$$

ce qui déterminera un système unique de valeurs pour m et n. Il n'y aura d'impossibilité que si $E = 0$, et alors l'équation représenterait deux droites parallèles et non une courbe.

L'équation des paraboles est donc toujours réductible en coordonnées rectangulaires à la forme $y''^2 + Ex'' = 0$, et le système d'axes qui jouit de cette propriété est unique.

L'axe des x'' est l'*axe de la parabole;* l'origine est son point de rencontre avec la courbe, et se nomme le *sommet* de la parabole.

En supprimant les accents, l'équation prendra la forme $y^2 = 2px$, p pouvant avoir un signe quelconque.

CHAPITRE VIII.

DES FOYERS ET DES DIRECTRICES DES COURBES DU SECOND DEGRÉ.

179. Nous avons reconnu précédemment que le lieu des points tels que leurs distances à un point et à une droite fixes soient dans un rapport constant a une équation du second degré. Nous allons nous occuper maintenant du problème inverse, et chercher si toute courbe du second degré jouit de cette propriété remarquable, que le rapport des distances de chacun de ses points à un certain point et à une certaine droite fixes soit constant : nous déterminerons tous les systèmes de points et de droites qui peuvent satisfaire à cette condition; et chacun d'eux fournira un moyen commode de construction de la courbe par points.

Nous nous proposerons donc de résoudre la question suivante :

Étant donnée une courbe quelconque du second degré, trouver dans son plan un point et une droite tels, que le rapport des distances d'un point quelconque de la courbe à ce point et à cette droite soit constant.

Nous prendrons l'équation qui peut représenter le plus simplement les trois courbes du second degré, en les rapportant à un de leurs axes, et la perpendiculaire menée par un sommet de la courbe situé sur cet axe. Cette équation est

$$(1) \qquad y^2 = mx^2 + nx;$$

elle représente une ellipse, une hyperbole, ou une parabole, suivant que l'on a

$$m < 0, \quad m > 0, \quad m = 0.$$

L'axe des x est, dans le cas de l'hyperbole, son axe transverse; dans le cas de l'ellipse, nous supposerons, pour fixer les idées et abréger les discussions, qu'on ait pris son grand axe pour l'axe des x, et alors la valeur absolue de m sera plus petite que 1. Soient α, 6 les coordonnées du point cherché, et

$$ay + bx + c = 0$$

l'équation de la droite correspondante.

La distance d'un point quelconque (x, y) à cette droite aura pour expression

$$\frac{ay + bx + c}{\sqrt{a^2 + b^2}}.$$

On peut donc regarder $ay + bx + c$, qui est le produit de cette perpendiculaire par $\sqrt{a^2 + b^2}$, comme étant son produit par un nombre constant inconnu; de sorte que, en écrivant l'équation

$$(2) \qquad \sqrt{(x - \alpha)^2 + (y - 6)^2} = ay + bx + c,$$

on exprime simplement que la distance du point (x, y) au point $(\alpha, 6)$ est dans un rapport constant avec sa distance à la droite $(ay + bx + c = 0)$. Et lorsque l'on aura déterminé α, 6, a, b, c, on connaîtra le point, la droite et ce rapport constant, qui sera $\sqrt{a^2 + b^2}$. Les calculs se trouveront ainsi plus simples que si on laissait le diviseur $\sqrt{a^2 + b^2}$, et qu'on multipliât l'expression per une nouvelle lettre représentant le rapport constant.

On remarquera que l'équation (2) peut s'interpréter d'une seconde manière. Elle exprime, en effet, évidemment que *la distance d'un point quelconque de la courbe au point* (α, β) *est une fonction rationnelle et linéaire des deux coordonnées du point de la courbe.* Ce second point de vue donnerait au problème un énoncé différent, conduisant à une solution identique.

Occupons-nous maintenant de la détermination des constantes inconnues. En élevant les deux membres de l'équation (1) au carré, et réduisant, on obtient

$$(3)\quad \left\{ \begin{aligned} & y^2(1-a^2) - 2abxy + x^2(1-b^2) - 2(\beta + ac)y \\ & \qquad - 2(\alpha + bc)x + \alpha^2 + \beta^2 - c^2 = 0, \end{aligned} \right.$$

équation qui doit être satisfaite par les coordonnées x, y d'un point quelconque de la courbe donnée, mais peut-être sans réciprocité.

Et quand cette réciprocité aurait lieu, l'équation (3) devrait-elle nécessairement coïncider avec l'équation (1), qui est celle du même lieu ? en d'autres termes, un même lieu ne peut-il avoir qu'une seule équation ? C'est ce que l'on admet ordinairement sans raison suffisante, et nous croyons devoir insister sur ce point, qu'il est très facile d'établir rigoureusement.

180. Soient, en effet, deux équations générales du second degré, et admettons que toutes les solutions réelles de la première soient solutions de la seconde ; nous allons démontrer que les premiers membres ne peuvent différer que par un facteur indépendant de x, y ; ou, en d'autres termes, qu'en réduisant à l'unité les coefficients de deux termes semblables, tous les autres sont respectivement égaux dans les deux polynômes.

Supposons donc qu'on ait réduit à l'unité les coefficients de y^2, et que les deux équations soient

$$y^2 + Axy + Bx^2 + Cy + Dx + E = 0,$$
$$y^2 + A'xy + B'x^2 + C'y + D'x + E' = 0,$$

ou

$$y^2 + (Ax + C)y + Bx^2 + Dx + E = 0,$$
$$y^2 + (A'x + C')y + B'x^2 + D'x + E' = 0.$$

Si l'on donne à x une valeur à laquelle correspondent deux valeurs réelles de y dans la première, la seconde équation devant admettre ces mêmes solutions, on devra avoir pour cette valeur de x

$$Ax + C = A'x + C',$$
$$Bx^2 + Dx + E = B'x^2 + D'x + E'.$$

Mais il y a, par hypothèse, une infinité de valeurs de x qui satisfont à ces deux équations ; donc, d'après un théorème élémentaire, leurs coefficients doivent être respectivement égaux, et, par conséquent, les deux équations en x et y sont les mêmes, terme pour terme.

181. Cela posé, les équations (2) et (3) devront être identiques lorsqu'on aura réduit à l'unité le coefficient de y^2 dans la seconde, et l'on devra, par conséquent, avoir les équations suivantes :

$$(4)\quad \left\{ \begin{array}{l} \dfrac{2ab}{1-a^2} = 0, \quad \dfrac{b^2-1}{1-a^2} = m, \quad \dfrac{\beta + ac}{1-a^2} = 0, \quad \dfrac{\alpha + bc}{1-a^2} = \dfrac{n}{2}, \\ \alpha^2 + \beta^2 - c^2 = 0. \end{array} \right.$$

Telles sont les conditions nécessaires et suffisantes pour qu'il y ait un rapport constant entre les distances d'un point quelconque de la courbe donnée au point (α, β) et à la droite $(ay + bx + c = 0)$. Le problème est donc ramené identiquement à trouver les valeurs de α, β, a, b, c qui satisfont à ces cinq équations.

La première exige que l'on ait $ab = 0$, et, par conséquent, $a = 0$ ou $b = 0$. Mais la dernière supposition est inadmissible, car la seconde des équations (4) deviendrait

$$\frac{-1}{1-a^2} = m.$$

Or elle est impossible si $m = 0$; si $m < 0$, la valeur de a^2 serait $1 + \frac{1}{m}$, et par conséquent négative, puisque m est plus petit que 1 en valeur absolue. Enfin, si l'on a $m > 0$, les équations (4) donnent, par la supposition de $b = 0$,

$$a^2 = 1 + \frac{1}{m}, \quad \beta + c\sqrt{1 + \frac{1}{m}} = 0, \quad \alpha = -\frac{n}{2m}, \quad \alpha^2 + \beta^2 = c^2.$$

La dernière deviendrait, en y substituant les valeurs de α et β,

$$\frac{n^2}{4m^2} + c^2 = 0,$$

et la valeur de c serait imaginaire.

On ne peut donc faire $b = 0$, et il faut par conséquent que l'on ait $a = 0$; les autres équationa (4) donnent alors

$$b^2 = 1 + m, \quad \beta = 0, \quad \alpha + bc = \frac{n}{2} \quad \alpha^2 = c^2.$$

La première donne

$$b = \sqrt{1 + m},$$

et nous entendrons que ce radical renferme implicitement le double signe; mais nous considérerons d'abord le signe +.

La seconde apprend que les points cherchés sont sur l'axe des x. Les deux dernières deviennent

$$\alpha + c\sqrt{1 + m} = \frac{n}{2}, \quad c = \pm \alpha,$$

et donnent

$$\alpha(1 \pm \sqrt{1 + m}) = \frac{n}{2},$$

d'où

$$\alpha = \frac{n}{2(1 \pm \sqrt{1+m})} = \frac{n(-1 \pm \sqrt{1+m})}{2m},$$

et, par suite, en tirant c de l'équation du premier degré, on obtiendra

$$c = \frac{n(\sqrt{1+m} \mp 1)}{2m},$$

les signes supérieurs se correspondant dans les valeurs de α et c, ainsi que les signes inférieurs.

Les valeurs de α, β déterminent le point cherché, et la droite correspondante aura pour équation

$$bx + c = 0,$$

ou

$$(5) \qquad x = -\frac{n(\sqrt{1+m} \mp 1)}{2m\sqrt{1+m}};$$

le rapport $\sqrt{a^2 + b^2}$ est b ou $\sqrt{1+m}$.

On reconnaît facilement que le changement de signe de $\sqrt{1+m}$ ne ferait que changer l'une dans l'autre les deux valeurs de α, ainsi que les deux valeurs correspondantes de x données par la formule (5). On a donc toutes les solutions de la question en se bornant à prendre $\sqrt{1+m}$ avec le signe $+$.

Les points remarquables que nous venons de déterminer se nomment *foyers;* leur milieu ayant pour abscisse $-\frac{n}{2m}$ est le centre; les droites correspondantes se nomment *directrices* de la courbe.

182. Ces formules s'appliquent aux trois courbes; mais la résolution des équations (4) est beaucoup plus simple dans le cas de la parabole, pour laquelle $m = 0$. En effet, elles deviennent alors

$$ab = 0, \quad b = \pm 1, \quad \beta + ac = 0, \quad \alpha + bc = \frac{n}{2}, \quad \alpha^2 + \beta^2 = c^2.$$

La première donnera $a = 0$, puisque $b = \pm 1$; les autres donneront, en se bornant d'abord au signe $+$ pour b,

$$b = 1, \quad \beta = 0, \quad \alpha + c = \frac{n}{2}, \quad \alpha^2 = c^2,$$

d'où

$$\alpha = \frac{n}{4}, \quad c = \frac{n}{4}.$$

On trouverait les mêmes valeurs pour α et c en prenant $b = -1$.

Il n'y a donc, dans le cas de la parabole, qu'un seul point, situé sur l'axe de la courbe, et une seule droite correspondante, ayant pour équation

$$x = -\frac{n}{4}.$$

Au reste, ce calcul particulier n'est pas nécessaire, et les formules générales en donneront les résultats, en cherchant les limites vers lesquelles elles tendent, quand on fait tendre m vers zéro.

183. Les positions des foyers et des directrices sont rapportées ordinairement au centre et à la grandeur des axes dans les courbes à centre : rien n'est plus facile que de les déduire des formules précédentes.

En effet, si l'on nomme $2a$, $2b$ les longueurs des axes de l'ellipse, on aura

$$2a = -\frac{n}{m};$$

l'abscisse du centre sera

$$a = -\frac{n}{2m},$$

et l'ordonnée b aura pour valeur

$$\frac{n}{2\sqrt{-m}}.$$

On peut donc exprimer m et n au moyen de a et b, et l'on aura

$$m = -\frac{b^2}{a^2}, \quad n = \frac{2b^2}{a}, \quad \sqrt{1+m} = \frac{\sqrt{a^2-b^2}}{a};$$

on aura donc

$$\alpha = a \pm \sqrt{a^2-b^2}.$$

Les deux foyers sont donc à une distance du centre égale à $\sqrt{a^2 - b^2}$, que nous désignerons par c. Le rapport des distances des points de la courbe au foyer et à la directrice correspondante sera $\frac{c}{a}$; la distance des directrices au centre sera $\frac{a^2}{c}$.

Pour l'hyperbole, on aura

$$m = \frac{b^2}{a^2}, \quad n = \frac{2b^2}{a}, \quad \sqrt{1+m} = \frac{\sqrt{a^2+b^2}}{a},$$

et, posant

$$\sqrt{a^2+b^2} = c,$$

on aura

$$\alpha = a \pm c;$$

c est donc la distance des foyers au centre; la distance des directrices au centre sera encore exprimée par $\frac{a^2}{c}$, et le rapport des distances des points de la courbe au foyer et à la directrice correspondante, par $\frac{a^2}{c}$.

184. L'expression de la distance d'un point de la courbe à un foyer est très simple et nécessaire à connaître.

Pour l'ellipse, par exemple, rapportée à ses deux axes, la directrice correspondante au foyer dont l'abscisse est $+c$ a pour abscisse $\frac{a^2}{c}$. Si l'on considère un point quelconque de l'ellipse, ayant pour abscisse x, sa distance à la directrice sera $\frac{a^2}{c} - x$; la multipliant par le rapport constant $\frac{c}{a}$, on aura sa distance au foyer. En la désignant par δ, on aura donc

$$\delta = a - \frac{cx}{a}.$$

Si l'on cherche, de même, la distance du même point au second foyer, on trouvera, en la désignant par δ',

$$\delta' = a + \frac{cx}{a},$$

d'où résulte

$$\delta + \delta' = 2a.$$

L'ellipse jouit donc de cette propriété remarquable, que la somme des distances d'un quelconque de ses points à ses deux foyers est égale à son grand axe.

Pour l'hyperbole, on trouverait, en supposant x positif,

$$\delta = \frac{cx}{a} - a, \quad \delta' = \frac{cx}{a} + a,$$

et, pour x négatif,

$$\delta = a - \frac{cx}{a}, \quad \delta' = -a - \frac{cx}{a},$$

d'où

$$\delta' - \delta = 2a,$$

ou

$$\delta - \delta' = 2a,$$

et, par conséquent, la différence des distances d'un quelconque des points de l'hyperbole à ses deux foyers est égale à la longueur de l'axe transverse.

185. Résumons maintenant ces divers résultats pour les trois courbes.

1° L'ellipse et l'hyperbole ont deux foyers seulement; ils sont situés : pour la première, sur son grand axe; pour la seconde, sur son axe transverse. Ils sont à égale distance du centre : entre les deux sommets dans l'ellipse, et en dehors dans l'hyperbole. Les directrices, au contraire, sont en dehors des sommets pour l'ellipse, et entre les sommets pour l'hyperbole. Le rapport des distances des points de la courbe au foyer et à la directrice est plus petit que l'unité ppur l'ellipse, et plus grand pour l'hyperbole : sa valeur est $\frac{c}{a}$.

2° La parabole n'a qu'un foyer et une directrice. Le foyer est situé sur l'axe et dans l'intérieur de la courbe; la directrice est de l'autre côté du sommet, dont elle est à la même distance que le foyer. Le rapport des distances est 1; et, par conséquent, les points de la parabole sont également distants du foyer et de la directrice.

Nous ne nous arrêterons pas à développer toutes les conséquences importantes de ces propriétés, et à indiquer tous les exercices utiles auquels elles peuvent donner lieu pour les élèves. Nous n'avons en vue ici que les propriétés les plus générales, celles qui se présentent le plus naturellement dans une discussion dont l'objet est plutôt de tracer une marche applicable à toutes les courbes que de rechercher les propriétés spéciales d'une classe particulière de courbes.

CHAPITRE IX.

DÉTERMINATION D'UNE COURBE DU SECOND DEGRÉ D'APRÈS DES CONDITIONS DONNÉES.

186. L'équation générale du second degré renfermant six termes est complètement déterminée quand on connaît les rapports de cinq d'entre eux au sixième, ou quand on connaît les cinq coefficients qu'elle renferme après qu'on a réduit l'un des six à l'unité. On ne peut donc assujettir une courbe du second degré qu'à des conditions exprimées par cinq équations au plus entre les coefficients de l'équation générale. Si ces conditions fournissaient moins de cinq équations, il y aurait des coefficients non déterminés, et une infinité d'équations, et par suite de courbes, y satisferaient. Si elles fournissaient plus de cinq équations, il serait possible qu'aucune courbe du second degré n'y pût satisfaire; il y aurait, en général, un nombre d'équations de condition égal à l'excès du nombre des équations fournies sur cinq.

187. Lorsque l'on assujettit la courbe à passer par un point donné, il faut et il suffit que l'équation que l'on a prise pour représenter la courbe, et qui doit être l'équation la plus générale, afin qu'on soit sûr qu'elle renferme celle que l'on cherche, soit satisfaite par les coordonnées connues de ce point. Il résulte de là une équation unique entre les coefficients inconnus de l'équation.

On tire déjà de là cette conséquence qu'en général, par cinq points donnés, on peut faire passer une courbe du second degré, mais qu'on ne peut s'en donner arbitrairement un plus grand nombre. Il est évident d'ailleurs que les cinq équations qui en résultent peuvent offrir des impossibilités ou de l'indétermination; comme il serait possible aussi qu'une courbe du second degré passât par plus de cinq points donnés si les équations de condition étaient satisfaites.

188. Il est des points dont la connaissance fournit deux équations entre les coefficients, et équivaut par conséquent à celle de deux points de la courbe : ce sont ceux dont les coordonnées peuvent s'exprimer généralement au moyen des coefficients de l'équation. En effet, quand on donne les coordonnées d'un point de ce genre, en les égalant à leur expression générale, on a deux équations entre les coefficients inconnus.

Si, par exemple, on donne les coordonnées du centre. on les égalera respectivement à $\frac{2ae - bd}{b^2 - 4ac}$ et $\frac{2cd - be}{b^2 - 4ac}$, et l'on aura deux équations entre les coefficients a, b, c, d, e,

Les foyers sont dans le même cas, car ils sont déterminés quand l'équation de la courbe est donnée; leurs coordonnées sont donc exprimables au moyen des coefficients de l'équation générale, et même, quand on n'en connaîtrait pas les formules, on peut affirmer que la connaissance d'un foyer équivaut à celle de deux points de la courbe, et ne permet plus par conséquent d'assujettir la courbe à plus de trois conditions, exprimées chacune par une équation entre les coefficients.

Les deux foyers équivaudraient donc à quatre équations, et l'on pourrait encore se donner un point de la courbe, mais pas plus. Et l'on reconnaît, en effet, qu'un point suffira, d'après la propriété que la somme ou la différence des distances des points de la courbe aux deux foyers est constante.

Mais il faut bien s'assurer si les points que l'on se donne sont indépendants les uns des autres, et s'ils n'ont pas des liaisons nécessaires qui ne permettent pas de les prendre tous arbitrairement ; car il en résulterait des impossibilités si ces liaisons n'avaient pas lieu, et, au contraire, une diminution dans le nombre des équations si ces liaisons existent. Par exemple, si l'on donnait les deux foyers et le centre d'une ellipse, il n'en résulterait pas six équations distinctes entre les coefficients de l'équation générale. En effet, le centre étant au milieu de la droite qui joint les foyers, ses coordonnées sont les demi-sommes de celles des foyers. Si on ne les donne pas telles, les données sont incompatibles ; si, au contraire, elles sont données égales aux demi-sommes de celles qu'on donne pour les foyers, les deux équations fournies pour le centre seront des conséquences des autres, et l'on n'aura réellement que quatre équations distinctes entre les coefficients inconnus.

189. Nous ne saurions énumérer tous les points qui équivalent à deux conditions simples, c'est-à-dire fournissant une seule équation. Il y a, en effet, une infinité de manières de définir des points dont les coordonnées sont déterminées quand on connaît l'équation de la courbe, que l'on sache ou non en trouver l'expression. Non seulement le centre, les foyers, les sommets d'une courbe sont déterminés par son équation, mais tout point lié d'une manière choisie arbitrairement à deux de ces points sera aussi déterminé au moyen des coefficients de cette équation ; par exemple, un point assujetti à se trouver à des distances données d'un foyer et du centre, à partager dans un rapport donné la droite qui joindrait un foyer avec une extrémité du petit axe, etc., etc.

Mais si l'on donnait un point assujetti à se trouver à une distance donnée d'un foyer, il est clair qu'il n'équivaudrait qu'à une condition simple, puisque l'on aurait à exprimer seulement que la distance de ce point connu à celui dont les coordonnées sont des fonctions connues des coefficients est égale à une ligne donnée, etc., etc.

Nous croyons inutile d'en dire davantage sur ce sujet.

190. Passons maintenant aux conditions résultant de droites données, au lieu de points.

Il y a des droites dont la connaissance conduit à deux équations entre les coefficients, et d'autres qui n'en fournissent qu'une seule.

Si, d'après sa définition, une droite est déterminée par l'équation de la courbe, les deux coefficients de l'équation de cette droite sont des fonctions de ceux de l'équation de la courbe; et par conséquent, si une pareille droite est donnée, il en résulte deux équations entre ces coefficients; elle équivaut donc à deux conditions simples.

Si, au contraire, l'équation de cette droite n'est pas déterminée par celle de la courbe, la connaissance de cette droite n'entraînera pas deux équations entre les coefficients. Si, par exemple, on donne une droite sur laquelle doit se trouver un point remarquable, comme le centre, un foyer, un sommet, etc., il n'en résulte qu'une équation entre les coefficients; et on l'obtiendra en écrivant que les coordonnées de ce point, dont on connaît l'expression en fonction des coefficients, satisfont à l'équation de la droite donnée. Une tangente donnée équivaut encore à une condition unique, parce que la condition d'être tangente s'exprime, comme on l'a fait voir pour le cercle, et comme nous le verrons pour toute courbe, par une seule équation entre les coefficients.

Et il faut encore s'assurer si les diverses données sont indépendantes les unes des autres; car, si elles doivent avoir des liaisons nécessaires et que les valeurs particulières proposées n'y satisfassent pas, le problème est impossible : et si les équations qui expriment ces liaisons sont satisfaites identiquement par les données, elles seront des conséquences des autres équations, et l'on n'en aura plus entre les coefficients un nombre égal à la somme des nombres correspondants à chaque ligne ou points donnés.

Ainsi, par exemple, une asymptote donnée équivaut à deux conditions simples, parce que l'on peut déterminer les équations des asymptotes en fonction des coefficients de l'équation. Il en est de même du centre : et cependant une asymptote et le centre n'équivalent pas ensemble à quatre conditions, parce que le centre de l'hyperbole est situé sur chaque asymptote. Si donc le point donné n'était pas sur la droite donnée, le problème serait impossible. Mais s'il y est, on ne pourra tirer des données que trois équations entre les coefficients de l'équation de la courbe. On en obtiendra d'abord deux en égalant les coefficients donnés de l'équation de la droite aux expressions générales des coefficients en fonction de ceux de la courbe. Si ensuite on égale les coordonnées du point donné aux expressions générales de celles du centre, l'une de ces deux nouvelles équations sera une conséquence des trois autres, puisque l'ordonnée du centre est une conséquence nécessaire de l'abscisse et de l'équation de l'asymptote. Et toute hyperbole ayant cette asymptote et l'abscisse donnée du centre aura le centre donné ; de sorte que trois équations expriment toutes les conditions données, et il en faudrait encore deux autres pour que l'hyperbole fût déterminée.

Ce peu de mots suffit pour lever toutes les difficultés qui pourraient se présenter sur ce sujet ; et il est évident que ces considérations sont applicables à toutes les courbes, et ne se fondent en rien sur le degré de l'équation.

CHAPITRE X.

LES COURBES DU SECOND DEGRÉ SONT DES SECTIONS CONIQUES.

191. Les différents lieux représentés par l'équation générale du second degré jouissent de la propriété remarquable de pouvoir être obtenus en coupant par un plan un cône droit à base circulaire ; et par là nous entendons la surface engendrée par une droite, indéfinie dans les deux sens, qui tourne autour d'une droite fixe qu'elle coupe en un point fixe qu'on nomme le *centre* de la surface, en faisant avec la droite fixe, ou l'axe, un angle constant.

Pour le démontrer, nous allons chercher l'équation de la ligne d'intersection d'une surface conique quelconque par un plan.

Si, par l'axe du cône, nous menons un plan perpendiculaire au plan sécant, il le coupera suivant une droite par rapport à laquelle la courbe cherchée sera symétrique, et que nous prendrons pour axe des x.

Fig. 39.

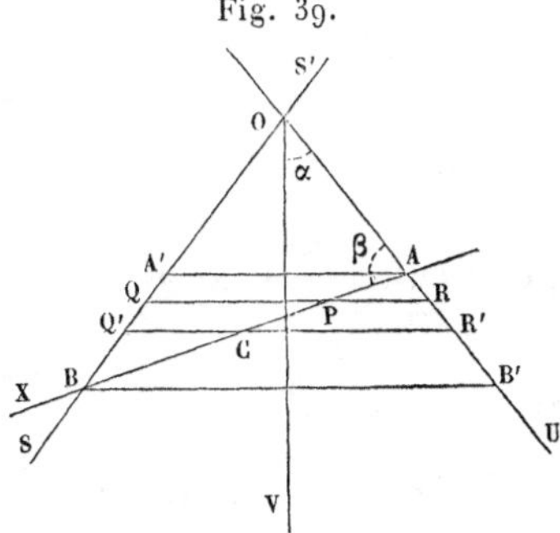

Soient (*fig.* 39) ABX cette ligne ; OAU, OBS les deux génératrices du cône, situées dans le plan que nous avons mené par l'axe OV. Posons

$$VOA = \alpha, \quad OAB = \beta.$$

Le point A, que nous choisirons pour origine, est l'intersection du plan donné avec l'une des deux génératrices OU, OS, et il y en aura toujours une qui sera coupée; mais il peut arriver trois cas. La seconde génératrice peut être coupée du côté OS, situé sur la même nappe du cône que OA; ou du côté OS', situé dans la nappe opposée; et enfin elle peut être parallèle à la trace du plan donné.

Considérons d'abord le premier de ces cas : l'angle β sera moindre que le supplément de 2α, et la ligne d'intersection AB sera dans l'angle SAU. Posons $AB = 2a$, $OA = b$, et menons un plan quelconque QR perpendiculaire à l'axe OV; les points suivant lesquels il coupera la courbe seront symétriques par rapport à AB et se projetteront en P; leur ordonnée sera commune au cercle dont le diamètre est QR; et par conséquent, en la désignant par y, on aura

$$y^2 = QP.PR.$$

Il reste à exprimer ces deux segments en fonction de l'x, AP.

On trouvera, par le triangle PAR,

$$PR = \frac{x \sin\beta}{\cos\alpha}.$$

Menant AA' perpendiculaire à l'axe, on aura

$$\frac{PQ}{AA'} = \frac{2a - x}{2a} = 1 - \frac{x}{2a}.$$

D'ailleurs $AA' = 2b\sin\alpha$; on aura donc

$$PQ = 2b\sin\alpha\left(1 - \frac{x}{2a}\right).$$

D'où résulte

$$(1)\qquad \left\{\begin{aligned} y^2 &= 2bx \tang\alpha \sin 6\left(1-\frac{x}{2a}\right)\\ &= 2bx \sin 6 \tang\alpha - \frac{bx^2 \sin 6 \tang\alpha}{a}.\end{aligned}\right.$$

La courbe d'intersection est donc dans ce cas une ellipse dont A est un sommet, et AB un des deux axes, dont la grandeur est $2a$. Pour avoir la grandeur du second axe, il faut chercher l'ordonnée correspondante au milieu C de AB, ou à la valeur $x = a$. L'équation (1) donnera, pour $x = a$,

$$y^2 = ab \sin 6 \tang\alpha;$$

le second axe aura donc pour valeur

$$2\sqrt{ab \sin 6 \tang\alpha},$$

et il est facile de reconnaître qu'il est plus petit que le premier; car il est la double ordonnée, au point C, du cercle dont le diamètre est la parallèle Q'R' à QR; il est donc moindre que le diamètre Q'R'. Or, Q'R' est la demi-somme des bases AA', BB' du trapèze isoscèle, dont la diagonale AB est plus grande que cette demi-somme : AB est donc le grand axe de cette ellipse.

192. Supposons maintenant AB parallèle à OS; PQ sera égale à AA', ou à $2b \sin\alpha$, et l'on aura pour l'équation du lieu

$$(2)\qquad y^2 = 4bx \sin^2\alpha;$$

c'est ce qu'aurait donné l'équation (1) en y prenant le coefficient de x^2 à sa limite qui est zéro, et faisant 6 égal au supplément de 2α.

Supposons enfin que la droite AX coupe le prolongement

Fig. 40.

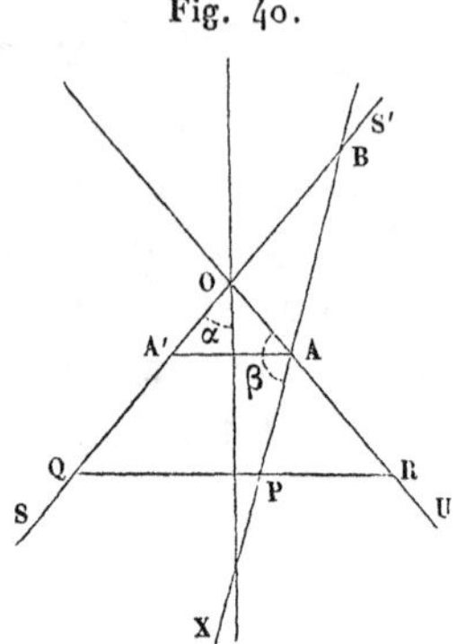

de OS (*fig.* 40). Nous aurons pour les points projetés dans l'angle SOU

$$PR = \frac{x \sin 6}{\cos \alpha}, \quad PQ = 2b \sin \alpha \frac{(2a + x)}{2a},$$

et par suite

$$y^2 = 2bx \sin 6 \operatorname{tang} \alpha \left(1 + \frac{x}{2a}\right). \tag{3}$$

Si l'on considérait les points qui se projettent dans l'angle opposé à SOU, on trouverait la même équation, à la condition de regarder comme négatifs les x qui sont dirigés dans le sens opposé à AX.

De cette manière, l'équation (3) représente tous les points de la courbe d'intersection.

En comparant les trois équations (1), (2), (3), on voit qu'on pourrait les renfermer toutes dans la première en y regardant a comme négatif quand AB est dirigé dans le sens opposé à celui qui correspond à l'équation (1); et comme infini, ou donnant $\frac{1}{a}$ nul, quand AX est parallèle à OS.

Au reste, qu'on les sépare ou qu'on les réunisse, on voit que l'équation (1) représente une ellipse, l'équation (2) une parabole, et l'équation (3) une hyperbole, dont l'axe des x coupe la courbe.

193. Il reste à voir si l'équation (1), généralisée comme nous l'avons dit, peut coïncider avec la suivante qui renferme toutes les courbes du second degré, savoir

$$y^2 = 2mx + nx^2, \tag{4}$$

dans laquelle m peut toujours être considéré comme positif, en prenant les x positifs dans un sens convenable; et n peut être négatif, nul ou positif. Le premier cas correspond à l'ellipse, le second à la parabole, et le troisième à l'hyperbole.

En identifiant l'équation (4) à l'équation (1), prise avec la généralité que nous avons établie, on obtient

$$b \sin 6 \operatorname{tang} \alpha = m, \quad \frac{b}{a} \sin 6 \operatorname{tang} \alpha = -n.$$

Si l'angle α est donné, on ne peut disposer que de b et 6, et il faut qu'on puisse trouver des valeurs de ces deux indéterminées qui satisfassent à ces deux équations. Mais il est d'abord nécessaire d'y substituer à a sa valeur en fonction de b et 6, qui est

$$2a = \frac{b \sin 2\alpha}{\sin(2\alpha + 6)},$$

et, d'après le signe implicite de a, il faut regarder celui de $\sin(2\alpha + 6)$ comme on le fait dans les formules de la Trigonométrie, de sorte que les deux équations auxquelles b et 6 doivent satisfaire sont

$$b \sin 6 \operatorname{tang} \alpha = m, \quad \frac{\sin(2\alpha + 6) \sin 6}{\cos^2 \alpha} = -n.$$

La dernière, ne renfermant que 6, en donnera la valeur,

et la première donnera toujours une valeur positive correspondante pour b. Il suffit donc d'examiner la seconde, et de voir si elle peut toujours être satisfaite pour une valeur de β.

On voit d'abord que, dans le cas de la parabole, où l'on a $2\alpha + \beta = \pi$ et $n = 0$, la seconde équation est satisfaite d'elle-même, et la première, qui devient $2b\sin^2\alpha = m$, détermine la distance b d'après m, quel que soit l'angle donné α. Il suit de là que toute parabole peut être obtenue par l'intersection d'un cône quelconque de révolution par un plan.

Il ne reste donc à examiner que le cas où n n'est pas nul.

En transformant le produit des deux sinus, l'équation devient

$$\cos 2\alpha - \cos(2\alpha + 2\beta) = -2n\cos^2\alpha,$$

d'où l'on tire facilement

$$\cos(2\alpha + 2\beta) = (2n + 2)\cos^2\alpha - 1. \tag{5}$$

La condition pour que l'arc $2\alpha + 2\beta$ soit réel est que son cosinus soit compris entre -1 et $+1$.

1° Dans le cas de l'ellipse, n est négatif; et on peut toujours le supposer inférieur à 1 en valeur absolue; il suffit pour cela de prendre pour axe des x le grand arc de l'ellipse représentée par (4) : $2n + 2$ est donc positif, et le second membre de (5) est > -1. D'ailleurs $2n + 2$ sera plus petit que 2; $(2n + 2)\cos^2\alpha$ sera donc, à plus forte raison, < 2, et le second membre sera plus petit que 1. On trouvera donc une valeur entre 0 et π pour l'arc $2\alpha + 2\beta$, d'où l'on tirera une valeur pour β qui sera moindre que le supplément de l'angle 2α et donnera une section elliptique. La valeur de b s'ensuivra et l'on aura toujours une solution.

Donc, *toute ellipse peut être obtenue par l'intersection d'un cône quelconque de révolution par un plan.*

2° Supposons maintenant qu'il s'agisse d'une hyperbole; n sera positif, et la valeur de $\cos(2\alpha + 2\beta)$ sera évidemment > -1. Pour que l'angle soit réel, il suffit donc que l'on ait

$$(2n + 2)\cos^2\alpha - 1 < 1 \quad \text{ou} \quad \cos\alpha < \frac{1}{\sqrt{n+1}}.$$

Mais $\frac{1}{\sqrt{n+1}}$ est le cosinus de l'angle formé par les asymptotes de l'hyperbole donnée, avec son axe transverse. Il est donc nécessaire et suffisant que α soit plus grand que cet angle, ou lui soit au moins égal.

Donc, *toute hyperbole peut être obtenue par l'intersection d'un cône par un plan;* mais *ce cône est assujetti à la condition que son angle au centre soit au moins égal à celui des asymptotes dans lequel cette hyperbole est renfermée.*

194. D'autres variétés du lieu de l'équation générale du second degré peuvent aussi être obtenues par l'intersection d'une surface conique par un plan.

En effet, en supposant l'angle θ égal à zéro, le plan n'aura qu'une ligne droite commune avec la surface. En faisant passer le plan par le centre O du cône, on aura deux droites, ou un seul point. Mais il n'est pas possible d'obtenir le cas de deux droites parallèles.

CHAPITRE XI.

DANS QUEL SENS ON PEUT ENTENDRE QUE LA PARABOLE EST LA LIMITE D'ELLIPSES OU D'HYPERBOLES DONT LES AXES DEVIENNENT INFINIS. — AUTRES LIMITES ANALOGUES.

---

195. Pour fixer bien nettement le sens dans lequel doivent être conçues ces recherches un peu délicates, nous dirons tout d'abord que la question que nous nous proposons est celle-ci :

Les axes d'une ellipse ou d'une hyperbole croissant indéfiniment sous des conditions données, trouver la limite vers laquelle tend une portion aussi grande qu'on voudra de cette courbe, à partir d'un de ses points, supposé fixe, par rapport aux axes de coordonnées ; ou, ce qui est identique, déplacé en entraînant avec lui des axes parallèles aux premiers et auxquels on rapporterait les points du lieu.

196. *Limite d'une ellipse dont un sommet reste fixe, et le paramètre constant.*

L'ellipse rapportée à son sommet fixe comme origine aura pour équation

$$a^2y^2 + b^2x^2 = 2ab^2x.$$

Soit p la valeur constante du demi-paramètre $\frac{b^2}{a}$, on aura $b^2 = ap$, et l'équation de l'ellipse deviendra par cette substitution

$$y^2 = 2px - \frac{p}{a}x^2.$$

Si maintenant on considère un x fini quelconque, et

qu'on fasse croître a indéfiniment, y^2 s'approchera indéfiniment de $2px$, et il en résultera cette conséquence :

A partir du sommet fixe, la portion de l'ellipse qui se projettera dans une étendue finie, aussi grande qu'on voudra, de l'axe des x, s'appprochera indéfiniment de la parabole ayant pour équation

$$y^2 = 2px,$$

puisque la différence des carrés des ordonnées finies des deux courbes tendra vers zéro.

Mais si l'on considérait un point dont l'x croîtrait indéfiniment avec a, la différence des carrés des ordonnées correspondantes pourrait croître indéfiniment; et comme les ordonnées croîtraient aussi indéfiniment, il faut nécessairement calculer la différence même de ces deux ordonnées. Elle est égale à la différence de leurs carrés, divisée par la somme de leurs premières puissances, c'est-à-dire à

$$\frac{\frac{px^2}{a}}{\sqrt{2px}+\sqrt{2px-\frac{px^2}{a}}} \quad \text{ou} \quad \frac{\frac{px^{\frac{3}{2}}}{a}}{\sqrt{2p}+\sqrt{2p-\frac{px}{a}}}$$

Or, pour que cette expression toujours réelle, puisque x est plus petit que $2a$, tende vers zéro, il est nécessaire et suffisant que $\frac{x^{\frac{3}{2}}}{a}$ tende vers zéro, puisque le dénominateur reste fini : il faut donc qu'on ait $x^{\frac{3}{2}} = aq$, q étant une quantité quelconque tendant vers zéro quand a croît indéfiniment; et, par conséquent, que x soit le produit de $a^{\frac{2}{3}}$ par une quantité tendant vers zéro.

Il suit de là que, si l'on considère une abscisse x variant proportionnellement à une puissance m de a, il faut, pour que le point correspondant de l'ellipse s'approche indéfiniment de la parabole, que l'on ait $m < \frac{2}{3}$. Si l'on avait $m > \frac{2}{3}$, il s'en éloignerait indéfiniment; et pour $m = \frac{2}{3}$ la différence des ordonnées tendrait vers une quantité finie.

Les conséquences seraient analogues si l'angle des axes avait une valeur déterminée autre qu'un angle droit.

197. *Limite d'une ellipse dont un sommet et le foyer voisin restent fixes.*

L'équation de l'ellipse rapportée à ce sommet comme origine et à son grand axe comme axe des x sera

$$a^2y^2 + b^2x^2 - 2ab^2x = 0;$$

et si le foyer reste à une distance d du sommet, on aura

$$a - \sqrt{a^2 - b^2} = d, \quad \text{d'où} \quad b^2 = 2ad - d^2,$$

et l'équation de l'ellipse variable sera

$$a^2y^2 + (2ad - d^2)x^2 - 2a(2ad - d^2)x = 0$$

ou

$$y^2 = 4\,dx - \frac{2d^2}{a}\,x - \left(\frac{2d}{a} - \frac{d^2}{a^2}\right)x^2;$$

d'où l'on conclut d'abord que, si x reste fini, y^2 tend vers la limite $4\,dx$, quand a croît indéfiniment : et, par conséquent, *la partie de l'ellipse, à partir du sommet fixe, qui se projette dans une étendue finie de l'axe des x, quelque grande qu'elle soit, tend indéfiniment vers la courbe dont l'équation est $y^2 = 4\,dx$.*

Cette courbe limite est une parabole ayant même sommet et même foyer.

198. Mais si l'on considérait des valeurs de x croissant indéfiniment avec a, les ordonnées correspondantes de l'ellipse et de la parabole croîtront de même, et il ne sera pas nécessaire que la différence de leurs carrés tende vers zéro pour que la différence des ordonnées elles-mêmes y tende. Il ne suffit plus alors de considérer les termes qui suivent $4dx$ dans l'équation de l'ellipse : il faut calculer la différence même des ordonnées des deux courbes, qui peut se mettre sous la forme

$$\frac{\frac{2d^2}{a}x + \left(\frac{2d}{a} - \frac{d^2}{a}\right)x^2}{\sqrt{4dx} + \sqrt{4dx - \frac{2d^2}{a}x - \left(\frac{2d}{a} - \frac{d^2}{a^2}\right)x^2}},$$

et comme l'ordonnée de l'ellipse est moindre que celle de la parabole, le dénominateur est égal à $\sqrt{4dx}$ multiplié par un nombre compris entre 1 et 2.

En divisant les deux termes de la fraction par $\sqrt{x}$, le dénominateur restera fini, et il ne s'agira plus que de savoir si le numérateur deviendra nul, fini ou infini. Ce numérateur est

$$2d^2\frac{\sqrt{x}}{a} + \frac{2d}{a}x\sqrt{x} - d^2\frac{x\sqrt{x}}{a^2},$$

et son second terme est celui dont l'ordre de grandeur est le plus élevé, c'est-à-dire que les rapports des deux autres à celui-là tendent vers zéro; il est donc nécessaire et suffisant que le second terme, ou $\frac{x^{\frac{3}{2}}}{a}$ tende vers zéro pour qu'il en soit de même de la différence des ordonnées. On arrive ainsi aux mêmes conclusions que dans le cas précédent, et il est inutile de les reproduire.

199. *Ellipses semblables dont les axes croissent indéfiniment.*

Supposons toujours que les ellipses aient un sommet commun, et l'axe correspondant dans la même direction. Leur équation générale sera encore

$$a^2y^2 + b^2x^2 - 2ab^2x = 0,$$

et dans le cas actuel $\frac{b}{a}$ est égal à une constante m, ce qui réduit l'équation à la forme

$$\frac{y^2}{m^2} + x^2 - 2ax = 0,$$

d'où l'on tire

$$y = m\sqrt{2ax - x^2},$$

et l'on voit que quelque petite valeur fixe que l'on donne à x, y croîtra indéfiniment avec a, et par conséquent l'ellipse variable ne s'approche indéfiniment d'aucune courbe, et s'élèvera au-dessus de toutes celles que l'on pourrait concevoir partant de l'origine. Mais il est facile de reconnaître qu'elle peut s'approcher indéfiniment de l'axe des y dans une étendue aussi grande que l'on voudra

En effet, l'équation résolue par rapport à x est

$$x = a \pm \sqrt{a^2 - \frac{y^2}{m^2}}.$$

En laissant de côté la valeur de x qui correspond au signe $+$, et croît indéfiniment avec a, nous nous bornerons à considérer

$$x = a - \sqrt{a^2 - \frac{y^2}{m^2}} = \frac{\frac{y^2}{m^2}}{a + \sqrt{a^2 - \frac{y^2}{m^2}}},$$

et l'on voit que, quelque grand que soit y, x tend vers zéro à mesure que a croît indéfiniment. Ce qui prouve, comme nous l'avions annoncé, que les points de l'ellipse variable s'approchent indéfiniment de la tangente au sommet, dans une étendue aussi grande que l'on voudra, mais qui se projette sur l'axe dans une étendue infiniment petite, relativement à la longueur de cet axe.

On voit par là comment il faut entendre cette proposition, qu'un cercle dont le rayon croît sans limite, et qui passe par un point fixe, tend vers sa tangente en ce point.

200. *Ellipse dont un axe conserve une grandeur constante, tandis que l'autre croît indéfiniment.*

Il faut d'abord faire choix du point à partir duquel on considérera les points de la courbe.

1° Supposons d'abord que ce soit à partir d'un sommet situé sur l'axe variable, et prenons ce point pous origine; l'équation de l'ellipse sera

$$a^2y^2 + b^2x^2 - 2ab^2x = 0 \quad \text{ou} \quad y^2 = \frac{2b^2}{a}x - \frac{b^2}{a^2}x^2,$$

d'où l'on voit que, pour toute valeur finie de x, y tendra vers zéro lorsque a croîtra indéfiniment.

Donc *l'ellipse s'approchera indéfiniment de son grand axe dans une étendue aussi grande qu'on voudra à partir du sommet.*

Et il en serait de même si x croissait proportionnellement à une puissance de a inférieure à l'unité.

2° Supposons maintenant que l'on cherche la limite de l'ellipse à partir des extrémités de son axe de grandeur constante. Nous prendrons alors l'origine au centre, et l'équation de la courbe sera

$$y^2 = b^2 - \frac{b^2x^2}{a^2},$$

et, par conséquent, pour des valeurs de x croissant indéfiniment avec a, pourvu que ce soit proportionnellement à une puissance de a inférieure à l'unité, les ordonnées tendront indéfiniment vers $\pm b$, et l'ellipse, à partir des extrémités de son petit axe, s'approchera indéfiniment des deux parallèles à son grand axe.

Ces exemples suffisent pour montrer comment on doit traiter toutes les questions de ce genre.

CHAPITRE XII.

DES TANGENTES AUX COURBES.

---

201. Lorsqu'un point se déplace sur une ligne droite, cette ligne détermine ce qu'on appelle la *direction* de son déplacement, ou de son *mouvement*.

S'il suit le contour d'un polygone, la direction du mouvement change d'un côté à l'autre; mais lorsqu'il suit le contour d'une courbe, la même considération ne se présente plus. Faut-il alors l'abandonner, ou lui donner une extension qui permette de l'appliquer à toutes les courbes?

Soient M(*fig.* 41) une position quelconque d'un point qui décrit une courbe UV, et M' une autre position voisine. S'il passait de M à M' par le plus court chemin, la corde MM'

Fig. 41.

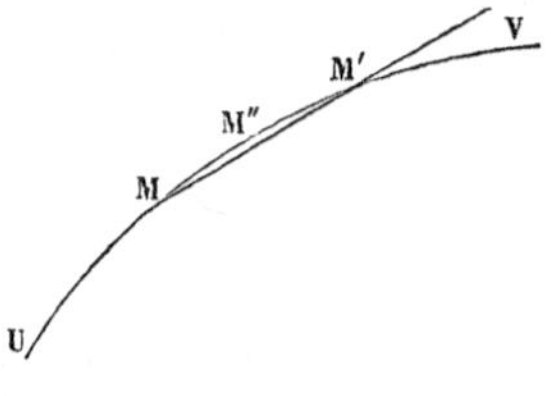

donnerait la direction de ce mouvement. Si l'on considère un point M'' plus voisin de M que M', et que l'on imagine que le point passe de M à M'' par la ligne droite, la nouvelle corde MM' donnera la direction de ce nouveau mouvement. Enfin, si l'on conçoit que le second point pris sur la courbe se rapproche indéfiniment de M, les directions successives de ces mouvements rectilignes qui feraient passer le point mobile de M à ces divers points tendront vers une certaine limite déterminée, qu'elles n'atteindront jamais, si l'on fait suivre aux positions successives du second point une loi qui ne lui permette pas de coïncider jamais avec M; comme, par exemple, si l'on passait d'une sécante à l'autre, en prenant toujours le point milieu de l'arc MM'; ou encore le point de la courbe dont la projection sur un axe fixe serait le milieu de la projection de MM'.

Cette direction limite mérite une attention particulière et offre un intérêt véritable dans l'étude théorique des courbes, et même dans leur application à la pratique. Et, en effet, en restant dans la généralité, la direction variable finira toujours par marcher dans le même sens vers sa limite, et alors l'arc infiniment petit sera constamment compris entre ces deux droites, dont l'angle a pour limite zéro.

Quand cet angle sera devenu assez petit pour que les instruments les plus parfaits ne puissent faire apercevoir de différence entre les directions de ses côtés, elles seront pour nous comme si elles se confondaient, ainsi que celles qui joindraient le point M à des points quelconques de l'arc qui est compris entre les extrêmes. On pourrait donc, au point de vue d'une pratique très précise, dire que le mouvement du point est dirigé à partir de M suivant la droite limite. Mais, dans une théorie rigoureuse, on ne confond jamais l'arc indéfiniment décroissant avec sa corde ou une portion de la droite limite : on ne dit pas que cette dernière est la direction suivant laquelle l'arc est décrit, quelque petit qu'il soit; mais on dit qu'elle est la *direction du mouvement* du point qui la décrit, lorsqu'il passe en M, ou la *direction de la courbe* elle-même en ce point.

Cette droite remarquable se nomme la *tangente* à la courbe.

303. Aucune droite partant du point de contact ne peut commencer par entrer dans la portion du plan qui est comprise entre la tangente et la courbe. Car cette droite fixe, faisant un angle avec la tangente, serait nécessairement une position de la sécante variable, dont l'angle avec la tangente peut devenir moindre que tout angle donné. Or, l'arc partant de M est toujours compris entre la tangente et la droite supposée : et, par conséquent, cette dernière n'est pas entre l'arc et la tangente.

Cette propriété de la tangente a quelquefois été prise comme définition générale.

204. Les anciens géomètres envisageaient autrement les tangentes. Ils les ont considérées d'abord pour le cercle et les définissaient par la propriété de n'avoir qu'un point commun avec la courbe. Cependant, il faut ajouter qu'Euclide démontre dans ses *Éléments* que, par le point de contact, il est impossible de mener une droite entre la tangente et le cercle.

Quand ils ont considéré d'autres courbes que le cercle, ils n'ont pas donné de définition spéciale pour leurs tangentes; ils semblent avoir pris pour caractère général de ces lignes qu'elles ne pénètrent pas dans l'intérieur des courbes.

Mais qu'est-ce que l'intérieur de la parabole, de l'hyperbole et de toute courbe non fermée?

Et même pour des courbes fermées qui auraient des sinuosités, il y a des tangentes qui pénètrent dans l'intérieur, d'autres qui n'y pénètrent pas. Il était donc bien nécessaire de donner une définition plus précise du contact.

Il n'aurait même pas suffi d'introduire la condition qu'à partir du point donné les points de la courbe pris dans les deux sens commencent par se trouver d'un même côté de la droite, car, dans beaucoup de cas, des droites satisfaisant à cette condition ne présenteraient nullement le caractère que l'on attache au contact. La définition que nous avons donnée, et à laquelle on s'est arrêté depuis Descartes, n'offre aucun de ces inconvénients.

LA DÉTERMINATION DE LA TANGENTE SE RAMÈNE A CELLE DE LA LIMITE DU RAPPORT DE DEUX INFINIMENT PETITS.

205. La corde qui joint le point de contact au point de la courbe qui s'en rapproche infiniment, étant infiniment petite, peut, de bien des manières, être considérée comme appartenant à des triangles infiniment petits. Or, dans tout triangle, les angles sont déterminés par les rapports des côtés, et l'on conçoit par là que l'angle de la sécante avec une direction connue peut dépendre des rapports des côtés de ces triangles ; d'où il suit que la direction de la tangente dépendra de limites de rapports d'infiniment petits. C'est ce que nous allons examiner avec détail, dans divers systèmes de coordonnées.

Coordonnées rectilignes. — Soient AX, AY (*fig.* 42) deux axes quelconques auxquels la courbe est rapportée ;

Fig. 42

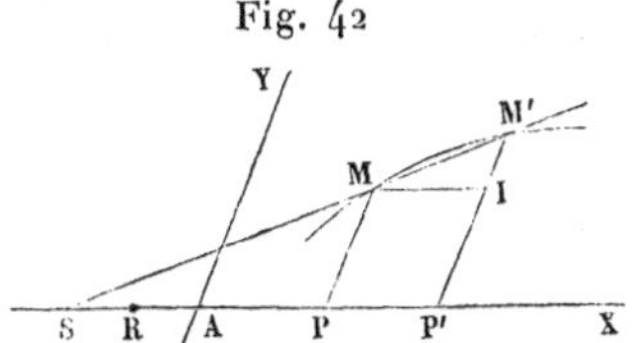

M le point où on veut lui mener une tangente, x et y ses coordonnées ; M' un point de la courbe infiniment voisin de M ; S le point où la sécante MM' coupe AX.

La direction de la sécante est déterminée par le rapport de M'I à MI, ou par son égal $\frac{\text{MP}}{\text{SP}}$, ou encore par la ligne SP, puisque MP est l'y donné du point M. D'où il suit que la limite de la direction de la sécante, ou celle de la tangente, est déterminée par la limite du rapport des infiniment petits, M′I, MI qui sont les accroissements correspondants des x et y, quand on passe du point M à un point infiniment voisin pris sur la courbe.

Lorsque cette limite sera connue, la tangente se construira facilement, soit en prenant à partir de M une longueur quelconque sur une parallèle à AX et menant par son extrémité une parallèle à AY, dont le rapport avec la première soit la limite trouvée; soit en prenant une longueur PR, telle que PM ait avec elle ce même rapport.

Si, au lieu de construire la tangente, on veut calculer l'angle α qu'elle fait avec l'axe des x, connaissant l'expression de la limite du rapport $\frac{\mathrm{M'I}}{\mathrm{MI}}$, on désignera par m cette limite et l'on aura, en appelant θ l'angle des axes,

$$\frac{\sin\alpha}{\sin(\theta-\alpha)} = m, \quad \text{d'où} \quad \operatorname{tang}\alpha = \frac{m\sin\theta}{1+m\cos\theta},$$

expression qui se réduit à m quand l'angle des axes est droit.

206. *Coordonnées polaires.* — Soient M (*fig.* 43) le point où l'on veut mener la tangente, M′ un point infini-

Fig. 43.

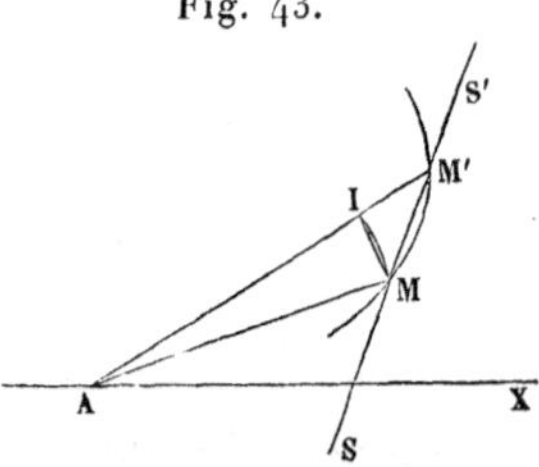

ment voisin, pris sur la courbe. La sécante sera déterminée si l'on connaît l'angle AMS, et la tangente le sera par la limite de cet angle. C'est cette limite qui sera l'objet de notre recherche. En décrivant du pôle A comme centre un arc de cercle qui rencontre AM′ en I, et joignant IM, on aura un triangle infiniment petit MM′I dont les angles ont des limites qui détermineront la limite de la direction MM′, et se ramèneront aux limites des rapports des côtés infiniments petits de ce triangle.

En effet, l'angle AM′M ne différant de AMS que de l'angle infiniment petit M′AM, à la même limite, qui est l'angle de la tangente avec AM, l'angle I du triangle isoscèle AIM est égal à AMI, qui a pour limite un angle droit, puisque la sécante MI a pour limite la tangente au cercle en M, qui est perpendiculaire à AM. Il suit de là que la limite de l'angle I du triangle infinitésimal MM′I est un angle droit, et que la limite de son angle IMM′ sera complément de la limite de l'angle M′, c'est-à-dire complément de l'angle cherché que la tangente fait avec AM.

Or on a

$$\frac{\sin \mathrm{IM'M}}{\sin \mathrm{IMM'}} = \frac{\mathrm{IM}}{\mathrm{IM'}},$$

d'où, en prenant les limites des deux membres et désignant par μ l'angle cherché,

$$\frac{\sin\mu}{\cos\mu} = \lim \frac{\mathrm{IM}}{\mathrm{IM'}}, \quad \text{ou} \quad \operatorname{tang}\mu = \lim \frac{\mathrm{IM}}{\mathrm{IM'}}.$$

On peut modifier cette formule et y introduire seulement les accroissements infiniment petits des coordonnées du point de la courbe. Il suffit pour cela de remarquer que la limite du rapport $\frac{\mathrm{IM}}{\mathrm{IM'}}$ ne sera pas altérée si on remplace la corde IM par l'arc de cercle, dont le rapport avec elle a pour limite l'unité. Or, cet arc est égal au rayon AM multiplié par l'angle au centre, qui est l'accroissement de l'angle du rayon vecteur avec AX.

On aura donc

$$\operatorname{tang}\mu = \mathrm{AM} \lim \frac{\mathrm{M'AM}}{\mathrm{IM'}},$$

ce qui ramène encore à la détermination de la limite du rapport des accroissements infiniment petits des coordonnées.

207. *Coordonnées bipolaires.* — Supposons maintenant que les points soient déterminés par leurs distances à deux pôles.

Soient M (*fig.* 44) le point de la courbe où l'on veut mener la tangente, M′ un point infiniment voisin pris sur la

Fig. 44.

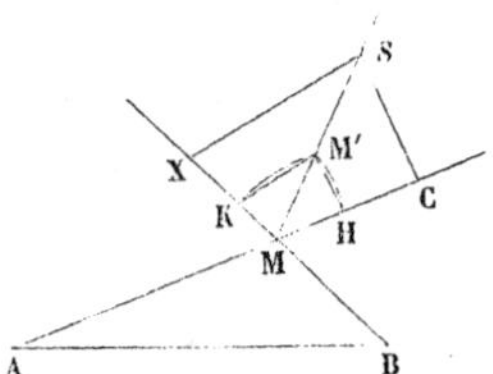

courbe et correspondant aux valeurs AH, BK des rayons vecteurs : ce point sera à la rencontre des cercles décrits de A et B avec des rayons respectivement égaux à AH et BK. Il s'agit de déterminer la limite de la direction de la sécante MM′ quand MH et MK tendent vers zéro. Tirons les cordes M′H, M′K; prenons MC fini et constant, et menons par C une parallèle à M′H, puis par le point S, où elle coupe MM′, une parallèle SX à M′K; les quadrilatères MHM′K et MCSX seront semblables, et la limite de la direction de la diagonale MS sera la tangente cherchée. Or, pour avoir le quadrilatère limite dont la diagonale est la tangente, il suffit de connaître la limite de la longueur MX; car les angles C et X ont pour limite l'angle droit, comme leurs égaux H et K. Et pour connaître la limite de MX, il suffit de connaître la limite du rapport de MK à MH, lequel est toujours égal au rapport de MX à la longueur constante MC.

La question est donc encore ramenée à déterminer la limite du rapport des accroissements infiniment petits des coordonnées AM, MB. On prendra ensuite sur les rayons vecteurs, à partir du point de la courbe, deux longueurs quelconques proportionnelles à leurs accroissements positifs ou négatifs, et dans le sens de ces accroissements; puis, par les extrémités, on élèvera des perpendiculaires sur les deux rayons, et l'on joindra leur point de rencontre au point de la courbe : cette ligne sera la tangente cherchée.

208. *Autre système de coordonnées.* — Considérons encore le système où les points seraient déterminés par leurs distances à un pôle et à un axe fixe.

Soient A (*fig.* 45) le pôle, VZ l'axe et AU la direction, parallèlement à laquelle sont considérées les distances à

Fig. 45.

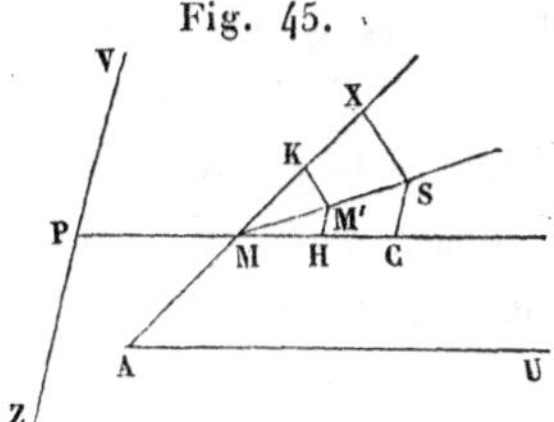

l'axe; M le point de la courbe où l'on veut mener la tangente : les coordonnées de ce point seront AM, et PM parallèle à AU. Leurs accroissements, pour passer de M au point infiniment voisin M', seront MK, MH, et seront portés dans un sens ou dans l'autre suivant que ces coordonnées augmenteront ou diminueront; il s'agit de trouver la limite de la direction MM'.

Menons la corde de l'arc de cercle KM', puis prenons une longueur fixe MC sur la direction MH, et construisons le quadrilatère MCSX semblable à MHM'K; sa diagonale sera dans la direction MM′, et aura par conséquent pour limite la direction de la tangente en M.

Or, l'angle X égal à K a pour limite un angle droit; on connaîtra donc le quadrilatère limite de MCSX si on connaît la limite du côté MX, ou du rapport MC : MX, qui est égal au rapport de MH à MK.

La question est donc encore ramenée à trouver la limite du rapport des accroissements infiniment petits des coordonnées, en passant d'un point à un autre de la courbe donnée.

Quand cette limite sera déterminée, on connaîtra la limite du point X; on y élèvera une perpendiculaire à AM; par le point C on mènera une parallèle à ZV : en joignant leur point de rencontre au point M, on aura la tangente demandée.

209. *Remarque.* — Dans ce qui précède nous avons supposé les points des courbes déterminés par des relations entre leurs coordonnées; et les infiniment petits au moyen desquels nous avons déterminé la sécante se sont trouvés naturellement être les accroissements subis par les coordonnées dans le passage du point donné à un point infiniment voisin. Lorsque d'autres infiniment petits se sont présentés d'abord, nous ne nous y sommes pas arrêté, et nous avons toujours voulu arriver aux accroissements des coordonnées, parce que, les points de la courbe étant supposés déterminés par une relation entre ces coordonnées, leurs accroissements simultanés dépendaient l'un de l'autre par cette relation, et la limite de leur rapport en était une conséquence. Et comme cette relation est la seule donnée, c'est à elle qu'il faudra toujours avoir recours pour déterminer les rapports de tous les infiniment petits qu'on voudra considérer. C'est pour cela qu'il était convenable de les ramener aux accroissements mêmes des coordonnées.

Mais, comme des courbes peuvent être définies autrement que par des équations entre les coordonnées ordinaires de leurs points, il peut très bien arriver qu'on détermine leurs tangentes par des limites de rapports d'infiniment petits dépendant de la définition même de ces courbes, sans chercher préalablement leurs équations dans les systèmes de coordonnées le plus ordinairement admis.

APPLICATION DES MÉTHODES PRÉCÉDENTES A QUELQUES EXEMPLES.

210. *Tangente au cercle.* — En joignant au centre le point donné du cercle et un point infiniment voisin, ces deux rayons et la sécante forment un triangle isoscèle dont l'angle au centre tendra vers zéro, en même temps que la sécante tendra vers la tangente. Les deux autres angles du triangle ont donc chacun pour limite un angle droit; et par conséquent *la tangente au cercle est perpendiculaire au rayon mené au point de contact.*

211. *Tangente à l'hyperbole et à l'ellipse.* — Supposons les points de ces courbes déterminés par leurs distances aux deux foyers.

Dans l'hyperbole, les deux distances croîtront d'une même quantité, en passant du point donné à un point infiniment voisin; il faudra donc, d'après la règle donnée précédemment, porter, à partir du point de la courbe, sur les deux rayons vecteurs prolongés, des longueurs égales quelconques, élever à leurs extrémités des perpendiculaires à ces rayons et joindre leur point de rencontre au point donné. Cette droite, qui sera la tangente, partagera en deux parties égales l'angle des rayons vecteurs.

Dans l'ellipse, l'une des distances diminuera de la même quantité que l'autre croîtra. Il faudra donc porter, à partir du point de la courbe, des longueurs égales sur l'un des rayons vecteurs, et sur le prolongement de l'autre élever par leurs extrémités des perpendiculaires à ces rayons, et joindre leur point de rencontre au point de la courbe : on aura ainsi la tangente, qui sera la bissectrice de l'angle formé par l'un des rayons vecteurs avec le prolongement de l'autre.

212. *Tangente à la parabole.* — Supposons les points de cette courbe déterminés par leurs distances au foyer et à la directrice. Ces distances devant toujours être égales, leurs accroissements seront égaux et de même signe. Il faudra donc, d'après la règle, prendre sur le prolongement du rayon vecteur et sur celui de la perpendiculaire à la directrice une même longueur quelconque, et élever des perpendiculaires à leurs extrémités respectives. En joignant leur point de rencontre au point de la courbe, on aura la tangente demandée. Il est évident qu'elle partagera en deux parties égales l'angle du rayon vecteur et de la parallèle à l'axe.

213. *Tangente à la cycloïde.* — On appelle cycloïde la courbe engendrée par un point d'un cercle, qui roule sans glisser sur une ligne droite immobile.

Soient A (*fig.* 46) le point de contact du cercle et de la

Fig. 46.

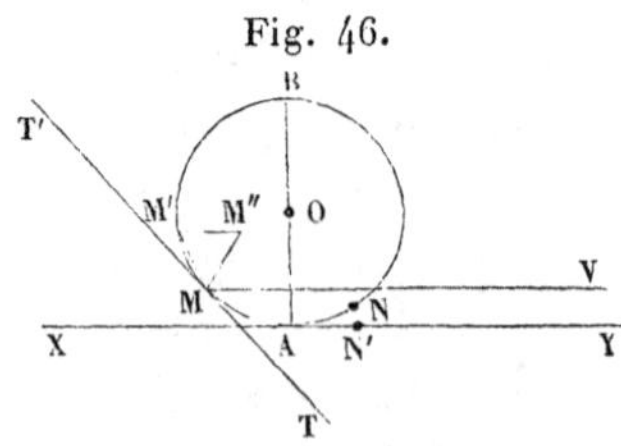

droite XY dans une quelconque de ses positions, M le

point correspondant de la cycloïde, et O le centre du cercle.

Pour avoir un point de la cycloïde qui soit infiniment voisin de M, on prendra un arc AN infiniment petit sur le cercle, et AN′ égal à AN sur la droite fixe. Le point N, par un déplacement infiniment petit du cercle, deviendra le point de contact en N′, et il s'agit de déterminer la position correspondante du point générateur M. Or, on pourra amener le cercle dans cette position en le faisant d'abord tourner autour du point O immobile, jusqu'à ce que N arrive en A, puis faisant mouvoir tout le système parallèlement à la droite fixe d'une quantité égale à AN′.

Dans le premier mouvement, M vient en M′, en prenant l'arc MM′ = NA; et dans le second mouvement M′ décrit une droite M′M″ parallèle à XY, et égale à AN′, et par conséquent à l'arc MM′. M″ est donc un point de la cycloïde, et il faut trouver la limite de la direction de la sécante MM″ quand AN tend vers zéro.

Or, si l'on joint MM′, on formera un triangle MM′M″, dont l'angle M′ aura pour limite l'angle de la tangente MT′ au cercle avec la parallèle MV à XY; et le rapport des deux côtés qui comprennent cet angle a pour limite 1, puisque l'arc MM′ est égal à M′M″ et que le côté MM′ du triangle est la corde de cet arc. Il suit de là que la limite du rapport des sinus des deux angles M, M″ du triangle est 1; il faut donc que les limites de ces angles soient égales, puisqu'elles ne peuvent être supplémentaires, vu que le troisième angle est fini.

De cette égalité, et de ce que l'angle M″ est égal à M″MV, et que la limite de la direction MM′ est celle de la tangente MT′ au cercle, il résulte que la limite de la sécante, ou la tangente à la cycloïde, partage l'angle T′MV en deux parties égales et, par conséquent, passe à l'extrémité B du diamètre mené par A. La normale est, par suite, la ligne MA.

214. *Tangente à la conchoïde.*

Cette courbe est le lieu des points M (*fig.* 47) que l'on

Fig. 47.

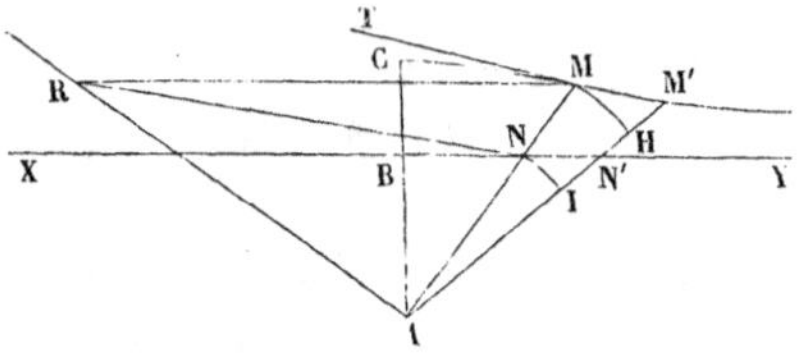

obtient en tirant du point A des rayons AN à tous les points d'une droite indéfinie XY, et les prolongeant d'une quantité constante.

Le point C situé sur la perpendiculaire AB est le sommet de la courbe, qui est symétrique par rapport à AC. Soient M le point où l'on veut mener la tangente, et AN′M′ une sécante infiniment voisine de ANM.

Du point A comme centre, décrivons les arcs de cercle MH, NI, on aura M′H = N′I, puisque M′N′ = MN = IH. Dans le triangle rectiligne MM′H, l'angle H tend indéfiniment vers un angle droit; et par conséquent les limites des deux autres sont des angles complémentaires.

Le rapport $\frac{\text{MH}}{\text{M}'\text{H}}$ a donc pour limite la tangente de l'angle limite de M′, ou de celui que forme la tangente MT avec le rayon MA.

Dans le triangle NN′I le rapport $\frac{\text{NI}}{\text{N}'\text{I}}$ aura de même pour limite la tangente de l'angle limite de N′ ou de l'angle BNA.

Mais, en divisant l'un par l'autre ces deux rapports, on trouve

$$\frac{\text{MH}}{\text{NI}},$$

puisque les dénominateurs sont égaux. Et ce dernier est

égal à $\frac{MA}{NA}$ qui est déterminé, et est par conséquent la limite du rapport des deux autres, et par suite le rapport des tangentes des angles TMA, BNA. Et comme ce dernier est connu, l'autre s'en déduira, puisque sa tangente sera connue.

La construction de cet angle est bien facile, d'après la proportion

$$\frac{\text{tang TMA}}{\text{tang BNA}} = \frac{MA}{NA}.$$

Il suffira, en effet, d'élever la perpendiculaire AR au rayon vecteur AM, et de la couper par une parallèle menée du point M à XY; la droite qui joindra leur point de rencontre R au point N sera parallèle à la tangente, car on aura

$$\frac{\text{tang RNA}}{\text{tang RMA}} = \frac{MA}{NA},$$

et l'angle RMA étant égal à BNA, l'angle RNA le sera à TMA.

215. *Tangente à une courbe dont les points sont déterminés par deux angles.*

Considérons une courbe dont tous les points M (*fig.* 48) sont assujettis à la condition que le rapport des angles

Fig. 48.

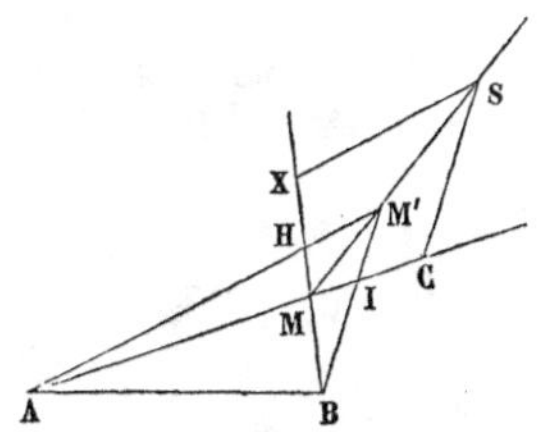

MAB, MBA soit constamment égal à $\frac{m}{n}$, les deux points A et B étant fixes.

Si l'on prend un point M′ du lieu, infiniment voisin de M, le rapport des angles M′AM, M′BM sera $\frac{m}{n}$, et le rapport de leurs sinus aura pour limite $\frac{m}{n}$.

Prenons une longueur constante arbitraire MC sur le prolongement de AM, et construisons le quadrilatère MCSX semblable à MIM′H. Les diagonales de ces quadrilatères seront sur une même droite, et si l'on peut construire le quadrilatère limite de MCSX, sa diagonale sera la tangente cherchée en M.

Or, ses angles tendent à devenir égaux à ceux que forment entre elles les droites AM, BM; il ne reste donc qu'à connaître la limite du rapport des deux infiniment petits HM, MI, qui donnera la limite de la longueur MX. Or on a

$$\frac{\mathrm{HM}}{\mathrm{MA}} = \frac{\sin \mathrm{HAM}}{\sin \mathrm{H}},$$

$$\frac{\mathrm{MI}}{\mathrm{MB}} = \frac{\sin \mathrm{IBM}}{\sin \mathrm{I}},$$

d'où

$$\mathrm{HM} : \mathrm{MI} :: \frac{\mathrm{MA} \sin \mathrm{HAM}}{\sin \mathrm{H}} :: \frac{\mathrm{MB} \sin \mathrm{IBM}}{\sin \mathrm{I}},$$

et par conséquent

$$\lim \frac{\mathrm{HM}}{\mathrm{MI}} = \frac{\mathrm{MA}}{\mathrm{MB}} \lim \frac{\sin \mathrm{HAM}}{\sin \mathrm{IBM}} = \frac{\mathrm{MA}}{\mathrm{MR}} \lim \frac{\mathrm{HAM}}{\mathrm{IBM}},$$

ou

$$\lim \frac{\mathrm{HM}}{\mathrm{MI}} = \frac{m}{n} \frac{\mathrm{MA}}{\mathrm{MB}}.$$

On connaît donc ainsi la limite de $\frac{\mathrm{MX}}{\mathrm{MC}}$, et par conséquent la limite D du point X; il suffira donc de mener par C et D des parallèles aux droites BM, AM; et la diagonale de ce parallélogramme sera la tangente à la courbe au point M.

216. Dernier exemple. — *On donne deux points* A, B (*fig.* 49) *et une droite indéfinie* XY. *Deux angles de grandeurs constantes ont leurs sommets en* A *et* B, *et deux*

Fig. 49.

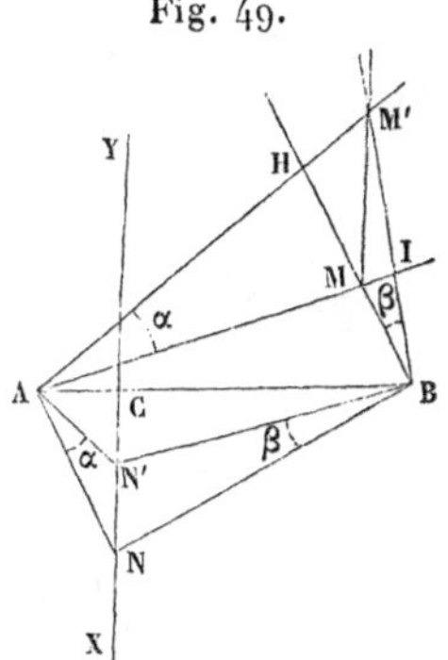

de leurs côtés se rencontrent en un même point de XY; *si l'on suppose que ce point se déplace d'une manière continue, le point de rencontre des deux autres côtés décrira une courbe, à laquelle on propose de mener la tangente.*

Soient M un point quelconque de la courbe correspondant au point de rencontre N des deux côtés AN, BN des angles donnés NAM, NBM. Nous regarderons les longueurs AN, BN, AM, BM comme connues, ainsi que tous les angles qui en dépendent, parce que toutes ces grandeurs sont déterminées par celle de CN.

Le point N passant à une position infiniment voisine N', le point correspondant M' de la courbe sera infiniment voisin de M, et il s'agit de déterminer la limite de la direction de la sécante MM'. Comme dans quelques-uns des problèmes précédents, la question revient à trouver les limites des angles du quadrilatère MIM'H, et du rapport des deux côtés contigus MH, MI.

Or, les angles H et I tendent évidemment vers celui que

forme un des côtés MA, MB avec le prolongement de l'autre; leurs limites sont donc connues, et il ne reste plus qu'à connaître la limite du rapport $\frac{\mathrm{MH}}{\mathrm{MI}}$.

Remarquons d'abord que, d'après les conditions de la question, les angles M'AM, M'BM seront respectivement égaux à α et β. On aura alors

$$\frac{\mathrm{MH}}{\mathrm{MA}} = \frac{\sin\alpha}{\sin\mathrm{H}}, \qquad \frac{\mathrm{MI}}{\mathrm{MB}} = \frac{\sin\beta}{\sin\mathrm{I}},$$

d'où

$$\frac{\mathrm{MH}}{\mathrm{MI}} = \frac{\mathrm{MA}\sin\alpha\sin\mathrm{I}}{\mathrm{MB}\sin\beta\sin\mathrm{H}},$$

et par suite, en observant que $\sin\mathrm{I}$ et $\sin\mathrm{H}$ ont même limite,

$$\lim\frac{\mathrm{MH}}{\mathrm{MI}} = \frac{\mathrm{MA}}{\mathrm{MB}}\lim\frac{\sin\alpha}{\sin\beta}.$$

Le problème est donc ramené à trouver la limite de $\frac{\sin\alpha}{\sin\beta}$; et il suffira pour cela de faire usage des deux triangles ANN', BNN', qui donneront

$$\frac{\sin\alpha}{\sin\mathrm{ANN'}} = \frac{\mathrm{NN'}}{\mathrm{AN'}}, \qquad \frac{\sin\beta}{\sin\mathrm{BNN'}} = \frac{\mathrm{NN'}}{\mathrm{BN'}}$$

et, par suite,

$$\frac{\sin\alpha}{\sin\beta} = \frac{\mathrm{BN'}\sin\mathrm{ANN'}}{\mathrm{AN'}\sin\mathrm{BNN'}},$$

d'où

$$\lim\frac{\sin\alpha}{\sin\beta} = \frac{\mathrm{BN}}{\mathrm{AN}}\,\frac{\sin\mathrm{ANC}}{\sin\mathrm{BNC}}.$$

Le problème est donc résolu.

CHAPITRE XIII.

CALCUL DES TANGENTES D'APRÈS LES ÉQUATIONS DES COURBES.

Nous avons démontré que, lorsque les points d'une courbe sont déterminés par une équation entre leurs coordonnées dans un système quelconque, la détermination de la tangente en un point quelconque de cette courbe était ramenée à celle de la limite du rapport des accroissements infiniment petits de ces coordonnées. C'est donc à ce dernier problème de calcul qu'est ramenée la recherche, soit de l'équation de la tangente, soit de l'expression de grandeurs qui détermineraient la position de cette tangente. Cette question, résolue pour la première fois par Descartes, est celle qui va maintenant nous occuper.

217. *Équation de la tangente à une courbe, donnée par une équation de degré quelconque en coordonnées rectilignes.*

Soit $F(x, y) = 0$ l'équation de la courbe, $F(x, y)$ désignant un polynôme de degré quelconque en x et y. Soient x', y' les coordonnées du point où l'on veut mener la tangente ; $x' + h$, $y' + k$ celles d'un second point de la courbe ; s la sous-sécante. On aura

$$F(x', y') = 0, \tag{1}$$

$$F(x' + h, y' + k) = 0, \tag{2}$$

et, comme $\frac{k}{h} = \frac{y'}{s}$, on pourra remplacer k par $\frac{hy'}{s}$ comme le fait Descartes.

Développant ensuite le premier membre de l'équation (2), les termes indépendants de h se détruiront, puisqu'ils ne seront autre chose que $F(x', y')$; on pourra donc diviser par la puissance de h, qui sera commune à tous les termes. Le premier membre de l'équation (2) se composera alors d'une partie indépendante de h, et d'une suite de termes où h sera facteur à diverses puissances.

Cette équation ferait connaître s d'après h, et, si l'on y fait tendre h vers zéro, s tendra vers une limite a, correspondante à la limite de la sécante, ou à la tangente. Cette limite de s se nomme la *sous-tangente*. Elle détermine la tangente, puisqu'elle donne le point où elle coupe l'axe des x. Mais il vaut mieux prendre le rapport $\frac{y'}{a}$, qui est la limite de $\frac{k}{h}$ et donne le coefficient d'inclinaison de la tangente, dont l'équation est alors

$$y - y' = \frac{y'}{a}(x - x').$$

Il ne reste qu'à effectuer les calculs que nous venons d'indiquer d'après Descartes. Nous développerons le premier membre de l'équation (2) par deux opérations successives. Dans la première, nous formerons le développement de $F(x' + h, y')$, qui s'obtiendra en donnant, dans $F(x', y')$, à la seule lettre x' un accroissement h; puis dans le résultat nous n'aurons à donner qu'à la seule lettre y' un accroissement k. De cette manière, l'opération totale est décomposée en deux autres plus simples, dans chacune desquelles il n'y a à considérer qu'une seule variable; ce qui ramène à une question traitée précédemment.

Désignons par $F'(x)$ la dérivée de $F(x, y)$ par rapport à la lettre x, et par $F'(y)$ sa dérivée par rapport à y; de telle sorte que le terme général $Px^m y^n$ fournirait dans

$F'(x)$ le seul terme $mPx^{m-1}y^n$ et dans $F'(y)$ le seul terme $nPx^m y^{n-1}$. Nous pourrons développer $F(x'+h, y')$ comme il suit :

$$(3) \quad F(x'+h, y') = F(x', y') + hF'(x') + Ah^2 + Bh^3 + \ldots$$

A, B, ... représentant, pour abréger, les dérivées successives par rapport à x de $F(x, y)$, divisées par des nombres connus, et dans lesquelles on remplace x, y par x', y'.

Changeant maintenant y' en $y'+h$ dans les deux membres, le premier terme du second membre deviendra $F(x', y'+k)$ et se développera ainsi

$$F(x', y'+k) = F(x', y') + kF'(y') + A_1 k^2 + B_1 k^2 + \ldots,$$

les coefficients A_1, B_1, ... représentant les dérivées de $F(x, y)$ par rapport à y, divisées par des nombres connus, et dans lesquelles on substituera à x et y les valeurs x', y' qui peuvent être des nombres particuliers.

Le second terme $hF'(x')$ de la formule (3) se développera d'une manière analogue, parce que $F'(x')$ renferme y', qu'on y changera en $y'+k$, ce qui changera $F'(x')$ en

$$F'(x') + A_2 k + B_2 k^2 + \ldots.$$

Il en sera de même des autres termes Ah^2, Bh^3, ... de la formule (3), puisque les coefficients A, B, ... désignent des polynômes renfermant x', y'.

On voit donc que le développement de $F(x'+h, y'+k)$ aura $F(x', y')$ pour terme indépendant de h et k; les termes qui ne renfermeront qu'un seul facteur h ou k seront

$$hF'(x') + kF'(y'),$$

et tous les autres renfermeront au moins deux de ces facteurs, dont le nombre le plus élevé dépend, d'une manière facile à apercevoir, du degré du polynôme $F(x, y)$ en x et y.

Si maintenant nous remplaçons, comme nous l'avons dit, k par $\frac{hy'}{s}$, le développement de $F(x'+h, y'+k)$ pourra se mettre sous la forme suivante

$$(4)\quad \begin{cases} F(x'+h, y'+k) \\ \quad = F(x', y') + hF'(x') + \frac{hy'}{s} F'(y') + Mh^2, \end{cases}$$

M désignant un ensemble de termes où h sera en facteur à divers degrés, depuis o jusqu'à une valeur dépendant du degré de $F(x, y)$.

Nous avons ainsi effectué le calcul primitivement indiqué; le terme indépendant de h est, comme nous l'avions prévu, $F(x', y')$, et est nul, puisque le point (x', y') est sur la courbe.

Comme le point dont les coordonnées sont $x'+h$, $y'+k$ est aussi sur la courbe, on a

$$F(x'+h, y'+k) = 0,$$

et l'équation (4) se réduit à

$$0 = hF'(x') + \frac{hy'}{s} F'(y') + Mh^2.$$

On voit, comme nous l'avions encore annoncé, que h est facteur à tous les termes, et, en le supprimant, on aura

$$(5)\qquad 0 = F'(x') + \frac{y'}{s} F'(y') + Mh.$$

Cette équation, renfermant h et s, ferait connaître la valeur de la sous-sécante s pour une valeur déterminée de h; ce calcul serait sans intérêt et offrirait beaucoup de difficultés par la manière dont s entre dans M. Mais ce serait inutile pour notre objet, qui est de calculer la limite de s, ou de $\frac{y'}{s}$ quand h tend vers zéro.

Faisant donc tendre h vers zéro dans (5), et a désignant la limite de s, on obtiendra, d'après le principe des limites, l'équation exacte

$$0 = F'(x') + \frac{y'}{a} F'(y'),$$

d'où

$$\frac{y'}{a} = -\frac{F'(x')}{F'(y')},$$

et l'équation de la tangente sera

$$(6) \qquad y - y' = -\frac{F'(x')}{F'(y')}(x - x'),$$

ou

$$(7) \qquad yF'(y') + xF'(x') = y'F'(y') + x'F'(x').$$

218. Le second membre de cette dernière équation renferme y' et x' au degré le plus élevé où ils entrent dans $F(x', y')$; mais on peut l'abaisser au moyen d'une propriété des polynômes homogènes, qui sera généralisée plus tard.

Considérons, en effet, tous les termes de ce second membre qui ont le degré le plus élevé et constituent un polynôme homogène du même degré m que $F(x, y)$.

Un quelconque d'entre eux sera de la forme $Py^n x^{m-n}$. Ses deux dérivées, par rapport à x et à y, seront

$$nPy^{n-1}x^{m-n} \quad \text{et} \quad (m-n)Py^n x^{m-n-1};$$

multipliant la première par y et la seconde par x, puis les ajoutant, on aura les termes de $yF'(y) + xF'(x')$ qui proviendront du terme $Py^n x^{m-n}$; cette somme est $mPy^n x^{m-n}$.

Tous les termes de degré m de $y'F'(y') + x'F'(x')$ ne seront donc autre chose que les termes de degré m de $F(x', y')$ multipliés par m.

Cette propriété, que nous venons de démontrer pour tous les polynômes homogènes par rapport à deux variables, permettra de simplifier l'équation (7), puisque tous les termes du degré m de son second membre pourront, au moyen de l'équation de la courbe, s'exprimer au moyen de termes du degré $m-1$ au plus.

Cette simplication sera particulièrement utile quand les coordonnées x', y' du point de contact seront des inconnues qu'il s'agira de déterminer.

219. *Équation de la normale.*

La normale est la perpendiculaire à la tangente menée au point de contact; il sera donc facile de calculer son coefficient d'inclinaison d'après celui de la tangente, quel que soit l'angle des axes.

En supposant cet angle droit, ce qui est le cas le plus ordinaire, le produit de ces deux coefficients devra être -1, et par conséquent l'équation de la normale sera

$$y - y' = \frac{F'(y')}{F'(x')}(x - x').$$

220. *Trouver l'équation de la tangente menée par un point donné, non sur la courbe.*

Soient α, β les coordonnées du point donné, et x', y' celles du point de contact inconnu; l'équation de la tangente sera toujours de la forme générale (7); et il restera à chercher les valeurs de x', y'.

Les deux conditions auxquelles elles doivent satisfaire sont que x', y' satisfassent à l'équation de la courbe, et α, β à celle de la tangente. On aura donc pour les déterminer les deux équations suivantes :

$$(8) \qquad \begin{cases} \beta - y' = -\dfrac{F'(x')}{F'(y')}(\alpha - x'), \\ F(x', y') = 0. \end{cases}$$

La première ne sera que du degré $m - 1$, après la simplification que nous avons indiquée, la seconde étant supposée de degré m. Si l'on peut en tirer des systèmes de solutions réelles, chacun d'eux déterminera un point de contact, et par suite l'équation d'une tangente passant par le point donné α, β.

Remarque. — La résolution des deux équations (8) correspond au problème géométrique de l'intersection des deux lieux géométriques représentés par chacune de ces équations, dans lesquelles on considérerait x' et y' comme des coordonnées variables. L'un de ces lieux serait la courbe même; l'autre serait une ligne d'un degré moindre d'une unité.

221. *Équation d'une tangente parallèle à une droite donnée.*

Soit a le coefficient d'inclinaison de la droite donnée, on devra avoir

$$-\frac{F'(x')}{F'(y')} = a \quad \text{et} \quad F(x', y') = 0,$$

équations qui détermineront x', y', et par suite les diverses tangentes parallèles à la direction donnée.

La première de ces deux équations se déduirait de l'équation (7) en supposant que le point donné (α, β) s'éloigne indéfiniment sur une droite dont le coefficient d'inclinaison serait a.

Les points de contact pourraient encore être construits par l'ntersection de la courbe donnée et du lieu de l'équation

$$-\frac{F'(x)}{F'(y)} = a,$$

ou

$$a\,F'(y) + F'(x) = 0,$$

qui sera d'un degré moindre d'une unité que la proposée.

On pourrait se proposer les mêmes questions pour les normales. La marche serait la même; mais le calcul serait plus compliqué, dans chaque cas particulier, parce que l'équation générale des normales n'est pas susceptible de la même simplification que celle des tangentes.

222. *Application aux courbes du second degré.*

Soit l'équation générale du second degré

$$ay^2 + bxy + cx^2 + dy + ex + f = 0. \tag{1}$$

L'équation (6) de la tangente est, dans ce cas,

$$y - y' = -\frac{2cx' + by' + e}{2ay' + bx' + d}(x - x'). \tag{2}$$

L'équation (7), qui s'obtient en chassant le dénominateur, sera

$$\left\{\begin{aligned} & y(2ay' + bx' + d) + x(2cx' + by' + e) \\ & = y'(2ay' + bx' + d) + x'(2cx' + by' + e). \end{aligned}\right. \tag{3}$$

Les termes du second degré en x' et y' forment le trinôme

$$2(ay'^2 + bx'y' + cx'^2),$$

et d'après l'équation (1), qui est satisfaite par x', y', cette expression se réduira à la suivante

$$-2(dy' + ex' + f)$$

qui ne renferme plus x', y' qu'au premier degré. C'est la simplification que nous avons démontrée en général (n° **218**).

Le second membre de l'équation (3) se réduit alors à

$$-dy' - ex' - 2f,$$

de sorte que l'équation (3) peut s'écrire ainsi :

$$\left\{\begin{aligned} & 2ayy' + b(xy' + yx') + 2cxx' + d(y + y') \\ & \qquad + e(x + x') + 2f = 0. \end{aligned}\right. \tag{4}$$

On emploie souvent cette forme à cause de la symétrie des termes, qui sont ordonnés par rapport aux coefficients de l'équation de la courbe.

Si on veut l'ordonner par rapport à x et y, comme l'équation (3), on obtiendra

$$(5)\qquad \left\{\begin{aligned} &y(2ay' + bx' + d) + x(2cx' + by' + e)\\ &\qquad\qquad + dy' + ex' + 2f = 0.\end{aligned}\right.$$

223. *Mener une tangente par un point extérieur.*

Soient α, β les coordonnées du point par lequel il faut mener une tangente à la courbe représentée par l'équation (1). Nous prendrons l'équation (4) pour représenter la tangente au point inconnu (x', y'). Il faudra alors exprimer que cette équation est satisfaite quand on y remplace les coordonnées courantes x, y par α et β, de sorte que les inconnues x', y' devront être déterminées par les deux équations suivantes :

$$\begin{aligned} &ay'^2 + bx'y' + cx'^2 + dy' + ex' + f = 0,\\ &2a\beta y' + b(\alpha y' + \beta x') + 2c\alpha x' + d(\beta + y')\\ &\qquad\qquad + e(\alpha + x') + 2f = 0.\end{aligned}$$

En éliminant y', on aura une équation du second degré, au plus, en x', qui donnera deux racines, qui pourront être réelles, inégales ou égales, ou enfin imaginaires. Nous n'entrerons pas dans cette discussion, qui n'offre aucune difficulté.

224. La remarque que nous avons faite dans le cas d'une équation de degré quelconque offre quelque chose d'intéressant dans le cas des courbes du second degré. Les deux équations précédentes étant séparément construites, en y regardant x', y' comme des coordonnées variables, ces deux lieux, par leur intersection, donneront les points dont les coordonnées sont désignées par x', y', c'est-à-dire les points de contact des tangentes cherchées.

Le premier de ces lieux sera la courbe proposée ; le second sera une droite ayant pour équation

$$(6)\quad \left\{ \begin{array}{l} 2a\beta y + b(\alpha y + \beta x) + 2c\alpha x + d(\beta + y) \\ \qquad + e(\alpha + x) + 2f = 0. \end{array} \right.$$

Sa forme est la même que celle de l'équation des tangentes ; seulement les coordonnées α, β du point d'où partent les tangentes remplacent celles du point de contact.

L'équation (6) est donc celle de la droite qui passe par les deux points de contact des tangentes menées par le point (α, β), lorsque ces tangentes existent. Si ce point était sur la courbe même, la droite ne serait autre chose que la tangente en ce point. S'il était dans la partie du plan d'où il est impossible de mener des tangentes, ce qui a lieu quand les valeurs de x', y' sont imaginaires, l'équation (6) n'en est pas moins réelle et représente encore une droite, mais qui ne coupe pas la courbe. Cette droite est ce qu'on nomme la *polaire* du point (α, β), qui en est dit le pôle.

Dans tous les cas, la théorie des pôles et des polaires offre beaucoup d'intérêt dans l'étude des courbes du second degré ; elle fait partie essentielle d'un traité spécial de ces courbes, mais elle ne peut entrer dans le cadre que nous nous sommes tracé.

225. *Tangente parallèle à une direction donnée.*

Soit $y = mx$ la droite à laquelle la tangente doit être parallèle ; on devra avoir

$$-\frac{2cx' + by' + e}{2ay' + bx' + d} = m,$$

ou

$$(7)\qquad m(ay' + bx' + d) + 2cx' + by' + e = 0.$$

Cette équation représente la droite qui joint les points de contact, en y regardant x', y' comme variables. On voit qu'elle passe par le centre, quand il existe, parce que l'équation est satisfaite quand on pose

$$2ay' + bx' + d = 0,$$
$$2cx' + by' + e = 0,$$

équations qui déterminent les coordonnées du centre quand elles ne sont pas incompatibles, auquel cas la courbe n'a pas de centre.

Dans tous les cas, l'équation (7) est celle du diamètre des cordes parallèles à la droite donnée ; et l'on sait que, quand la courbe n'a pas de centre, les diamètres ne la rencontrent qu'en un seul point : il ne peut donc y avoir dans ce cas qu'une seule tangente parallèle à une droite donnée.

226. *Application au folium de Descartes.* — Dans sa discussion avec Fermat, Descartes proposa de calculer la tangente à la courbe ayant pour équation

$$y^3 + x^3 = nxy,$$

et particulièrement de déterminer l'abscisse du point où la tangente fait avec l'axe des x un angle égal à la moitié d'un droit.

La méthode que Fermat avait fait connaître, après celle de Descartes, ne réussissait pas dans ce cas.

Pour y appliquer la méthode que nous avons donnée, et qui ne diffère pas de l'une de celles que Descartes avait données, nous ferons passer tous les termes dans le premier membre, et nous aurons alors

$$F'(x) = 3x^2 - ny, \quad F'(y) = 3y^2 - nx,$$

et l'équation de la tangente sera

$$y - y' = \frac{ny' - 3x'^2}{3y'^2 - nx'}(x - x').$$

227. Pour trouver le point où la tangente fait avec l'axe des x un angle égal à un demi-droit, dont la tangente est égale à l'unité, il faut poser

$$ny' - 3x'^2 = 3y'^2 - nx',$$

ou

$$x'^2 + y'^2 = \frac{n}{3}(x' + y'),$$

qu'il faut joindre à celle que donne la courbe entre $x'y'$.

En supprimant les accents, on a, pour déterminer les coordonnées du point de contact, les deux équations

$$x^3 + y^3 = nxy,$$

$$x^2 + y^2 = \frac{n}{3}(x + y).$$

Le calcul peut être fait plus simplement que ne l'a fait Descartes, en remarquant que la symétrie de ces équations, par rapport à x et y, conduit naturellement à prendre pour inconnues la somme et la différence de x et y. Posant donc

$$x + y = u, \quad x - y = v,$$

d'où

$$x = \frac{1}{2}(u + v), \quad y = \frac{1}{2}(u - v),$$

substituant ces expressions à x et y, les deux équations deviennent

$$u^3 + 3uv^2 = n(u^2 - v^2), \quad u^2 + v^2 = \frac{2n}{3}u.$$

Éliminant v^2, on obtient $u^2 = \frac{n^2}{3}$; mais, comme on ne peut prendre pour u le signe —, qui donnerait pour v une valeur imaginaire, on n'aura à considérer que les valeurs suivantes

$$u = \frac{n}{\sqrt{3}}, \quad v = \pm \frac{n}{\sqrt{3}}\sqrt{\frac{2}{\sqrt{3}} - 1},$$

d'où résulte

$$x = \frac{n}{2\sqrt{3}}\left(1 \pm \sqrt{\frac{2}{\sqrt{3}} - 1}\right), \quad y = \frac{n}{2\sqrt{3}}\left(1 \mp \sqrt{\frac{2}{\sqrt{3}} - 1}\right),$$

les signes supérieurs se correspondant, ainsi que les signes inférieurs.

On voit que les deux valeurs de x sont les mêmes que les deux valeurs de y; et c'est ce que l'on devait prévoir d'après la manière symétrique dont ces deux inconnues entraient dans les équations.

Ces valeurs sont précisément celles que Descartes a données après avoir inutilement demandé à ses adversaires de les trouver. Il y a ajouté l'expression de la distance des deux tangentes, ou de la largeur de la feuille de sa courbe. On l'obtient en prenant d'abord la différence des deux valeurs de x, qui sera la projection de la droite qui joint les points de contact des deux tangentes, et leur est perpendiculaire, puis la divisant par le cosinus d'un demi-droit qui est $\frac{1}{\sqrt{2}}$. On trouve ainsi

$$\frac{n\sqrt{2}}{\sqrt{3}}\sqrt{\frac{2}{\sqrt{3}} - 1}.$$

228. Si l'on voulait connaître le point de cette feuille qui est le plus élevé au-dessus de l'axe des x, il faudrait exprimer que la tangente en ce point est parallèle à l'axe, ce qui donnerait

$$3x^2 - ny = 0.$$

Cette équation, combinée avec celle de la courbe, donne

pour valeurs des coordonnées de ce point

$$x = \frac{n^3\sqrt{2}}{3}, \quad y = \frac{n^3\sqrt{4}}{3}.$$

229. *Autre exemple.* — Considérons maintenant la courbe dont l'équation est

$$y = ae^{\frac{x}{m}},$$

a et m étant des lignes données.

Si l'on donne à x un accroissement h, et qu'on désigne par k l'accroissement correspondant de y, on aura

$$y + k = ae^{\frac{x}{m} + \frac{h}{m}},$$

et par conséquent

$$k = ae^{\frac{x}{m}}\left(e^{\frac{h}{m}} - 1\right),$$

d'où

$$\frac{k}{h} = ae^{\frac{x}{m}}\left(\frac{e^{\frac{h}{m}} - 1}{h}\right).$$

On est donc ramené, pour avoir la limite de $\frac{k}{h}$, à chercher celle de $\frac{e^{\frac{h}{m}} - 1}{h}$ quand h tend vers zéro. En posant $\frac{h}{m} = \alpha$, cette expression devient

$$\frac{1}{m}\,\frac{e^{\alpha} - 1}{\alpha}.$$

Or, nous avons trouvé précédemment que, quand α tend vers zéro, $\frac{a^{\alpha} - 1}{\alpha}$ a pour limite $\mathrm{l}a$; l'expression précédente a donc pour limite $\frac{1}{m}\,\mathrm{l}e$ ou $\frac{1}{m}$; donc

$$\lim \frac{k}{h} = \frac{a}{m}\,e^{\frac{x}{m}},$$

et par conséquent le coefficient d'inclinaison de la tangente au point (x', y'), est

$$\frac{a}{m} e^{\frac{x'}{m}}, \quad \text{ou} \quad \frac{y'}{m}.$$

230. Si l'on désigne par θ l'angle de la tangente avec l'axe des x, on aura

$$\tang\theta = \frac{y'}{m}.$$

Or, la sous-tangente sur l'axe des x est généralement égale à $\frac{y'}{\tang\theta}$; elle est donc dans ce cas égale à m.

La courbe proposée, qu'on nomme la *logarithmique*, jouit donc de la propriété que sa sous-tangente sur l'axe des x est constante.

L'équation de cette courbe pourrait être mise sous la forme $x = m\,\mathrm{l}\frac{y}{a}$ ou, en changeant les lettres, $y = m\,\mathrm{l}\frac{x}{a}$.

231. *Autre exemple.* — Prenons encore pour exemple la courbe dont l'équation est

$$y = a \sin\frac{x}{m}.$$

Le coefficient d'inclinaison de la tangente est la limite du rapport $\frac{k}{h}$, h et k étant les accroissements correspondants des coordonnées, à partir du point de contact. Or, quelle que soit la valeur de x, à laquelle on donne un accroissement h, on aura

$$k = a \sin\left(\frac{x}{m} + \frac{h}{m}\right) - a \sin\frac{x}{m} = 2a \sin\frac{h}{2m} \cos\left(\frac{x}{m} + \frac{h}{2m}\right).$$

Donc

$$\frac{k}{h} = 2a \cos\left(\frac{x}{m} + \frac{h}{2m}\right) \frac{\sin\frac{h}{2m}}{h}.$$

La question est donc ramenée à trouver la limite de

$$\frac{\sin\frac{h}{2m}}{h}.$$

Si dans cette expression on pose $\frac{h}{2m} = \alpha$, elle devient

$$\frac{1}{2m}\,\frac{\sin\alpha}{\alpha}.$$

et, comme α tend vers zéro, $\frac{\sin\alpha}{\alpha}$ a pour limite 1.

La limite de $\frac{\sin\frac{h}{2m}}{h}$ a donc pour limite $\frac{1}{2m}$, et l'on aura

$$\lim\frac{k}{h} = \frac{a}{m}\cos\frac{x}{m}.$$

L'équation de la tangente à la courbe au point (x', y') sera donc

$$y - y' = \frac{a}{m}\cos\frac{x'}{m}(x - x').$$

IL EXISTE GÉNÉRALEMENT UNE TANGENTE EN TOUT POINT D'UNE COURBE QUELCONQUE.

232. La considération des tangentes est tellement utile dans l'étude des courbes, qu'il y a intérêt à s'assurer si l'on peut en mener une en tout point d'une courbe quelconque; et comme son existence dépend entièrement de la limite du rapport des accroissements infiniment petits des coordonnées, la question est ramenée à celle-ci :

Le rapport des accroissements correspondants d'une variable et d'une fonction continue quelconque de cette variable a-t-il généralement une limite finie, quand ces accroissements tendent vers la limite zéro ?

233. Soit $F(x)$ une fonction continue quelconque de x, que nous désignerons par y. Considérons un intervalle quelconque dans lequel cette fonction varie dans le même sens, soit en croissant, soit en décroissant, quand x croît d'une manière continue, de sa plus petite valeur x_0 à sa plus grande X. Les valeurs correspondantes de y étant désignées par y_0 et Y, les valeurs de y varieront dans le même sens, par exemple en croissant, de y_0 à Y.

Cela posé, partageons l'intervalle $X - x_0$ en n parties égales. Désignons par h une de ces parties, et par k_1, k_2, $k_3, \ldots, k_n$ les accroissements positifs successifs de y, correspondant aux accroissements successifs h donnés à x. Nous aurons

$$X - x_0 = nh, \quad Y - y_0 = k_1 + k_2 + \ldots + k_n,$$

d'où

$$\frac{Y - y_0}{X - x_0} = \frac{1}{n}\left(\frac{k_1}{h} + \frac{k^2}{h} + \ldots + \frac{k_n}{h}\right),$$

c'est-à-dire que le rapport invariable des accroissements finis de x et de y, quand on passe de x_0 à X, est la moyenne arithmétique des rapports $\frac{k_1}{h}, \frac{k_2}{h}, \ldots, \frac{k_n}{h}$, quel que soit le nombre entier n.

Si maintenant on fait croître n indéfiniment, les termes de ces rapports tendront vers zéro, et leur moyenne arithmétique étant toujours égale à la quantité finie $\frac{Y - y_0}{X - x_0}$, il est impossible qu'ils tendent tous vers zéro, ou qu'ils croissent tous indéfiniment.

Cette conclusion, relative à l'intervalle $X - x_0$, pouvant être appliquée à toute partie de cet intervalle, il s'ensuit qu'il est impossible que, dans aucun intervalle fini, la valeur de $\frac{k}{h}$ tende vers zéro, ou croisse indéfiniment pour toutes les valeurs de x. Ce n'est donc que pour des valeurs exceptionnelles et en nombre limité que $\frac{k}{h}$ peut ne pas avoir une limite finie; *ce que nous voulions établir.*

On reconnaît facilement qu'on aurait pu supposer inégaux les accroissements indéfiniment décroissants de x, en se fondant sur ce que la somme des numérateurs de plusieurs fractions divisée par la somme des dénominateurs est une moyenne entre la plus petite et la plus grande de ces fractions.

Nous avons supposé dans ce raisonnement que $Y - y_0$ avait une valeur différente de zéro. En ne s'assujettissant pas à cette condition, voyons s'il est possible que toutes les valeurs de $\frac{k}{h}$ aient zéro pour limite.

Or, si tous ces rapports tendent vers zéro, leur moyenne y tendra aussi; et, comme sa valeur $\frac{Y - y_0}{X - x_0}$ est constante, elle ne pourra être que zéro. On aura donc $Y = y_0$. Et comme il en sera de même si l'on considère l'intervalle entre x_0 et toute autre valeur choisie entre x_0 et X, il en résulte que toutes les valeurs de y correspondantes aux valeurs de x comprises entre x_0 et X sont égales à y_0. La fonction désignée par x ne serait donc autre chose qu'une constante; et l'on voit qu'alors non seulement $\frac{k}{h}$ tendra vers zéro, mais qu'il sera toujours rigoureusement nul. Le lieu dont l'ordonnée serait désignée par y serait donc une droite parallèle à l'axe des x.

234. Si l'on veut examiner l'hypothèse où tous les rapports $\frac{k}{h}$ croîtraient indéfiniment, il suffira de remarquer qu'alors tous les rapports réciproques $\frac{k}{h}$ tendraient vers zéro, et par conséquent, d'après ce qui vient d'être dit, on devrait avoir $X = x_0$ pour toutes les valeurs de y comprises entre y_0 et Y ; il n'y aurait donc pas lieu de donner des accroissements à x qui serait constant ; et le lieu serait une droite parallèle à l'axe des y.

Les cas exceptionnels pour lesquels la limite de $\frac{k}{h}$ serait nulle ou infinie, c'est-à-dire pour lesquels $\frac{k}{h}$ tendrait vers zéro ou croîtrait indéfiniment, correspondraient, dans un système de coordonnées rectilignes, aux points où les tangentes seraient parallèles à l'un ou l'autre des axes ; cela résulte de la signification géométrique de la limite de $\frac{k}{h}$ dans un pareil système.

On peut donc regarder comme établie la proposition suivante :

Le rapport des accroissements infiniment petits correspondants d'une fonction continue et de la variable dont elle dépend a généralement une limite finie ; ou, en d'autres termes, les accroissements infiniment petits correspondants d'une variable et d'une fonction continue de cette variable sont du même ordre. Et, par conséquent, il existe généralement une tangente en tout point d'une courbe dont l'une des coordonnées est une fonction continue de l'autre.

235. Cette limite de rapport qui détermine la direction de la tangente est une fonction de x qui pourrait avoir des discontinuités. Si l'on considère deux valeurs de x entre lesquelles elle reste continue, il en résulte d'abord que la direction de la tangente variera d'une manière continue dans cet intervalle ; mais il y a une autre conséquence qu'il importe de signaler.

Soient x et $x + h$ deux valeurs très voisines et $F(x)$,

$F(x)+k$ les valeurs correspondantes de la fonction ; les dérivées $F'(x)$ et $F'(x+h)$ auront une très petite différence, qui tendra vers zéro, en même temps que h. Mais $F'(x)$ diffère d'autant moins de $\frac{k}{h}$ que h est plus petit; donc aussi $F'(x+h)$ diffère très peu de $\frac{k}{h}$ ou de $\frac{-k}{-h}$, et, comme $-k$, $-h$ sont des accroissements correspondants de la fonction et de la variable à partir de $x+h$, il s'ensuit que *la dérivée de la fonction pour une valeur quelconque $x+h$ de la variable peut être regardée comme limite du rapport des accroissements, soit qu'on donne à la variable un accroissement positif, soit qu'on le donne négatif.*

Ce raisonnement supposant que $F'(x)$ et $F'(x+h)$ aient une différence infiniment petite en même temps que h, la conséquence ne subsisterait plus si $F'(x)$ n'était pas continue.

ASYMPTOTES DES BRANCHES INFINIES DES COURBES.

236. On appelle *asymptote* d'une branche de courbe infinie une droite telle, que les points de la courbe s'en approchent indéfiniment sans jamais la rencontrer, à mesure qu'ils s'avancent indéfiniment sur la branche que l'on considère.

Si une branche infinie a une asymptote, l'équation de cette droite sera de la forme

$$y = kx + l,$$

en exceptant le cas particulier où elle serait parallèle à l'axe des y.

Or pour tout point de cette droite le rapport de y à x tend vers k, à mesure que x augmente indéfiniment ; il en sera donc de même ici du rapport des y à x pour les points de la branche de courbe, puisque leur y diffère de celui de la droite d'une quantité qui tend vers zéro.

Cette remarque conduit à la proposition suivante :

Lorsqu'une branche de courbe infinie a une asymptote, on aura le coefficient d'inclinaison de cette droite en cherchant la limite du rapport $\frac{y}{x}$ pour les points de cette branche lorsque x croît indéfiniment.

Et il est évident que cette proposition subsisterait encore pour les asymptotes parallèles à l'axe des y; mais nous les examinerons à part tout à l'heure.

237. Le coefficient k étant connu, si l'on mène par l'origine A (*fig.* 50) des axes, obliques ou rectangulaires, une droite AU qui ait k pour coefficient d'inclinaison, elle

Fig. 50.

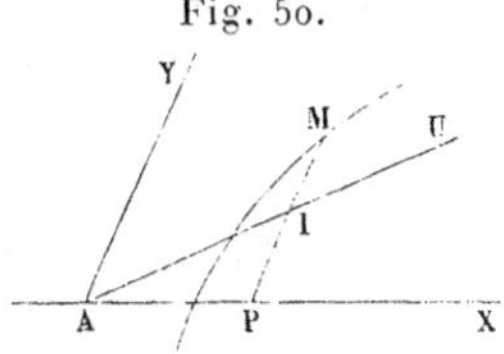

sera parallèle à l'asymptote qu'on suppose exister, et, les points M de la branche devant s'approcher indéfiniment de cette dernière, leur distance MI à AU, estimée parallèlement à l'axe des y, aura pour limite la distance de l'asymptote à AU; et, comme MI est égal à MP — IP ou à l'ordonnée de la courbe diminuée de kx, on obtient cette seconde proposition :

Quand on a déterminé le coefficient d'inclinaison k de l'asymptote, on aura son ordonnée à l'origine en cherchant la limite de $y - kx$ pour les points de la même branche, dont on fait croître l'x indéfiniment.

Réciproquement, si, pour les points d'une branche infinie de courbe, la différence $y - kx$ a une limite l, k étant une constante trouvée ou choisie, n'importe comment, cette branche aura une asymptote dont l'équation sera

$$y = kx + l,$$

puisque la différence entre les ordonnées des points de la courbe et celles des points de cette droite tendra vers zéro.

Pour les asymptotes parallèles à l'axe des x, on aura $k = 0$, $y - kx$ se réduira à y et il faudra calculer la limite de y.

Pour les asymptotes parallèles à l'axe des y, k serait infini, et ce n'est plus $y - kx$ que l'on considérera. Mais on fera pour l'axe des y ce que l'on vient d'indiquer pour l'axe des x ; et la limite des x, quand y croîtra indéfiniment, fera connaître, si elle existe, les asymptotes parallèles à l'axe des y.

238. *Remarque.* — Il est très important de s'assurer, comme nous l'avons recommandé, qu'il existe réellement une branche de courbe, ou que les valeurs de y tirées de l'équation de la courbe sont réelles : car on ne serait pas assuré qu'elle existe par cela seul que les limites de $\frac{y}{x}$ et ensuite de $y - kx$ seraient réelles. Il pourrait se faire en effet que les expressions de $\frac{y}{x}$ et $y - kx$ renfermassent, outre des termes réels, une partie imaginaire tendant vers zéro, quand x croît indéfiniment. Alors les limites seraient réelles, et cependant, y étant imaginaire, la branche de courbe n'existerait pas.

239. *Détermination des asymptotes dans un système de coordonnées polaires.*

Soient A (*fig.* 51) le pôle, AX l'axe, BU une asymptote, M un point quelconque de la branche de courbe, r et φ ses coordonnées, α l'angle UBX et p la perpendiculaire AI abaissée du pôle sur l'asymptote.

Fig. 51.

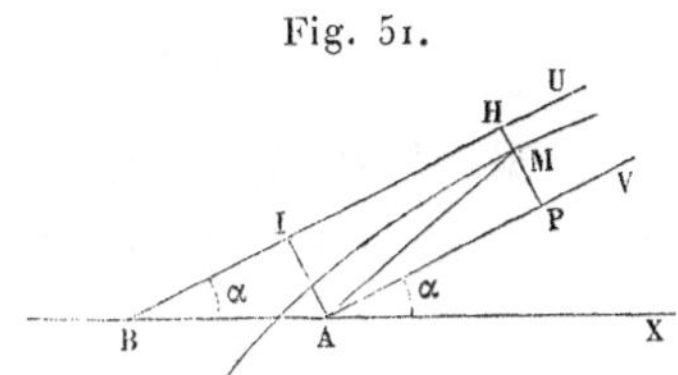

Menons par le pôle AV, parallèle à BU, et par M une perpendiculaire HMP à ces lignes.

Puisque BU est asymptote, MH tendra vers zéro, et MP vers AI ou p. La limite de la direction AM sera donc la même que celle de la droite AH, et sera, par conséquent, AV. D'où l'on conclut les propositions suivantes :

1° *Si une branche infinie a une asymptote, on connaîtra l'angle α qu'elle fait avec l'axe polaire, en cherchant la limite de la direction du rayon vecteur mené à un point de cette branche, qui s'éloigne indéfiniment du pôle.*

2° *On aura la distance de cette asymptote au pôle, en cherchant la limite du produit $r\sin(\varphi-\alpha)$ ou encore de $r(\varphi-\alpha)$, puisque $\varphi-\alpha$ tend vers zéro.*

Il est presque inutile de faire remarquer que le principe de la substitution des infiniment petits démontré dans le cas des limites de rapports s'applique aux produits dont un des facteurs est infiniment petit et l'autre infiniment grand. Et, en effet, le facteur indéfiniment croissant est égal à l'unité divisée par une quantité indéfiniment décroissante, et l'on retombe ainsi dans le cas du rapport de deux infiniment petits.

Réciproquement, si l'on trouve que, pour une certaine

valeur d'un angle α, le produit $r\sin(\varphi-\alpha)$ tend vers une limite p lorsque le rayon vecteur réel r des points de la courbe croît indéfiniment, il existe évidemment une asymptote faisant l'angle α avec l'axe et située à la distance p du pôle.

Application à des courbes de degré quelconque dans un système de coordonnées rectilignes.

240. Considérons une équation dont le premier membre est un polynôme entier d'un degré quelconque m entre les coordonnées rectilignes x, y, et partageons-la en groupes de termes de même degré. En mettant dans chacun d'eux en facteur la puissance de x de même degré que le groupe, l'équation pourra s'écrire ainsi :

$$(1)\qquad x^m F\left(\frac{y}{x}\right)+x^{m-1}f\left(\frac{y}{x}\right)+x^{m-2}\varphi\left(\frac{y}{x}\right)+\ldots=0.$$

S'il manquait quelques groupes, il suffirait de remplacer par zéro les fonctions qui multiplient les puissances correspondantes de x.

Cherchons d'abord les limites finies du rapport $\frac{y}{x}$ que nous désignerons par p, et pour cela divisons l'équation (1) par x^m; elle deviendra

$$F(p)+\frac{1}{x}f(p)+\frac{1}{x^2}\varphi(p)+\ldots=0.$$

A mesure que x augmente, tous les termes qui renferment x en diviseur tendent vers zéro, puisque nous ne nous occupons que des valeurs finies de p; et il en résulte que, pour toutes les branches infinies qui satisfont à cette condition, p tend indéfiniment vers les racines réelles de l'équation

$$(2) \qquad F(p) = 0.$$

Ce n'est donc que parmi ces racines qu'il faut chercher les coefficients d'inclinaison de toutes les asymptotes non parallèles à l'axe des y.

Soit k la valeur de l'une d'elles : il ne reste plus qu'à chercher si $y - kx$ a une limite quand x croît indéfiniment, y étant l'ordonnée de la branche correspondante à la racine k, et qui est l'une des valeurs de y qui satisfont à l'équation (1) ; posons

$$y - kx = t, \quad \text{d'où} \quad \frac{y}{x} = k + \frac{t}{x},$$

et substituons cette expression $\frac{y}{x}$ dans l'équation (1) ; elle deviendra

$$(3) \qquad \left\{ \begin{array}{l} x^m F\left(k + \frac{t}{x}\right) + x^{m-1} f\left(k + \frac{t}{x}\right) \\ \qquad + x^{m-2} \varphi\left(k + \frac{t}{x}\right) + \ldots = 0. \end{array} \right.$$

Or, les fonctions F, f, φ, ... étant entières et rationnelles et la valeur que nous considérons pour la variable étant $k = \frac{t}{x}$, on pourra, comme nous l'avons vu, les développer suivant les puissances de $\frac{t}{x}$, et l'on aura

$$F\left(k + \frac{t}{x}\right) = F(k) + F'(k)\frac{t}{x} + \frac{F''(k)}{1.2}\frac{t^2}{x^2} + \ldots,$$

$$f\left(k + \frac{t}{x}\right) = f(k) + f'(k)\frac{t}{x} + \frac{f''(k)}{1.2}\frac{t^2}{x^2} + \ldots,$$

$$\varphi\left(k + \frac{t}{x}\right) = \varphi(k) + \varphi'(k)\frac{t}{x} + \frac{\varphi''(k)}{1.2}\frac{t^2}{x^2} + \ldots.$$

Substituant ces développements dans l'équation (3) et observant qu'on a $F(k) = 0$, on obtiendra

$$(4)\qquad \left\{\begin{aligned} & x^{m-1}F'(k)t + x^{m-2}\frac{F''(k)}{1.2}t^2 + \ldots \\ & + x^{m-1}f(k) + x^{m-2}f'(k)t + \ldots \\ & + x^{m-2}\varphi(k) + x^{m-3}\varphi'(k)t + \ldots = 0. \end{aligned}\right.$$

Divisant le premier membre par x^{m-1}, les termes indépendants de x seront

$$F'(k)t + f(k);$$

les autres, ayant x en dénominateur, auront zéro pour limite quand x croîtra indéfiniment, et, par conséquent, la limite l de t satisfera à la condition

$$(5)\qquad F'(k)l + f(k) = 0,$$

qui donne $l = -\frac{f(k)}{F'(k)}$. On aura donc une asymptote dont l'équation sera

$$(6)\qquad y = kx - \frac{f(k)}{F'(k)}.$$

241. Si $k = 0$, l'équation se réduit à $y = -\frac{f(0)}{F'(0)}$ et représente une parallèle à l'axe des x, et par un procédé analogue on trouverait les asymptotes parallèles à l'axe des y.

Si l'on a $f(k) = 0$, l'équation de l'asymptote sera $y = kx$ et représentera une droite passant par l'origine.

Si $F'(k) = 0$ sans qu'on ait $f(k) = 0$, l'équation (5) est impossible, et il n'y a pas d'asymptote correspondant à cette valeur de k.

Si l'on avait en même temps $F'(k) = 0$, $f(k) = 0$, l'équation (6) ne déterminerait pas l. Pour en trouver la valeur, il faut introduire ces deux conditions dans l'équation (4), qui, divisée par x^{m-2}, donne pour termes indépendants de x

$$F''(k)\frac{t^2}{1.2}+f'(k)t+\varphi(k).$$

Les autres renfermant x au dénominateur auront zéro pour limite, et la valeur limite l de t satisfera à l'équation

$$F''(k)\frac{l^2}{1.2}+f'(k)l+\varphi(k)=0,$$

qui peut présenter encore divers cas particuliers, dont la discussion ne peut offrir de difficultés.

242. Nous avons vu que les équations des asymptotes parallèles à l'axe des x étaient renfermées dans la formule générale (6). Mais il est plus simple de les trouver directement, et le même procédé s'appliquera aux asymptotes parallèles à l'axe des y.

En ordonnant l'équation de la courbe par rapport à x, on la mettra sous la forme

$$x^m F(y)+x^{m-1}f(y)+\ldots=0.$$

Si l'on divise par x^m et qu'on fasse croître x indéfiniment, les valeurs de y restant finies, elles tendront à rendre $F(y)$ égal à zéro.

Si donc on désigne par l, l', l'', ... les racines réelles de l'équation

$$F(y)=0,$$

les équations d'asymptotes parallèles à l'axe des x seront

$$y=l,\quad y=l',\quad y=l'',\quad \ldots.$$

Pour avoir les asymptotes parallèles à l'axe des x, on ordonnerait l'équation de la courbe par rapport à y; et si $F(x)$ désigne le coefficient de la plus forte puissance de y, il suffira de poser

$$F(x)=0;$$

et si a, a', a'', ... sont les racines réelles de cette équation, les équations des asymptotes parallèles à l'axe des y seront

$$x = a, \quad x = a', \quad x = a'', \quad \ldots.$$

Exemples divers.

243. Prenons d'abord pour exemple l'équation du second degré

$$ay^2 + bxy + cx^2 + dy + ex + f = 0.$$

On a dans ce cas

$$\begin{aligned} F\,(p) &= ap^2 + bp + c = 0,\\ F'(p) &= 2ap + b,\\ f\,(p) &= dp + e. \end{aligned}$$

Les valeurs de k seront donc les racines de l'équation

$$ak^2 + bk + c = 0;$$

elles seront imaginaires si l'on a $b^2 - 4ac < 0$, ce qui est le cas de l'ellipse, qui en effet ne peut avoir d'asymptote, puisqu'elle n'a pas de branche infinie.

Si l'on a $b^2 - 4ac < 0$, ce qui est le cas de l'hyperbole, on aura $k = \dfrac{-b + \sqrt{b^2 - 4ac}}{2a}$ valeurs réelles, inégales et différentes de $-\dfrac{b}{2a}$.

Les deux asymptotes seront renfermées dans l'équation

$$y = kx - \frac{dk + e}{2ak + b},$$

et il n'y aura aucun cas d'impossibilité, puisque l'on ne pourra avoir $2ak + b = 0$, vu qu'il en résulterait $k = -\dfrac{b}{2a}$.

Mais si $b^2 - 4ac = 0$, on a $k = -\dfrac{b}{2a}$, $2ak + b = 0$, et le terme tout connu de l'équation (6) serait infini. Ainsi, dans ce cas, qui est celui de la parabole, les branches infinies n'ont pas d'asymptote.

244. Considérons maintenant la courbe qu'on appelle le *folium de Descartes,* et dont l'équation est

$$y^3 + x^3 - 3axy = 0;$$

il n'y a pas d'asymptotes parallèles aux axes, puisqu'on ne peut égaler à zéro le coefficient de la plus haute puissance de y ou de x.

Les fonctions que nous avons désignées par

$$F(p), \quad F'(p), \quad f(p)$$

sont, dans le cas actuel,

$$p^3 + 1, \quad 3p^2, \quad -3ap.$$

La valeur de k est la racine réelle unique de l'équation

$$k^3 + 1 = 0,$$

laquelle est -1. L'équation de l'asymptote unique de cette courbe sera donc

$$y = -x - a.$$

245. *Exemple où l'équation* (6) *ne représente pas une asymptote.* — Nous avons dit qu'il ne suffisait pas que les limites de $\frac{y}{x}$ et de $y - kx$ fussent réelles et finies pour que l'équation (6) représentât une asymptote; mais qu'il fallait en outre que les valeurs de y fussent réelles quand x croît indéfiniment, c'est-à-dire qu'il y eût une branche infinie réelle. Nous allons montrer par un exemple la nécessité de s'assurer dans chaque cas qu'il en est ainsi. Soit l'équation

$$x^4(y - a)^2 - bx^2 - c = 0.$$

En appliquant la règle pour trouver les asymptotes parallèles à l'axe des x, on posera

$$(y - a)^2 = 0, \quad \text{ou} \quad y = a.$$

Maintenant il faut s'assurer si y reste réel quand x croît indéfiniment. Or l'équation donne

$$y = a \pm \frac{1}{x}\sqrt{b + \frac{c}{x^2}},$$

et cette valeur est réelle, quelque grand que soit x, si b est positif; mais elle est imaginaire depuis une certaine valeur de x, si b est négatif. Dans le premier cas, l'équation $y = a$ est celle d'une asymptote; elle ne l'est pas dans le second.

DIVERS ORDRES D'INFINIMENT PETITS.

246. Dans toutes les questions où l'on considère des limites de rapports ou de sommes d'infiniment petits, on peut altérer ceux-ci de quantités infiniment petites par rapport à eux-mêmes, sans que les limites, et par conséquent les solutions, soient en erreur. Il importe donc de faire un classement régulier des infiniment petits, et de poser à cet égard quelques théorèmes généraux relatifs à des cas simples qui se présentent fréquemment.

Nous dirons d'abord que deux infiniment petits sont de même ordre, lorsque leur rapport a une limite finie. Et en ne considérant d'abord que les questions où il n'y a qu'une seule variable indépendante, et où la valeur d'un infiniment petit entraîne celle de tous les autres, le premier ordre infinitésimal comprend tous les infiniment petits du même ordre que celui que l'on a choisi pour indépendant.

Le second ordre comprend tous ceux dont le rapport à l'infiniment petit indépendant, ou à tout autre du même ordre, est un infiniment petit du premier.

Le troisième ordre comprend tous ceux dont le rapport à un infiniment petit du second est un infiniment petit du premier.

Et généralement le $n^{\text{ième}}$ ordre comprend tous ceux dont le rapport à un infiniment petit du $(n-1)^{\text{ième}}$ est infiniment petit du premier.

D'après cela, il est facile d'exprimer par des formules générales les infiniment petits de tous les ordres, en fonction de celui qui a été choisi comme indépendant.

En effet, si l'on désigne ce dernier par α, et par k la limite du rapport d'un autre infiniment petit à celui-là, $\alpha(k+\omega)$ exprimera la valeur du second, ω étant infiniment petit. Ainsi l'expression générale des infiniment petits du second ordre sera

$$\alpha(k+\omega).$$

Maintenant tout infiniment petit du second ordre ayant un rapport du premier ordre avec tout infiniment petit du premier, par exemple avec α, sera le produit de α par $\alpha(k+\omega)$, k étant un nombre fini quelconque et a infiniment petit. La formule de tous les infiniment petits du second ordre sera donc

$$\alpha^2(k+\omega).$$

En continuant ainsi, on arrivera, pour tous les infiniment petits de l'ordre n, à l'expression générale

$$\alpha^n(k+\omega).$$

Les divers ordres d'infiniment petits sont donc proportionnels aux puissances de l'infiniment petit indépendant. Entre deux ordres entiers consécutifs il y a une infinité d'ordres fractionnaires, correspondant aux exposants intermédiaires entre les deux entiers consécutifs; mais ils se rencontrent moins souvent.

Nous allons donner quelques exemples géométriques simples d'infiniment petits de divers ordres, et quelques propositions qui sont d'une application fréquente.

TRIANGLES INFINIMENT PETITS.

247. 1° Supposons un triangle ABC dont les trois angles tendent vers les limites α, β, γ et les trois côtés a, b, c vers zéro. Les rapports des côtés auront pour limites les rapports des sinus des angles α, β, γ.

Ainsi, par exemple, on a les équations exactes

$$\frac{a}{b} = \frac{\sin A}{\sin B}, \quad \lim \frac{a}{b} = \frac{\sin \alpha}{\sin \beta}.$$

Mais il n'y a aucun inconvénient à écrire

$$\frac{a}{b} = \frac{\sin \alpha}{\sin \beta} \quad \text{ou} \quad a = b\frac{\sin \alpha}{\sin \beta},$$

si a est un terme d'un rapport ou d'une somme dont on cherche la limite; car $\frac{a}{b}$, ayant pour limite $\frac{\sin \alpha}{\sin \beta}$, en diffère d'une quantité infiniment petite ω, et l'on a

$$\frac{a}{b} = \frac{\sin \alpha}{\sin \beta} + \omega \quad \text{ou} \quad a = \frac{b \sin \alpha}{\sin \beta} + b\omega.$$

Ainsi, en prenant, au lieu de a, la partie $\frac{b \sin \alpha}{\sin \beta}$, on néglige une quantité infiniment petite par rapport à a, ce qui, dans la question supposée, ne donnera aucune erreur dans les résultats.

Or il y a souvent beaucoup d'avantage à substituer ainsi les angles limites aux angles variables, comme nous le verrons par quelques exemples.

2° Dans un triangle ABC dont l'angle A tend vers un angle droit et les côtés vers zéro, on peut calculer le côté a par la formule

$$a^2 = b^2 + c^2,$$

au lieu de la formule exacte

$$a^2 = b^2 + c^2 - 2bc \cos A.$$

Car $\cos A$ tend vers zéro; donc $2bc\cos A$ est infiniment petit par rapport à $2bc$, et, à plus forte raison, par rapport à b^2+c^2, qui est toujours plus grand que $2bc$.

Ainsi a^2 diffère de b^2+c^2 d'une quantité infiniment petite par rapport à lui-même; ou encore $\frac{a^2}{b^2+c^2}$ a pour limite l'unité.

D'où il suit que $\frac{a}{\sqrt{b^2+c^2}}$ a aussi pour limite l'unité, ainsi que toutes les puissances de ce rapport.

On pourra donc substituer $\sqrt{b^2+c^2}$ à a toutes les fois que cette quantité sera un terme d'un rapport ou d'une somme, dont on n'a à considérer que la limite.

248. *Ordre infinitésimal de diverses lignes qu'on a souvent à considérer dans un triangle rectangle infiniment petit.* — Soient A (*fig.* 52) l'angle droit du triangle

Fig. 52.

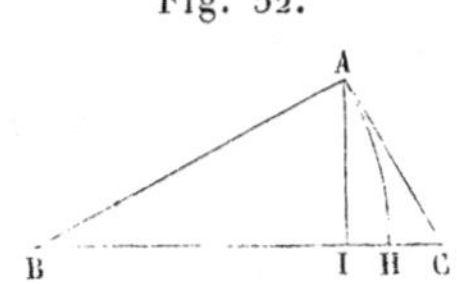

ABC, dont le côté AB ou c est infiniment petit du premier ordre, ainsi que l'angle B; AI la perpendiculaire abaissée de A sur l'hypoténuse. On aura

$$AC = c \tang B, \quad AI = c \sin B, \quad CI = c \sin B \tang B,$$

et, comme $\sin B$ et $\tang B$ sont du même ordre que B, puisque leur rapport à B a une limite non seulement finie, mais encore égale à l'unité, il en résulte que AC et AI sont infiniment petits du second ordre, et IC du troisième.

Calculons maintenant la différence de l'hypoténuse au

côté adjacent à l'angle infiniment petit,

$$BC - BA = \frac{c}{\cos B} - c = \frac{2c \sin^2 \frac{B}{2}}{\cos B},$$

et, comme $\sin \frac{B}{2}$ est du premier ordre, ainsi que c, il s'ensuit que BC — BA est du troisième.

Le segment CI étant aussi du troisième, on peut se proposer de trouver la limite de son rapport à BC — BA. D'après les formules précédentes, ce rapport a pour valeur $\frac{\sin^2 B}{2 \sin^2 \frac{B}{2}}$. Mais la limite ne sera pas changée en substituant à chacun de ces sinus l'arc correspondant dont le rapport à ce sinus est l'unité; on trouve ainsi 2 pour limite de $\frac{CI}{CB - AB}$; de sorte que, si l'on décrit de B comme centre l'arc AH, $\frac{CH}{CI}$ tend indéfiniment vers $\frac{1}{2}$; et le point H peut être regardé comme le milieu de CI, à une quantité près infiniment petite par rapport à CI. On peut donc regarder CI comme double de la différence BC — BA.

Mais si l'angle A n'était pas droit, ou ne tendait pas vers un angle droit, IH serait infiniment petit par rapport à CI, qui pourrait par conséquent être pris pour la différence BC — BA.

249. *Triangle infiniment petit ayant un côté infiniment petit par rapport à un autre.*

Fig. 53.

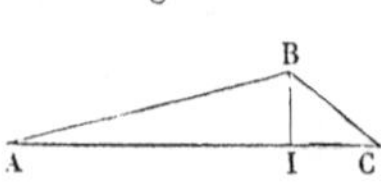

Soit BC (*fig.* 53) infiniment petit par rapport à AB;

en abaissant BI perpendiculaire sur AC, $\frac{BI}{AB}$ ou $\sin A$ sera plus petit que $\frac{BC}{BA}$ qui, par hypothèse, est infiniment petit; il en sera donc de même de $\sin A$, et par suite de l'angle A, qui est aigu d'après l'hypothèse.

Quant au rapport $\frac{AC}{AB}$, il a nécessairement pour limite l'unité, puisque la différence de ces deux termes est moindre que le troisième côté BC, et que, par hypothèse, ce dernier est infiniment petit par rapport à l'un des deux.

Corollaire. — L'angle CAB ayant pour limite zéro, il s'ensuit que, si l'un de ses côtés tend vers une direction limite, soit que A reste fixe, soit qu'il se déplace, l'autre aura pour limite la même direction.

Et plus généralement, si par un mouvement quelconque deux points A et B (*fig.* 54) se rapprochent indéfiniment

Fig. 54.

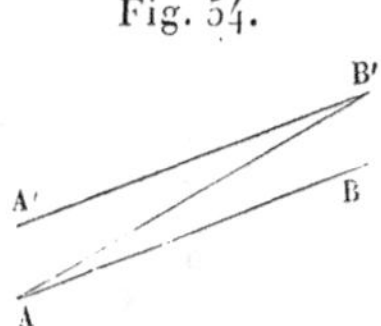

l'un de l'autre, de manière que la direction AB tende à être parallèle à une certaine droite; que l'on considère deux points A', B' dont les distances respectives à A et B soient infiniment petites par rapport à AB : la direction A'B' tendra vers la même limite que AB. En effet, il a été prouvé que l'angle B'AB a pour limite zéro, puisque $\frac{B'B}{AB}$ est infiniment petit; que, de plus, $\frac{AB'}{AB}$ a pour limite l'unité. De là résulte que $\frac{A'A}{AB'}$ est infiniment petit, puisque, par hypothèse, $\frac{A'A}{AB}$ l'est; donc l'angle A'B'A est infiniment petit; donc, enfin, les droites A'B', AB font entre elles un angle dont la limite est zéro, et par conséquent leurs directions ont la même limite. Cette proposition a des applications assez fréquentes.

250. *Triangle ayant deux angles infiniment petits du premier ordre.*

Soient A et B (*fig.* 55) les deux angles infiniment

Fig. 55.

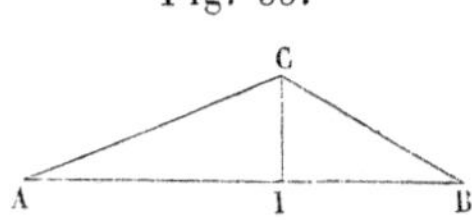

petits; abaissons CI perpendiculaire sur AB, et cherchons d'abord quelle serait la limite de la position du point C, qui est la même évidemment que celle du point I, si on laissait AB invariable pendant que les angles tendraient vers zéro.

Or on a

$$\frac{AI}{IB} = \frac{\operatorname{tang} B}{\operatorname{tang} A};$$

donc

$$\lim \frac{AI}{IB} = \lim \frac{\operatorname{tang} B}{\operatorname{tang} A} = \lim \frac{B}{A}.$$

Si donc on connaît la limite du rapport des deux angles infiniment petits du même ordre, on aura la limite du sommet C, en partageant AB dans un rapport inverse de cette limite.

Supposons maintenant que le côté AB soit lui-même infiniment petit du premier ordre, et proposons-nous d'évaluer la différence entre sa longueur et la somme des deux autres côtés.

Or on a

$$AC - AI = \frac{2\,AI \sin^2 \frac{A}{2}}{\cos A} \quad \text{et} \quad BC - BI = \frac{2\,BI \sin^2 \frac{B}{2}}{\cos B},$$

et la somme de ces deux différences est la différence cherchée. Mais chacune d'elles est un infiniment petit du troisième ordre au moins, puisque AI et BI sont moindres que AB qui est du premier ordre, et que $\sin^2 \frac{A}{2}$ et $\sin^2 \frac{B}{2}$ sont du second ordre. On peut même dire qu'elles sont précisément du troisième ordre toutes deux, dans le cas supposé où A et B sont du même ordre; car alors les deux segments AI et IB sont dans un rapport fini avec AB, et sont par conséquent du premier ordre. *Il résulte de là que la différence entre* AB *et* AC + CB *est un infiniment petit du troisième ordre au moins.*

Ou, en d'autres termes, cette différence est du même ordre que le cube de AB.

L'ordre de cette différence s'élèverait si les angles étaient d'un ordre plus élevé que le côté; il s'abaisserait dans le cas contraire.

251. *Triangle ayant un angle infiniment petit du premier ordre, compris entre deux côtés infiniment petits du premier ordre.*

Soit A (*fig.* 56) l'angle donné; la somme des deux

Fig. 56.

autres a pour limite deux droits. On peut maintenant faire plusieurs suppositions sur les deux côtés donnés.

Si la limite finie de leur rapport est différente de l'unité, la somme des deux angles opposés ayant pour limite deux droits, l'un de ces angles tendra nécessairement vers zéro, l'autre vers deux droits. Car, sans cela, le rapport limite de leurs sinus serait nécessairement l'unité, contrairement à la supposition.

Supposons maintenant que la limite de leur rapport soit l'unité. Il peut alors se présenter trois cas.

1° Si leur différence est du second ordre, prenons $AB' = AB$; $B'C$ sera du second ordre. Mais BB' est du second ordre à cause du triangle isoscèle ABB', qui donne $BB' = 2 AB \sin \frac{A}{2}$; ainsi BC, opposé à l'angle obtus B', sera du même ordre, et le rapport $\frac{B'C}{BC}$ a une limite finie quelconque. Or l'angle B' tend vers un angle droit; donc l'angle B'BC, et par suite C, a une limite finie qui peut être quelconque, et dépend du rapport de CB' à BB'.

2° Supposons que leur différence soit d'un ordre compris entre 1 et 2. Alors, BB' étant du second ordre, B'C d'un ordre moindre, et BC le plus grand côté du triangle BB'C, comme opposé à l'angle obtus B', il s'ensuit d'abord que BC est du même ordre que B'C, et même que leur rapport a pour limite l'unité, puisque leur différence, étant moindre que BB', qui est du second ordre, est infiniment petite par rapport à ces lignes mêmes. De plus le rapport $\frac{BB'}{B'C}$ ayant zéro pour limite, l'angle C tendra vers zéro, et, par suite, l'angle ABC vers deux droits.

3° Soit la différence d'un ordre supérieur à 2. Alors $\frac{B'C}{BB'}$ a pour limite zéro; donc l'angle B'BC a zéro pour limite, et l'angle ABC a la même limite que ABB', ou un droit : il en est de même, par suite, de l'angle C.

Si l'angle A était d'un ordre quelconque m, au lieu d'être du premier comme les côtés, il faudrait, dans ce qui précède, substituer $1 + m$ à 2.

Remarque. — Il est bon de remarquer que dans ces trois cas, c'est-à-dire *toutes les fois que le rapport des deux côtés donnés a pour limite l'unité, le troisième est infiniment petit par rapport aux deux autres, quel que soit m.*

INFINIMENT PETITS CONSIDÉRÉS DANS LES COURBES.

252. Soient M (*fig.* 57) un point quelconque d'une courbe rapportée à des axes rectangulaires AX, AY; AP et MP les

Fig. 57.

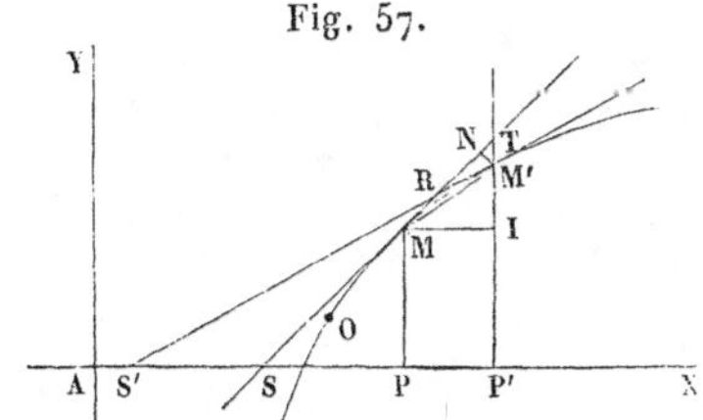

coordonnées x, y de M; PP' un accroissement infiniment petit h donné à x; IM' l'accroissement correspondant k de y; MT la tangente à la courbe au point M; S son point de rencontre avec AX; O le point de la courbe à partir duquel on estimera les longueurs des arcs.

Ayant fait croître x de la quantité infiniment petite arbitraire $\mathrm{PP'} = h$, qui déterminera le premier ordre infinitésimal, toutes les variables qui dépendent de x prendront des accroissements du premier ordre. Ainsi, en prenant pour ces fonctions l'ordonnée, la longueur de l'arc, l'inclinaison de la tangente sur l'axe des x, et menant en M' la tangente, qui coupe la première en R, leurs accroissements respectifs, M'I, MM', TRM', seront du premier ordre.

Cela posé, l'angle TRM', extérieur au triangle MRM',

sera égal à la somme des angles à la base MM′; d'où il résultera que, s'ils sont du même ordre entre eux, ils seront du premier ordre comme leur somme : et si l'on supposait que l'un d'eux fût infiniment petit par rapport à l'autre (ce qu'on verra plus tard ne pas être), le plus grand des deux sera encore du premier ordre.

La corde MM′ et la tangente MT seront encore des infiniment petits du premier ordre, puisque la limite du rapport de MM′ à MI, ou PP′, est la sécante finie de l'angle TMI, et que le rapport de MT à MI est cette sécante même.

253. *Ordre de la différence de l'ordonnée de la courbe et de celle de la tangente.*

La proportion $\frac{\text{TM}'}{\text{MM}'} = \frac{\sin \text{TMM}'}{\sin \text{T}}$ donne

$$\text{TM}' = \frac{\text{MM}' \sin \text{TMM}'}{\sin \text{T}}.$$

Or MM′ est du premier ordre; et le sinus étant du même ordre que l'arc, puisque la limite de leur rapport est 1, sin TMM′ sera du premier ordre comme l'angle TMM′; il en résulte donc que TM′ est du second ordre.

Mais si l'on menait de M′ une droite faisant un angle fini quelconque avec la tangente, la partie interceptée aurait un rapport fini avec TM′; de là résulte cette proposition :

Si par une extrémité d'un arc infiniment petit du premier ordre on mène une tangente, et par l'autre extrémité une sécante faisant un angle fini quelconque avec cette tangente, la partie interceptée entre la courbe et la tangente sera un infiniment petit du second ordre.

254. *Différence d'un arc infiniment petit à sa corde ou à ses tangentes.*

La longueur d'un arc MM″ est comprise entre la corde

MM′ et la somme des tangentes qui l'enveloppent,

$$MR + M'R.$$

Or cette corde est du premier ordre, et les angles adjacents sont du premier ordre au moins; la différence entre le côté MM′ du triangle MRM′ et la somme des deux autres est donc du troisième ordre, d'après un théorème précédent. Donc, puisque l'arc est compris entre ces deux grandeurs, il s'ensuit que :

La différence entre un arc infiniment petit et sa corde, ou la somme des tangentes à ses extrémités, est du troisième ordre.

255. Considérons maintenant la tangente MT qui fait un angle aigu avec la direction TP′.

La corde MM′ est moindre que MT; et si l'on décrit un arc de cercle M′N du centre M avec le rayon MM′, NT sera la différence de MT avec l'arc MM′, à un infiniment petit près du troisième ordre. Mais les côtés du triangle rectiligne M′NT étant du même ordre, puisque tous ses angles ont des limites finies, il s'ensuit que NT est du second ordre comme TM′. Et comme un infiniment petit du second ordre, plus ou moins un du troisième, est encore un infiniment petit du second, il s'ensuit que :

La tangente MT *est plus grande que l'arc* MM′, *et que la différence est du second ordre.*

L'autre tangente est moindre que l'arc, et la différence est encore du second ordre.

Nous avions déjà reconnu que l'arc est plus grand que l'une des tangentes, et plus petit que l'autre.

CHAPITRE XIV.

COMMENT LA CONSIDÉRATION DES LIMITES DE RAPPORTS D'INFINIMENT PETITS RAMÈNE TOUTES LES VARIATIONS A L'UNIFORMITÉ.

256. Nous avons établi cette proposition, que :

Quelle que soit la nature de deux grandeurs qui dépendent l'une de l'autre par une liaison quelconque, il y a généralement une limite finie pour le rapport de leurs accroissements infiniment petits.

Quand on a choisi l'une des grandeurs pour variable indépendante, l'autre en est une fonction; son accroissement dépend de l'accroissement de la première, et en même temps de la valeur de la variable, à partir de laquelle cet accroissement a lieu; le rapport de l'accroissement de la fonction à celui de la variable indépendante est aussi fonction de ces deux quantités ; mais la limite de ce rapport ne dépend plus que de la valeur de la variable. On lui donne le nom de *fonction dérivée,* ou simplement *dérivée,* de la fonction proposée.

C'est, comme on voit, une extension de la notion de dérivées que nous avions donnée dans la théorie des fonctions entières. Elle se rapportera maintenant à des fonctions continues quelconques. Nous la désignerons toujours par le même signe : ainsi, x désignant la variable indépendante et $\mathrm{F}(x)$ la fonction, sa dérivée sera représentée par $\mathrm{F}'(x)$; de sorte que, si h désigne l'accroissement infiniment petit que l'on donne à x, on aura

$$(1) \qquad \lim \frac{\mathrm{F}(x+h)-\mathrm{F}(x)}{h} = \mathrm{F}'(x),$$

et l'on a démontré (n° 235) qu'on trouve la même limite pour ce rapport, quel que soit le signe de h, pourvu que la fonction désignée par $F'(x)$ soit continue par rapport à x.

257. La proposition générale exprimée par la formule (1) conduit à des conséquences importantes.

En effet, puisque le rapport variable a pour limite $F'(x)$, il est égal à $F'(x)$ augmenté d'une quantité, positive ou négative, dont la limite est zéro. Si on la désigne par ω, on aura

$$\frac{F(x+h)-F(x)}{h}=F'(x)+\omega,$$

ou

$$F(x+h)-F(x)=h[F'(x)+\omega]. \tag{2}$$

Cette formule permet de généraliser une proposition précédemment établie dans le cas des fonctions entières. On voit, en effet, que si $F'(x)$ n'est pas nul, ω, ayant pour limite zéro, finira par devenir et rester moindre que $F'(x)$, de sorte que le signe $F'(x)+\omega$ restera constamment le même que celui de $F'(x)$; d'où se conclut la proposition suivante :

L'accroissement d'une fonction quelconque est de même signe que celui de la variable si la dérivée de cette fonction est positive; il est de signe contraire si elle est négative.

258. Il résulte de la formule (2) que l'accroissement de toute fonction peut être considéré comme composé de deux parties dont l'une, $F'(x)h$ est proportionnelle à l'accroissement de la variable indépendante, et l'autre, $h\omega$, est infiniment petite par rapport à la première. On pourra donc, dans toutes les questions qui ne dépendront que des limites de rapports ou de sommes d'infiniment petits de même ordre

que ces accroissements, négliger la partie $h\omega$, et remplacer $F(x+h) - F(x)$ par $F'(x)h$, sans qu'il en résulte aucune erreur dans les équations obtenues en passant aux limites.

On peut donc énoncer la proposition suivante :

Toute fonction peut être considérée comme croissant uniformément en même temps que la variable indépendante, pourvu que ce soit dans un intervalle infiniment petit.

Et, par conséquent, si l'on partage un intervalle fini quelconque en intervalles infiniment petits, l'accroissement fini de la fonction pourra être considéré comme composé d'une suite d'accroissements infiniment petits, variant tous uniformément dans leurs intervalles respectifs, avec des coefficients différents, qui sont les valeurs $F'(x)$ correspondant aux commencements de ces intervalles.

On voit ainsi comment, par la considération des infiniment petits, *les variations les plus complexes sont ramenées à des variations uniformes;* ce qui est le plus grand degré de simplicité qu'on puisse désirer.

Dans bien des circonstances on donne le nom de *coefficient* à la constante par laquelle il faut multiplier les accroissements d'une variable indépendante, pour obtenir ceux d'une fonction qui varie uniformément entre certaines limites. Il serait donc naturel de donner cette dénomination à la quantité constante $F'(x)$ par laquelle il faut multiplier h pour avoir l'accroissement de $F(x)$, entre des limites infiniment petites. Nous pensons donc qu'on pourrait appeler la dérivée le *coefficient d'accroissement de la fonction.* On l'a désignée quelquefois sous le nom de *coefficient différentiel* de la fonction; la dénomination que nous proposons nous paraît indiquer d'une manière plus nette le rôle qu'elle joue dans l'expression de l'accroissement de la fonction.

Exemples de variations uniformes substituées à des variations complexes.

259. Si l'on considère la courbe ayant pour équation

$$y = F(x).$$

l'accroissement infiniment petit de l'ordonnée correspondant à l'accroissement h de l'abscisse sera considéré comme étant $F'(x)h$, qui est l'accroissement de l'ordonnée de la tangente au point dont l'abscisse est x. Ce sera donc remplacer la courbe par sa tangente dans un intervalle infiniment petit, et *substituer ainsi une variation uniforme à la variation compliquée de l'ordonnée.*

260. *Dérivées des aires des courbes planes.* — En considérant d'abord une courbe rapportée à des axes rectangulaires, et l'aire comprise entre une ordonnée fixe et l'ordonnée variable correspondante à l'abscisse x, l'accroissement que prendra cette aire quand x prendra un accroissement infiniment petit h ne différera du rectangle construit sur h et sur l'ordonnée que d'une quantité infiniment petite par rapport à cet accroissement : cela a été démontré précédemment; d'où il résulte que la limite du rapport de l'accroissement de l'aire à h sera l'ordonnée même $F(x)$.

On pourra donc prendre $F(x)h$ comme l'accroissement de l'aire, dans un intervalle infiniment petit.

En coordonnées polaires, l'accroissement de l'aire décrite par le rayon vecteur r, et correspondant à un accroissement h de l'angle, ne diffère du secteur circulaire dont l'angle au centre serait h que d'une quantité infiniment petite par rapport à ce secteur. La limite du rapport des accroissements, ou la dérivée de l'aire par rapport à l'angle, sera donc égale à $\frac{r^2}{2}$.

Il en résulte que, h restant infiniment petit, l'accroissement de l'aire peut être représenté par l'expression $\frac{r^2}{2}h$, dont la variation est uniforme.

261. *Dérivée d'un arc de courbe plane.*

Soit O l'origine des arcs s, M un point quelconque de la

Fig. 58.

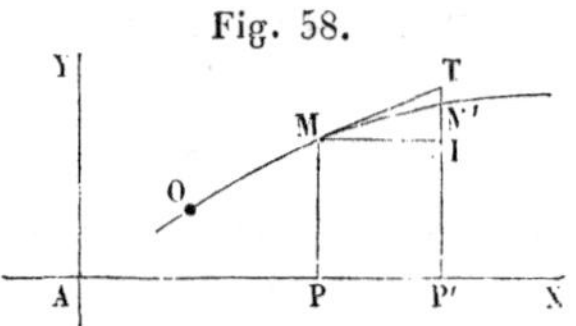

courbe, MM' son accroissement correspondant à l'accroissement PP' de l'abscisse (*fig.* 58).

La dérivée de l'arc étant la limite du rapport $\frac{\text{MM}'}{\text{PP}'}$ sera égale au rapport $\frac{\text{MT}}{\text{MM}'}$, puisque la limite du rapport de MT à MM' est l'unité. Et comme l'angle TMI a pour tangente $\text{F}'(x)$, le rapport $\frac{\text{MT}}{\text{MI}}$ sera égal à $\sqrt{1 + \text{F}'(x)^2}$.

La dérivée de l'axe par rapport à l'abscisse est donc

$$\sqrt{1 + \text{F}'(x)^2},$$

et, si l'on désigne par h l'accroissement infiniment petit de l'abscisse, celui de l'arc pourra être représenté par l'expression simple

$$h\sqrt{1 + \text{F}'(x)^2}.$$

262. *Dérivée d'un solide ou d'une surface de révolution.*

L'aire comprise entre une ordonnée fixe, l'axe des x, l'arc et une ordonnée variable d'une courbe quelconque, engendre, en tournant autour de l'axe des x, un solide qui, lorsque l'x extrême croît de h, augmente d'un volume compris entre deux cylindres, dont la limite du rapport est l'unité. L'un d'eux a pour mesure $\pi y^2 h$ ou $\pi \text{F}(x)^2 h$; et, par conséquent, la limite du rapport de l'accroissement du volume à h, ou la dérivée du volume, est $\pi F(x)^2$.

L'accroissement infiniment petit du volume, dont l'expression exacte pourrait être très compliquée, peut donc être remplacé, dans les cas où on ne calcule que des résultats dépendant des limites, par l'expression simple

$$\pi F(x)^2 h.$$

DE LA COURBURE DANS LES LIGNES PLANES

263. On appelle *courbure* d'un arc fini l'angle des tangentes extrêmes. C'est la quantité dont la direction de la courbe dévie en passant d'une extrémité à l'autre; elle peut être regardée comme l'accroissement de l'angle formé par la tangente avec un axe fixe, quand le point de contact passe d'une extrémité à l'autre.

Dans un même cercle la courbure varie proportionnellement à l'arc; dans toute autre courbe, cette proportion n'a plus lieu. Mais quelque compliquée que soit la loi suivant laquelle varie la courbure d'arcs, considérés comme croissant uniformément à partir d'un point d'une courbure quelconque, on peut obtenir la loi simple de l'uniformité comme dans le cercle, en ne considérant que des arcs infiniment petits.

En effet, désignons par s les arcs comptés à partir d'un point O de la courbe (*fig.* 59); on pourra considérer l'in-

Fig. 59.

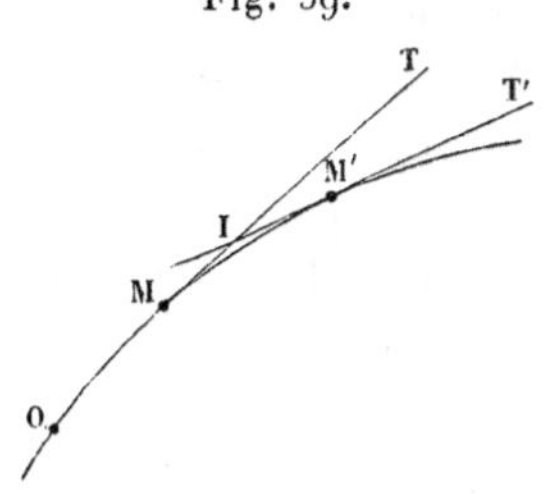

clinaison φ de la tangente sur l'axe des x, par exemple, comme étant une fonction de s que nous désignerons par $F(s)$.

Soit OM une valeur quelconque de s, et MM′ un accroissement infiniment petit, que nous désignerons par h; l'accroissement correspondant de φ sera l'angle TIT′ des deux tangentes MT, M′T′ ou la courbure de l'arc MM′; et la limite du rapport $\frac{TIT'}{MM'}$ sera la dérivée de $F(s)$ par rapport à s.

Donc, d'après le théorème général sur les accroissements infiniment petits des fonctions, on aura

$$TIT' = MM'[F'(s) + \omega],$$

et, par conséquent, en négligeant le second terme $MM'.\omega$, qui est infiniment petit par rapport au premier, on pourra prendre $F'(s).MM'$ comme égal à la courbure de l'arc, sans qu'il puisse en résulter aucune erreur dans les résultats, qui ne dépendront que des limites de rapports ou de sommes.

De cette manière, la courbure de l'arc infiniment petit MM′ sera regardée comme variant proportionnellement à cet arc. On se trouve donc dans les mêmes conditions que si MM′ était un arc d'un cercle qui, pour une unité de longueur, donnerait une courbure égale à $F'(s)$: et la considération des infiniment petits ramène encore la variabilité à l'uniformité.

264. *Cercle de courbure.* — Il était donc très naturel d'appeler $F'(s)$ la courbure au point M, rapportée à l'unité de longueur, et de prendre, pour la faire connaître, le rayon du cercle qui donnerait la même courbure $F'(s)\,MM'$ que la courbure proposée pour la même longueur MM′; ou encore qui donnerait $F'(s)$ pour courbure de l'arc à l'unité.

Ce cercle s'appelle le cercle de courbure de la courbe au point M. Son rayon étant le rapport d'un arc quelconque à l'angle des rayons extrêmes, qui est égal à la courbure de cet arc, sera égal à l'arc égal à l'unité, divisé par sa courbure, qui est $F'(s)$. Le rayon du cercle de courbure sera donc

$$\frac{1}{F'(s)}.$$

265. *Centre de courbure.* — Si l'on place le cercle de courbure tangentiellement à la courbe au point M, de manière que sa concavité soit du même côté de la tangente, la position occupée alors par son centre est ce qu'on nomme *centre de courbure* de la courbe en ce point. Or nous allons démontrer que ce point, qui est à la rencontre de la normale commune en M, et d'une autre normale quelconque du cercle de courbure, peut être considéré comme la limite de la rencontre de la normale en M et d'une normale infiniment voisine à la courbe proposée.

Soient, en effet, M' (*fig.* 60) un point infiniment voisin

Fig. 60.

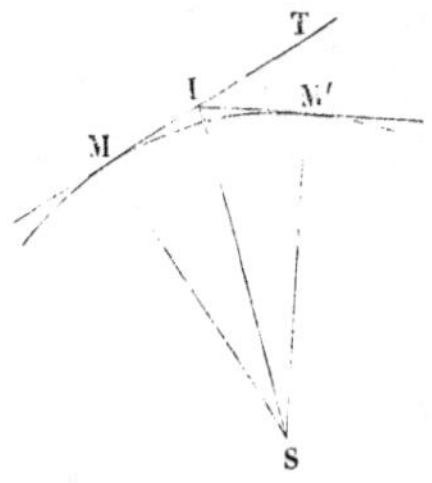

de M; MS, M'S les normales à la courbe en M et M'; MI, M'I les tangentes. Décrivons un cercle sur SI comme diamètre; il passera par M et M', et son arc MM' ayant même corde que l'arc MM' de la courbe, ces deux arcs auront pour limite de leur rapport l'unité. Or, l'angle MSM' étant inscrit dans le cercle, on aura

$$\text{MSM}' = \frac{\text{arc MIM}'}{\text{IS}},$$

d'où

$$IS = \frac{\text{arc}\, MIM'}{MSM'},$$

et par suite

$$\lim IS = \lim \frac{MM'}{TIM'}.$$

Or cette dernière limite est le rayon du cercle de courbure. Donc IS a pour limite le rayon de courbure en M, et la limite du point de rencontre de la normale en M et d'une autre normale infiniment voisine est le centre de courbure.

Exemples tirés du mouvement rectiligne varié.

266. Le mouvement uniforme d'un point est celui dans lequel les espaces qu'il parcourt dans des temps quelconques sont proportionnels à ces temps. L'espace parcouru pendant l'unité de temps se nomme la *vitesse* du point dans ce mouvement.

Tout mouvement qui n'est ni uniforme ni composé d'une suite de mouvements uniformes, de durée finie, se nomme *mouvement varié continu.*

Soit, dans un pareil mouvement,

$$x = F(t)$$

la relation entre le temps et la distance à une origine fixe, prise sur la droite suivant laquelle se meut le point.

L'accroissement de x, ou l'espace parcouru par le point lorsque le temps t croît de h, sera égal à $F'(t)\,h$, plus une quantité infiniment petite par rapport à l'accroissement même. On pourra donc, dans tous les cas où il ne s'agit que de limites, prendre pour l'espace parcouru dans le temps h l'expression

$$F'(t)\,h,$$

c'est-à-dire substituer au mouvement varié un mouvement

uniforme, dans lequel la vitesse serait

$$F'(t).$$

On a donc été naturellement conduit à appeler $F'(t)$ la *vitesse* du mobile à l'instant déterminé par t, quelle que soit la loi du mouvement varié.

267. *Accélération.* — Dans un mouvement varié quelconque, la vitesse, telle que nous venons de la définir, varie à chaque instant. Le cas le plus simple est celui où elle varie uniformément avec le temps. Dans un pareil mouvement on nomme *accélération* la quantité constante dont elle croît dans chaque unité de temps, et ce mouvement est dit *uniformément accéléré*. On y comprend le cas du mouvement *uniformément retardé,* c'est-à-dire dans lequel la vitesse décroîtrait uniformément quand le temps croîtrait uniformément, en regardant alors l'accélération comme négative. Dans un mouvement de ce genre, l'accroissement de la vitesse dans un temps quelconque est égal au produit de ce temps par l'accélération.

Cela posé, considérons un mouvement rectiligne quelconque, représenté par l'équation

$$x = F(t),$$

et proposons-nous de calculer l'accroissement que prend la vitesse quand le temps augmente de h.

Or, la vitesse étant représentée par la dérivée $F'(t)$, son accroissement pourra être considéré, d'après le théorème général, comme composé de deux parties, la première égale au produit de h par la dérivée de $F'(t)$, que nous désignerons par $F''(t)$, plus une quantité infiniment petite par rapport à ce produit.

Donc, dans toutes les questions où l'on n'a en vue que les limites de rapports ou de sommes d'infiniment petits, on pourra considérer l'accroissement de la vitesse dans le temps h comme égal à

$$F''(t)h.$$

D'où l'on voit que l'on peut considérer le mouvement *varié quelconque* comme remplacé dans un temps infiniment petit par un mouvement *uniformément varié,* dans lequel l'accélération serait $F''(t)$, ou la dérivée de la vitesse par rapport au temps.

On a donné naturellement le nom d'*accélération,* dans le mouvement varié, à cette quantité $F''(t)$, qui est réellement celle du mouvement qui peut remplacer le proposé à l'instant donné, pendant un temps infiniment petit.

268. *Observation.* — Ces exemples suffisent pour bien faire comprendre comment, et à quelle condition, les infiniment petits ramènent les variables les plus complexes à la considération de l'uniformité. Il suffit pour cela de décomposer la grandeur en parties infiniment petites ; mais la partie négligée pour obtenir l'uniformité n'est sans influence sur les résultats que lorsqu'ils dépendent seulement des limites des rapports ou des sommes de ces éléments infiniment petits.

CHAPITRE XV.

PROBLÈME INVERSE, OU DÉTERMINATION DES COURBES PAR LEURS TANGENTES.

269. Dans ce qui précède, nous avons supposé que tous les points d'une courbe étaient donnés, soit par une équation, soit par un mode quelconque de génération, et nous nous proposions de trouver la tangente en un quelconque de ses points. On pourrait réciproquement se donner l'équation générale, ou un mode de génération de toutes les tangentes à une courbe inconnue, et se proposer de déterminer le point de la courbe qui se trouve sur une quelconque de ces tangentes. Ce problème inverse se résoudra au moyen de la proposition suivante :

Le point de contact d'une tangente à une courbe quelconque est la limite de son point de rencontre avec une tangente infiniment voisine.

Pour le prouver, soient TMT' (*fig.* 61) une tangente fixe,

Fig. 61.

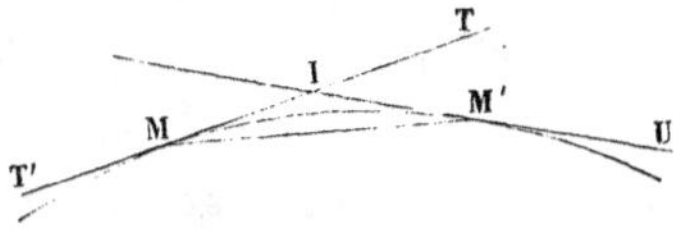

M son point de contact, M' un point de la courbe infiniment voisin de M, UM' la tangente en M', et I son point de rencontre avec T'T. La corde MM' tend vers zéro lorsque M' tend vers sa limite M, et c'est le plus grand côté du triangle MIM'; car, d'après la définition de la tangente, la sécante MM′, tendant vers zéro, fait avec la tangente en M ou M′ un angle dont la limite est zéro; l'angle I, opposé à MM′, tend donc vers deux droits; et le côté MM′, opposé au plus grand angle, est le plus grand du triangle. La distance IM, plus petite que MM′, tend donc vers zéro, et par conséquent le point fixe M est la limite du point de rencontre I de la tangente en M avec une tangente infiniment voisine.

De là résulte la solution du problème qui consiste à déduire tous les points d'une courbe de la connaissance de ses tangentes. Pour cela, on considérera l'une quelconque de ces dernières, et l'on cherchera sa rencontre avec une tangente voisine, d'après les équations connues de ces lignes, ou d'après la loi donnée de leur construction : on déterminera la limite de ce point lorsque la seconde tangente s'approche indéfiniment de la première; on connaîtra ainsi le point de la courbe qui se trouve sur une tangente quelconque : le problème revient alors à une recherche ordinaire de lieu géométrique.

Observation. — Il est bien certain que, si l'on admet qu'il y ait une courbe tangente au système des lignes données, on la trouvera par le procédé que nous venons d'indiquer. Mais si l'existence de cette courbe n'était pas admise, il est facile de reconnaître que celle que l'on obtient ainsi sera effectivement tangente à toutes les droites du système qui auront des points communs avec elle. En effet, considérons deux de ces droites telles que, dans le passage continu de l'une à l'autre, chacune rencontre toujours celle qui suit, et faisons passer une courbe par tous les points de rencontre successifs de chacune d'elles et de celle qui la suit, ce qui peut se faire d'une infinité de manières. Chaque droite sera coupée par celle qui la précède et par celle qui la suit, en deux points qui seront d'autant plus près du lieu de limite, que les droites sont plus voisines; la distance de ces deux points ou la corde interceptée par la droite dans la courbe variable peut donc devenir moindre que toute grandeur donnée; et, par conséquent, les droites du système sont aussi près qu'on voudra d'être tangentes à la courbe variable. Donc, enfin, la limite de cette dernière, ou le lieu des points limites, est tangent à toutes les droites.

270. Cette proposition est un cas particulier d'une plus générale dont nous ne nous occuperons pas en ce moment. Nous nous bornerons à faire remarquer, en passant, que, les centres de courbure étant les limites des points de rencontre des normales successives, ces droites sont tangentes au lieu des centres de courbure.

Nous allons maintenant donner quelques exemples de la détermination des courbes par leurs tangentes.

271. *On donne deux points fixes* B, C (*fig.* 62) *sur deux droites indéfinies* AX, AY. *Une droite* MN *se meut*

Fig. 62.

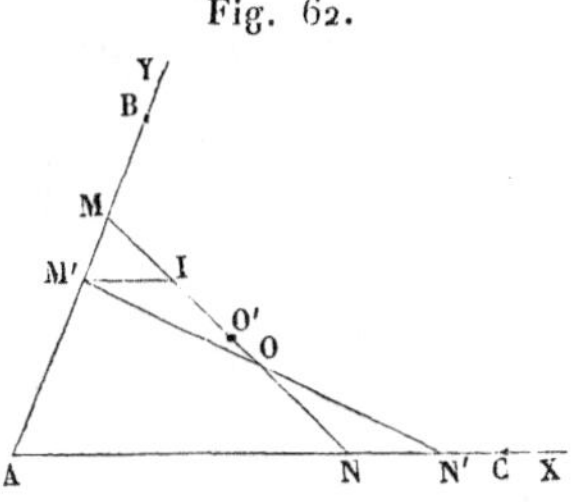

de manière que l'on ait constamment la proportion BM : MA : : AN : NC. *Trouver la courbe à laquelle elle est constamment tangente.*

Pour cela, on cherchera :

1° La limite du point de rencontre d'une quelconque de ces droites avec les droites infiniment voisines;

2° Le lieu de ces points limites, pour toutes les positions de MN.

1° Soient

$$AC = a, \quad AB = b, \quad AN = u, \quad AM = v;$$

on aura, pour toutes les positions de MN,

$$b - v : v :: u : a - u, \quad \text{d'où} \quad av + bu = ab,$$

et pour la position M′N′, on aura

$$a(v - M'M) + b(u + NN') = ab:$$

d'où résulte

$$b.NN' - a\,M'M = 0, \quad \text{ou} \quad \frac{M'M}{NN'} = \frac{b}{a},$$

et le point O′, limite de O, sera déterminé par la limite du rapport $\frac{MO}{ON}$.

Si par M′ on mène une droite M′I parallèle à AX, la limite de $\frac{IO}{ON}$ sera précisément la même que celle de $\frac{MO}{ON}$, ou $\frac{MO'}{N'O}$; et l'on aura cette suite d'égalités

$$\frac{IO}{ON} = \frac{M'I}{NN'} = \frac{M'I}{M'M}\,\frac{M'M}{NN'} = \frac{u}{v}\,\frac{b}{a}.$$

Donc

$$\frac{MO'}{NO'} = \frac{bu}{av}.$$

2° Les coordonnées x, y du point O′ ainsi déterminé satisferont aux proportions suivantes :

$$x : u - x :: bu : av$$

et

$$v - y : y :: x : u - x, \quad \text{ou} \quad uy + vx = uv.$$

Éliminant u et v entre ces deux équations et la première $av + bu = ab$, on trouve pour équation du lieu

$$(ay - bx - ab)^2 = 4\,ab^2 x,$$

ou

$$(ay - bx)^2 - 2a^2by - 2ab^2x + a^2b^2 = 0,$$

ce qui détermine une parabole tangente en B et C aux deux droites AY, AX.

272. *Une droite mobile* NM *coupant les deux droites fixes* AX, AY *de telle sorte que* AM + AN *soit égale à une constante* a, *trouver la courbe à laquelle elle est constamment tangente.*

Si l'on pose AN $= u$, AM $= v$, la condition donnée sera exprimée par l'équation

$$u + v = a.$$

La droite MN est donc déterminée par une équation qui n'est qu'un cas particulier de la précédente, et correspond à $b = a$.

La solution de la question proposée s'obtiendra donc en faisant $b = a$ dans celle de la précédente, ce qui donnera

$$(a + x - y)^2 = 4ax.$$

273. *La droite* MN (*fig.* 63) *se meut de telle sorte que*

Fig. 63.

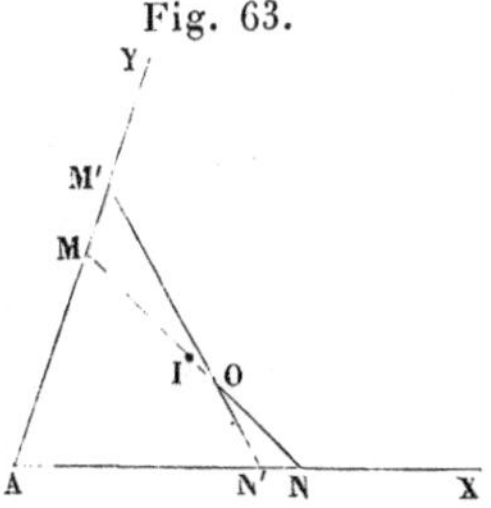

le triangle AMN *qu'elle détermine par ses intersections avec les lignes données* AX, AY *ait une aire constante; on demande la courbe à laquelle elle est constamment tangente.*

Pour cela, il faudra d'abord déterminer la limite I du point où cette droite, dans une quelconque de ses positions, est rencontrée par une droite qui s'en approche indéfiniment, en satisfaisant constamment à la condition de l'aire invariable ; et ce point I étant connu, pour une position quelconque de MN, on cherchera le lieu de ces points, pour toutes les positions de cette droite.

1° Soit O l'intersection de la droite MN par une autre infiniment voisine M'N'.

Les deux triangles MOM', NON' seront équivalents, et, comme ils ont l'angle égal à O, on aura

$$\text{MO}.\text{M'O} = \text{NO}.\text{N'O},$$

et, passant à la limite,

$$\overline{\text{MI}}^2 = \overline{\text{NI}}^2.$$

Le point I est donc le milieu de MN.

2° Pour avoir le lieu des points I relatifs à toutes les positions que prend MN, en supposant que le triangle AMN soit constant, ou que l'on ait $\text{AM}.\text{AN} = m^2$, soient x, y les coordonnées de I, on aura

$$\text{AM} = 2y, \quad \text{AN} = 2x,$$

et par suite

$$4xy = m^2, \quad \text{ou} \quad xy = \frac{m^2}{4}.$$

Le lieu est donc une hyperbole ayant pour asymptotes AX, AY.

274. *Une droite* MN (*fig.* 64), *qui a une longueur*

Fig. 64.

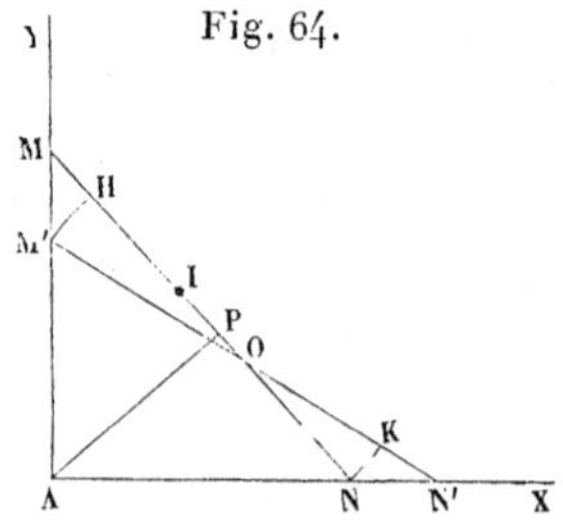

constante m, se meut de manière que ses extrémités res-

tent sur les côtés d'un angle droit YAX; *on demande la courbe à laquelle elle est toujours tangente.*

Soit M'N' une position infiniment voisine de MN; ces lignes se coupent en O, et il s'agit de trouver la limite I de ce point. On la connaîtra si l'on détermine la limite du rapport $\frac{MO}{ON}$, qui ne sera autre que $\frac{MI}{IN}$.

Si de O, comme centre, on décrit les arcs de cercle M'H, NK, on aura MH = KN', puisque M'N' = MN; et comme le rapport $\frac{MO}{ON}$ a évidemment la même limite que $\frac{HO}{ON}$, il suffit de connaître cette dernière, qui est la même, d'après les triangles semblables, que celle du rapport des cordes M'H, NK. Or ce dernier est facile à obtenir au moyen des triangles rectilignes infiniment petits MM'H, NN'K. Si l'on désigne leurs angles par la lettre du sommet, on aura

$$\frac{M'H}{MH} = \frac{\sin M}{\sin M'}, \quad \frac{KN}{KN'} = \frac{\sin N'}{\sin N},$$

d'où

$$M'H : NK :: \frac{\sin M}{\sin M'} : \frac{\sin N'}{\sin N}.$$

Mais les angles H et K ayant pour limite des angles droits, les limites des angles aigus dans chacun des triangles sont complémentaires. Ainsi la limite de M' est le complément de M; d'ailleurs la limite de N' est MNA; donc la limite de N sera complément de MNA. De sorte qu'en égalant les limites des rapports de la dernière proportion, on aura

$$\lim \frac{M'H}{NK} = \frac{\operatorname{tang} M}{\operatorname{tang} MNA} = \operatorname{tang}^2 M;$$

donc

$$\frac{MI}{IN} = \frac{\overline{AN}^2}{\overline{AM}^2}.$$

Ceci donne une construction facile du point I; car, si l'on abaisse de A une perpendiculaire AP sur MN, le rapport des deux segments NP, PM étant $\frac{\overline{AN}^2}{\overline{AM}^2}$ sera égal à $\frac{MI}{IN}$ et, par conséquent, $NI = MP$; le point P détermine donc immédiatement le point I du lieu cherché.

L'équation précédente donne, en remarquant que $\overline{AN}^2 + \overline{AM}^2 = m^2$ et $MI + IN = m$,

$$MI = \frac{\overline{AN}^2}{m}, \quad NI = \frac{\overline{AM}^2}{m},$$

d'où il est facile de déduire les coordonnées x, y du point M, car on a

$$\frac{x}{AN} = \frac{MI}{m}, \quad \frac{y}{AM} = \frac{NI}{m};$$

donc

$$x = \frac{\overline{AN}^3}{m^2}, \quad y = \frac{\overline{AM}^3}{m^2},$$

et l'on aura l'équation entre x, y en éliminant AM, AN entre ces deux équations et la suivante $\overline{AM}^2 + \overline{AN}^2 = m^2$. On trouve immédiatement

$$x^{\frac{2}{3}} + y^{\frac{2}{3}} = m^{\frac{2}{3}},$$

qui est l'équation du lieu demandé.

275. Il peut se faire que les considérations géométriques soient moins commodes que le calcul algébrique, et voici la marche qu'il faut suivre alors.

L'équation générale des droites données renferme un paramètre qui change de l'une à l'autre. Soit a ce paramètre;

cette équation sera donc de la forme

$$y = x\mathrm{F}(a) + f(a),$$

F et f désignant des fonctions connues.

Changeant a en $a + h$, on aura l'équation d'une droite voisine, qui sera

$$y = x\mathrm{F}(a + h) + f(a + h);$$

l'abscisse du point de rencontre sera donc donnée par l'équation suivante :

$$x[\mathrm{F}(a + h) - \mathrm{F}(a)] + f(a + h) - f(a) = 0.$$

Il faut maintenant faire tendre h vers zéro, et chercher la limite de x; ce sera l'abscisse du point cherché, et l'équation de la droite fera connaître par suite l'ordonnée.

Mais si on laissait l'équation sous cette forme, elle n'apprendrait rien en prenant les limites de ses deux membres, puisqu'on ne trouverait autre chose que $0 = 0$. Le plus ordinairement il est facile de voir les réductions qui s'opèrent par les soustractions indiquées, et on reconnaît un facteur commun h à tous les termes; en le supprimant et passant aux limites des deux membres, on obtient alors la valeur limite de x.

Mais rien n'est plus facile que de formuler le résultat en général. En effet, si l'on divise par h tous les termes de la dernière équation, et qu'on prenne ensuite les limites, on trouvera, d'après la définition et la notation des dérivées des fonctions,

$$x\mathrm{F}'(a) + f'(a) = 0.$$

Cette équation, jointe à la première $y = x\mathrm{F}(a) + f(a)$, détermine les deux coordonnées du point du lieu, et l'équation du lieu lui-même résultera de l'élimination de a entre ces deux équations. Si, pour la facilité des calculs, on ne réduisait pas à l'unité le coefficient de y, on aurait trois fonctions de a au lieu de deux, et l'on procéderait d'une manière tout à fait semblable.

Prenons, par exemple, le cas traité précédemment, où les droites mobiles jouissent de la propriété de déterminer sur les côtés d'un triangle YAX des segments dont la somme soit égale à une constante a.

Si l'on désigne par α le segment de l'axe des x, l'autre sera $a - \alpha$, et l'équation générale des droites

$$\alpha y + (a - \alpha)x = \alpha(a - \alpha);$$

changeant α en $\alpha + h$, il vient, en retranchant les deux équations membre à membre,

$$yh - xh = ah - 2\alpha h - h^2,$$

ou, en divisant par h,

$$y - x = a - 2\alpha - h.$$

Cette équation, conjointement avec la première, détermine le point de rencontre, qui varie avec h. On aura sa limite en supposant $h = 0$, ce qui réduit la seconde équation à

$$y - x = a - 2\alpha,$$

et l'on voit que c'est comme si l'on avait pris les dérivées par rapport à α de tous les termes de la première.

L'élimination du paramètre α entre ces deux équations donne l'équation suivante

$$(a + x - y)^2 = 4ax,$$

qui est celle du lieu, et coïncide avec celle qui a été trouvée dans le second exemple. Nous généraliserons ces théories par la suite; nous nous écarterions de notre objet en nous y arrêtant plus longtemps.

Caustique par réflexion.

276. *Soit* F (*fig.* 65) *un point d'où émanent des rayons de chaleur ou de lumière, qui viennent se réfléchir sur une*

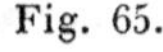

Fig. 65.

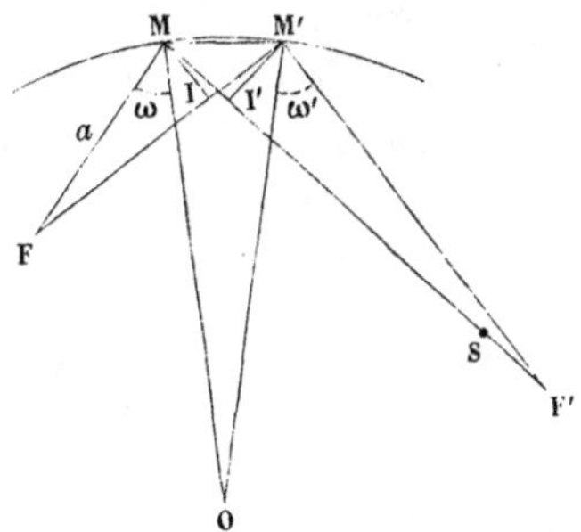

courbe donnée, de telle sorte que le rayon réfléchi fasse avec la normale le même angle que le rayon incident : on demande la courbe à laquelle tous les rayons réfléchis sont tangents.

Cette courbe, en tous les points de laquelle il se fait une plus grande concentration de chaleur, ou de lumière, qu'aux autres points du plan, se nomme *caustique*. Pour en déterminer un point quelconque, il faut considérer deux rayons infiniment voisins FM, FM', et chercher la limite du point de rencontre F' des rayons réfléchis.

Les deux normales en M et M' à la courbe donnée se rencontrent en un point O, dont la limite est le centre de courbure en M; et le rayon de courbure R en ce point sera la limite de MO et de M'O. Posons

$$FM = a, \quad FMO = \omega = OMF', \quad FM'O = \omega' = OM'F';$$

il est facile de voir que l'on aura

$$F + \omega = O + \omega', \quad F' + \omega' = O + \omega,$$

d'où, en ajoutant ces équations membre à membre,

$$(1) \qquad F + F' = 2O.$$

Nous allons maintenant substituer dans cette équation, à F, F', O des quantités, non pas égales, mais ayant avec ces angles des rapports dont la limite soit 1; l'équation (1), dont on peut supposer qu'on ait divisé les deux membres par l'un des trois angles, ou par tout autre infiniment petit du même ordre, conduira ainsi à une équation exacte entre les limites des rapports. Abaissons MI, M'I' perpendiculaires sur FM', F'M. Nous remplacerons

$$\text{l'angle F par son sinus } \frac{MI}{a} \text{ ou } \frac{MM' \sin MM'F}{a};$$

$$\text{l'angle F' par son sinus } \frac{M'I'}{M'F'} \text{ ou } \frac{MM' \sin M'MF'}{M'F'};$$

l'angle O par l'arc de cercle de rayon OM, terminé à la droite M'O, divisé par MO, ou par $\frac{MM'}{MO}$. Car l'arc de cercle peut être remplacé par la perpendiculaire abaissée de M sur M'O, puisque leur rapport a pour limite 1, et cette perpendiculaire peut être remplacée par la corde MM' par la même raison.

Faisant la substitution de ces expressions à F, F', O qui ne seront altérés que de quantités infiniment petites par rapport à eux-mêmes, supprimant le facteur commun MM', et passant aux limites des rapports, nous aurons une équation exacte entre des quantités finies.

Soit S la limite de F', ou le point de la caustique; la limite de M'F' sera MS, que nous désignerons par z; la limite de l'un et de l'autre des angles MM'F, M'MF' sera l'angle de FM avec la tangente en M, ou le complément de ω.

La limite de MO sera le rayon de courbure R, et l'on arrivera ainsi à l'équation

$$\frac{\cos\omega}{a} + \frac{\cos\omega}{z} = \frac{2}{R},$$

ou

$$\frac{1}{z} + \frac{1}{a} = \frac{2}{R\cos\omega}.$$

La valeur de z étant connue, la position du point S de la caustique le sera, et la question rentre dans les problèmes ordinaires de lieux géométriques.

277. Si le point F s'éloignait indéfiniment de la courbe réfléchissante, restant sur la même droite MF, les rayons incidents, à la limite, seraient parallèles entre eux; $\frac{1}{a}$ deviendrait zéro, et l'équation (2) se réduirait à

$$\frac{1}{z} = \frac{2}{R\cos\omega} \quad \text{ou} \quad z = \frac{R\cos\omega}{2}.$$

Le point S de la caustique serait donc la projection du milieu du rayon de courbure, sur le rayon réfléchi.

Si le rayon FM était normal à la courbe, on aurait $\cos\omega = 1$, et l'équation (2) deviendrait

$$\frac{1}{z} + \frac{1}{a} = \frac{2}{R}.$$

Les deux points F et S se nomment alors *foyers conjugués*.

Si de plus les rayons incidents sont parallèles, on a $z = \frac{R}{2}$, et le point ainsi déterminé se nomme le *foyer principal*.

Dans les cours ordinaires de Physique, les expériences et le calcul se font en supposant que la courbe donnée soit un cercle.

CHAPITRE XVI.

DE L'APPLICATION DE LA GÉOMÉTRIE A LA SCIENCE DES NOMBRES.

278. Toutes les quantités géométriques de même espèce, comparées entre elles, pouvant donner lieu à des rapports numériques, il était naturel de chercher à faire servir les connaissances acquises sur les nombres à la résolution des questions de Géométrie.

Réciproquement, les nombres pouvant être considérés comme des rapports de quantités géométriques de même espèce, soit lignes, soit surfaces, solides ou angles, il a été possible, quoique peut-être moins naturel, de chercher à faire servir les connaissances acquises en Géométrie à la résolution de questions de nombres, soit qu'il s'agisse de la démonstration d'une propriété, ou de la détermination de la valeur d'un nombre.

Les opérations sur les nombres étant susceptibles de plus de précision que les constructions, on cherche le plus souvent à y ramener ces dernières ; mais souvent elles offrent des difficultés telles, que l'on est presque forcé d'y substituer des constructions, qui donnent facilement une approximation insuffisante, laquelle peut servir de point de départ à des calculs de correction plus faciles que n'auraient été les premiers.

Pour cela on commencera par choisir une unité de longueur, et déterminer par suite les lignes dont les nombres donnés seront l'expression : on exécutera sur ces lignes les constructions qui pourront conduire à la connaissance des lignes qui auraient pour expressions numériques les nombres que l'on se proposait de calculer; et pour connaître ces nombres il suffira de mesurer ces lignes au moyen de l'unité choisie.

Nous allons faire l'application de ces considérations générales à divers genres de questions.

DES PREMIÈRES OPÉRATIONS SUR LES NOMBRES.

279. L'*addition* et la *soustraction* de nombres connus ne peuvent être ramenées à des procédés plus simples que ceux qu'indique l'Arithmétique élémentaire; et l'intervention de la Géométrie, non seulement introduirait les erreurs inévitables des mesures, mais augmenterait beaucoup le travail : c'est pourquoi nous passerons de suite à la multiplication.

Multiplication. — Soit proposé de former le produit de deux nombres connus a et b. En le désignant par x, on aura la proportion

$$1 : a :: b : x.$$

Choisissant une longueur pour représenter l'unité et formant par suite les longueurs représentées par les nombres connus a et b, la ligne représentée par le nombre inconnu x sera la quatrième proportionnelle à trois lignes connues, et se construira facilement : on la mesurera ensuite avec l'unité choisie et on connaîtra le nombre x, c'est-à-dire le produit demandé ab.

Division. — Soit proposé maintenant de trouver le quotient de a par b. En le désignant par x, on aura

$$b : a :: 1 : x.$$

x étant encore la quatrième proportionnelle à trois nombres connus, on procédera comme dans le cas précédent.

Et généralement si l'on a à calculer le résultat d'opérations quelconques indiquées par une expression rationnelle fractionnaire, dont le numérateur et le dénomiuateur seront polynômes, on commencera encore par remplacer les nombres par des lignes; on rendra homogène les termes ajoutés, en introduisant des facteurs ou diviseurs égaux à l'unité et de telle sorte que le degré du numérateur surpasse d'une unité celui du dénominateur. Cela fait, on procédera comme nous l'avons indiqué précédemment pour la construction des lignes dont l'expression est rationnelle. Mais comme, dans le cas actuel, c'est un nombre que l'on cherche et non une ligne, quand cette dernière aura été construite on la réduira en nombre au moyen de l'unité choisie; et le résultat demandé des opérations numériques indiquées se trouvera déterminé.

Extraction de la racine carré. — Pour extraire par le moyen des constructions la racine carrée d'une expression rationnelle, on commencera par ramener cette expression à un monôme, par les procédés que nous venons de rappeler; puis, par des facteurs égaux à l'unité, on fera en sorte que ce monôme ait deux facteurs linéaires de plus au numérateur qu'au dénominateur. On pourra alors réduire l'expression à la forme

$$\sqrt{ab}.$$

La désignant par x, on aura

$$x^2 = ab, \quad \text{ou} \quad a : x :: x : b.$$

La ligne représentée par x est donc moyenne proportionnelle entre les lignes a et b, et se construira facilement. Sa mesure au moyen de l'unité choisie fera connaître le résultat des opérations numériques indiquées. Et l'on voit que l'on pourrait, par l'application successive de ce procédé, calculer les racines de degré 2^m.

On aura de cette manière la construction des racines réelles de toute équation du second degré, dont les coefficients seront des nombres connus; car leur expression ne renfermera que la racine carrée d'un nombre connu.

Si le degré de la racine à extraire n'était pas une puissance de 2, les procédés que nous venons d'indiquer ne pourraient s'appliquer. La question rentrerait dans une plus générale, dont nous allons nous occuper et qui consiste à obtenir par des constructions les racines réelles d'équations de degré quelconque dont les coefficients sont des nombres connus.

CONSTRUCTION DES RACINES RÉELLES DES ÉQUATIONS.

280. Lorsque l'on a les équations de deux lieux géométriques, on obtient les coordonnées de leurs points communs en cherchant les solutions communes réelles de ces deux équations.

Mais si l'on ne demande que les abscisses de ces points, il ne suffira pas d'éliminer y entre les deux équations et de chercher les racines réelles de l'équation finale en x, même lorsqu'on se serait assuré qu'on n'a supprimé aucune solution et qu'on n'en a pas introduit d'étrangères. Il faudra encore qu'à ces valeurs réelles de x correspondent des valeurs réelles de y; sans quoi elles ne construiraient aucun point, et par conséquent ne fourniraient pas de points communs aux deux courbes.

Réciproquement, lorsqu'on voudra connaître les racines réelles d'une équation à une inconnue

$$F(x) = 0,$$

on pourra former deux équations en x et y telles, que le résultat de l'élimination de y entre elles soit $F(x) = 0$, dans laquelle nous supposerons qu'il ne manque aucune solution du système, et qu'il n'y en ait aucune étrangère (ces circonstances doivent toujours être l'objet d'une discussion). On construira ensuite les lieux représentés par chacune de ces équations; on cherchera leurs points d'intersection; on évaluera au moyen de l'unité choisie les abscisses de ces points, et les nombres ainsi obtenus seront des racines réelles de l'équation $F(x) = 0$.

Mais il est de la plus grande importance de remarquer qu'il n'est pas sûr que les nombres ainsi obtenus, et qui sont bien des racines de l'équation proposée, soient les seuls; parce que, comme nous l'avons fait remarquer tout à l'heure, les racines réelles de cette équation finale pourraient bien correspondre à des valeurs imaginaires de y; et dans ce cas les points de rencontre des deux courbes ne pourraient les faire connaître.

281. Il est facile de donner des exemples où cette dernière circonstance se rencontre.

Soit en effet

$$F(x) = 0 \tag{1}$$

l'équation proposée, et

$$\varphi(x, y) = 0 \tag{2}$$

une équation choisie arbitrairement. Joignons-y la suivante, dans laquelle A désigne une constante quelconque,

$$\varphi(x, y) + AF(x) = 0. \tag{3}$$

Cela posé, pour que les équations (2), (3) aient lieu en même temps, il faut que l'on ait $F(x) = 0$; et, réciproquement, si l'on prend une racine quelconque de cette dernière et qu'on la porte dans (2), les valeurs de y qu'on en tirera, conjointement avec la valeur de x, formeront des solutions des équations (2), (3). Donc d'abord l'équation $F(x) = 0$

donne toutes les valeurs de x qui conviennent au système (2), (3) et n'en renferme pas d'étrangères.

On peut former ainsi une infinité de systèmes de deux équations dont les solutions communes correspondent à toutes les racines de l'équation (1) et à aucune autre. Et bien d'autres formes d'équations pourraient satisfaire à ces conditions.

Or on peut prendre l'équation arbitraire (2) telle, que, pour certaines racines réelles de (1), elle donne des valeurs imaginaires pour y. Il suffirait en effet que la courbe qu'elle représenterait n'eût aucun point dans la partie du plan comprise entre deux parallèles à l'axe des y, correspondant à deux valeurs de x entre lesquelles se trouveraient les racines en question.

Si, par exemple, on avait

$$F(x) = (x - 1)(x - 3)(x - 4),$$

et qu'on prît pour (2) l'équation d'un cercle situé tout entier au delà de la parallèle à l'axe des y, dont la distance à l'origine serait plus grande que (4), les deux courbes ayant pour équations

$$\varphi(x, y) = 0 \quad \text{et} \quad \varphi(x, y) + (x - 1)(x - 3)(x - 4) = 0$$

ne se couperaient pas, et cependant, en éliminant y entre leurs équations, on obtiendrait l'équation proposée

$$(x - 1)(x - 3)(x - 4) = 0,$$

dont les trois racines sont réelles.

282. *Remarque.* — D'après les observations précédentes, on voit qu'il serait avantageux de prendre pour l'un des lieux par le moyen desquels on veut construire les racines réelles d'une équation une courbe qui s'étendît indéfiniment dans le sens des x, sans aucune discontinuité, et dont

l'équation, pour aucune valeur de x, ne donne des valeurs imaginaires de y. Prenons pour exemple l'équation

$$\tan x - ax = 0, \tag{1}$$

et pour équation du premier lieu

$$y - ax = 0, \tag{2}$$

qui représente une ligne droite, qui s'étend indéfiniment du côté des x positifs et négatifs, et n'offre aucune discontinuité.

Prenons maintenant pour premier membre de la seconde équation celui de l'équation (2), diminué de celui de l'équation (1); le terme ax disparaîtra, et l'on aura

$$y - \tan x = 0. \tag{3}$$

Les solutions communes aux équations (2), (3) seront les racines de l'équation (1); et les valeurs de y correspondantes aux racines réelles de (1) étant tirées de (2) seront nécessairement réelles et uniques. Elles correspondront donc à des points de rencontre des deux lieux; et, par conséquent, leur intersection fera connaître toutes les racines réelles de la proposée.

CONSTRUCTION DES RACINES RÉELLES DES ÉQUATIONS DU TROISIÈME ET DU QUATRIÈME DEGRÉ.

283. Il suffira de considérer l'équation du quatrième degré, puisqu'elle renferme celle du troisième; et la manière la plus simple d'y faire rentrer cette dernière consiste à multiplier ses deux membres par x; on introduit ainsi la racine zéro, dont on ne tiendra aucun compte.

Occupons-nous donc de l'équation du quatrième degré, dont les racines peuvent se construire au moyen de courbes très simples. On pourra, dans tous les cas, en faisant disparaître le second terme, lui donner la forme suivante :

$$(1) \qquad x^4 + px^2 + qx + r = 0.$$

Si nous posons

$$(2) \qquad x^2 = ky,$$

et que nous combinions cette équation avec la proposée, nous trouverons

$$k^2y^2 + pky + qx + r,$$

ou, en divisant par k^2,

$$(3) \qquad y^2 + \frac{py}{k} + \frac{qx}{k^2} + \frac{r}{k^2} = 0,$$

et il est évident que cette dernière reproduirait (1) si l'on remettait x^2 au lieu de ky, puisque c'est en remplaçant x^2 par y qu'on a eu (3). Le résultat de l'élimination de y entre (2) et (3) est donc la proposée; et il n'y a ni solutions étrangères, ni solutions perdues. On voit de plus que toutes les solutions réelles de (1) portées dans (2) donneront chacune une valeur réelle et unique pour y, d'où résultera un point d'intersection des deux lieux (2), (3). La recherche des racines réelles de l'équation (1) est donc entièrement ramenée à celle des abscisses des points de rencontre de ces lieux.

L'équation (2) représente une parabole dont le sommet est à l'origine, qui a pour axe l'axe des y positifs et k pour paramètre.

L'équation (3) en représente une autre dont l'axe est parallèle à l'axe des x; les coordonnées de son sommet ont pour valeurs

$$y = -\frac{p}{2k}, \quad x = \frac{p^2 - 4r}{4q}.$$

Le sens de l'axe est celui des x positifs si q est négatif, et des x négatifs si q est positif : son paramètre est la valeur absolue de $\frac{q}{k^2}$.

Mais cette seconde parabole peut être remplacée par un cercle ; ce qui conduira à une construction plus facile. En effet, si l'on ajoute les équations (2) et (3), celle que l'on obtiendra pourra remplacer identiquement la dernière ; et l'on trouvera ainsi la suivante :

$$(4) \qquad y^2 + x^2 + \left(\frac{p}{k} - k\right)y + \frac{q}{k^2}x + \frac{r}{k^2} = 0,$$

équation d'un cercle qui, par son intersection avec la parabole (2), fera connaître toutes les racines réelles de la proposée (1).

C'est ainsi que l'on construira les problèmes célèbres de la duplication du cube, de la trisection de l'angle, des deux moyennes proportionnelles, etc. D'autres constructions pourraient encore y être appliquées.

On simplifiera l'équation (1) en choisissant l'indéterminée k de manière que l'on ait $\frac{p}{k} - k = 0$ ou $k = \sqrt{p}$; mais cela ne sera possible que si p est positif. Dans ce cas, l'équation (4) se réduit à

$$y^2 + x^2 + \frac{q}{p}x + \frac{r}{t} = 0.$$

Le centre du cercle sera sur l'axe des x et aura pour abscisse $-\frac{q}{2p}$. La valeur du rayon sera $\frac{\sqrt{q^2 - 4pr}}{2p}$, et serait imaginaire si l'on avait $q^2 - 4pr < 0$; mais alors l'équation proposée n'aurait pas de racine réelle ; car, d'après les conditions $p > 0$, $q^2 - 4pr < 0$, $px^2 + qx + r$ serait positif pour toute valeur réelle de x, et le premier membre de (1) ne pourrait être nul pour aucune valeur réelle de x.

284. *Forme particulière des équations des deux lieux.* — L'équation proposée étant

$$(1) \qquad F(x) = 0,$$

il est souvent avantageux de prendre pour les équations des deux lieux

$$(2) \qquad y = F(x), \quad y = 0.$$

La première construit une courbe dont les points d'intersection avec l'axe des x ont pour abscisses les racines réelles de la proposée.

En nous bornant au cas où l'on a

$$F(x) = Ax^m + A_1x^{m-1} + A_2x^{m-2} + \ldots + A_m,$$

la courbe (2) s'étend d'une manière continue depuis $x = -\infty$ jusqu'à $x = \infty$; et à chaque abscisse il ne correspond qu'une seule ordonnée.

La considération de cette courbe a conduit Fourier à des procédés très ingénieux pour la séparation ou l'approximation des racines réelles. On pourrait sans doute se passer de ces secours de la Géométrie, mais ils font souvent découvrir, à la seule inspection de la figure, des rapports qu'on aurait difficilement aperçus en restant dans l'abstraction pure.

Ainsi, par exemple, la simple vue de la courbe (2) montrant qu'entre deux points consécutifs de rencontre avec l'axe des x l'ordonnée part de zéro pour revenir d'une manière continue à zéro, on conclut facilement qu'elle passe par une valeur absolue plus grande que toutes les autres ; que, par conséquent, si on mène une parallèle à l'axe des x par l'extrémité de cette ordonnée, la partie de la courbe que l'on considère est tout entière comprise entre l'axe des x et cette parallèle, qui, par conséquent, lui est tangente. On conclut de là qu'en ce point on a $F'(x) = 0$, puisque $F'(x)$ est la tangente trigonométrique de l'inclinaison de la tangente. Or cette conséquence n'est autre chose que le théorème de Rolle, qui s'énonce ainsi :

Entre deux racines réelles consécutives d'une équation, il y a toujours une racine réelle de sa dérivée. — Je n'entrerai pas dans plus de détails à ce sujet, et je me bornerai à recommander l'étude des ouvrages spéciaux, surtout de ceux de Fourier.

285. Démontrons maintenant un théorème général, dont les applications sont innombrables, et qui peut s'énoncer ainsi :

Soit $F(x)$ une fonction quelconque, continue entre $x=a$ et $x=b$, b étant la plus grande des deux limites. Si l'on partage l'intervalle $b-a$ en subdivisions h, qui décroissent indéfiniment suivant une loi quelconque, puis que l'on multiplie chacune des valeurs de $F(x)$ correspondantes par la subdivision qui la précède ou par celle qui la suit :

1° La somme de ces produits, ou, d'après une notation déjà employée, $\sum_a^b F(x)\,h$, tend vers une limite unique, quelle que soit la loi des subdivisions.

2° Cette limite, considérée comme fonction de b, a pour dérivée $F(b)$; et considérée comme fonction de a, elle a pour dérivée $-F(a)$.

La vérité de ces diverses propositions s'aperçoit immédiatement en considérant la courbe qui a pour équation

$$y = F(x),$$

et qui est continue entre les abscisses a et b.

En effet, les produits indéfiniment décroissants dont il s'agit seront la mesure de rectangles ayant pour bases les subdivisions de $b-a$, et pour hauteurs les ordonnées correspondantes de la courbe. Or nous avons démontré dans la Géométrie que la somme de ces produits a pour limite l'aire comprise entre l'axe des x, les ordonnées extrêmes et l'arc de la courbe, quelle que soit la loi des subdivisions de $b - a$, pourvu qu'elles décroissent toutes indéfiniment. La première partie du théorème est donc démontrée.

Si maintenant on considère la plus petite limite a comme constante, et b comme variable, et qu'on fasse croître b d'une quantité infiniment petite h, l'accroissement de l'aire sera compris entre deux rectangles dont le rapport a pour limite 1 ; la limite du rapport de l'accroissement de l'aire à h est donc la même que de l'un quelconque de ces rectangles à h ; elle est donc $F(b)$, comme il fallait le démontrer.

Enfin, si l'on regarde b comme constant et a comme variable, l'accroissement de l'aire sera négatif, et par les mêmes raisonnements on trouvera $-F(a)$ pour limite du rapport de l'accroissement de l'aire à celui de a : ce qui démontre la dernière partie du théorème.

286. *Application de la Géométrie à la détermination de la limite de la somme*

$$\sum_{-\infty}^{+\infty} e^{-x^2} h.$$

Cette limite très importante peut être obtenue par des considérations purement algébriques ; mais la Géométrie en facilite beaucoup la recherche.

Nous ne la considérerons pas comme mesurant l'aire de la courbe dont l'équation serait

$$y = e^{-x^2},$$

mais comme servant à mesurer le volume compris entre

le plan des x et y et la surface de révolution ayant pour équation

$$z = e^{-(x^2+y^2)}.$$

On remarquera pour cela que, si l'on conçoit les limites des deux sommes identiques

$$\sum e^{-x^2}h, \quad \sum e^{-y^2}k,$$

et qu'on les multiplie, on aura la limite du produit de ces deux sommes. Or les produits des éléments qui les composent mesurent des parallélépipèdes qui peuvent être considérés comme les éléments du volume indéfini dans tous les sens, qui est compris entre le plan YX et la surface ayant pour équation

$$z = e^{-(x^2+y^2)}.$$

Le produit des limites des deux sommes, ou le carré de la quantité cherchée, est donc la mesure de ce volnme, et, par conséquent, c'est à cette dernière recherche que la question est ramenée.

Or la forme de la surface qui le termine permet une décomposition plus commode que la première; et c'est en cela que consistera l'avantage que procurera la Géométrie.

Le plus ordinairement on décompose le solide de révolution qu'on veut mesurer par des plans infiniment voisins, perpendiculaires à son axe; mais on peut aussi le décomposer par des surfaces cylindriques infiniment voisines, ayant même axe de révolution que le solide; et c'est ce dernier mode qui sera le plus avantageux dans la question actuelle.

En effet, si l'on désigne par r et $r + h$ les rayons de deux de ces surfaces, le volume compris entre elles aura pour mesure $2\pi rhe^{-r^2}$, en négligeant une quantité infiniment petite par rapport à celle-ci.

Or, si l'on pose $r^2 = u$, on observera que, quand r croît de h, l'accroissement de r^2 ou de u est $2rh$, en négligeant une quantité infiniment petite relativement à lui. Prenant donc $2rh$ pour l'accroissement que prend u, quand on passe d'une surface cylindrique à la suivante, et le désignant par k, on pourra regarder le volume cherché comme la limite de la somme

$$\pi \sum e^{-u} k,$$

la dernière variable u partant de zéro et croissant indéfiniment.

Mais on sait que la limite de $\sum_0^\infty e^{-u} k$ est l'unité; le volume a donc pour mesure π. Or cette mesure est le carré de la quantité cherchée : cette dernière est donc égale à $\sqrt{\pi}$.

Et il est évident que, si l'on demandait la limite de la somme en faisant passer x de zéro à l'infini, au lieu de le prendre de $-\infty$ à $+\infty$, on aurait un résultat moitié moindre, $\frac{1}{2}\sqrt{\pi}$.

287. *Autre application.* — Considérons la limite de la somme

$$(1) \qquad \sum_{x_0}^{x} F(x, a) h,$$

a désignant une quantité indépendante de x; h la différence de deux valeurs consécutives de x; x_0 et X les limites entre lesquelles x varie; et $F(x, a)$ une fonction continue arbitraire de x et de la constante a.

La limite de l'expression (1) dépend de a et des limites x_0 et X, mais la variable désignée par x n'y entre évidemment plus. Quant aux limites x_0 et X, elles peuvent dépendre de a, ou en être indépendantes.

Cela posé, la limite de (1) peut être considérée comme une fonction de a que nous désignerons par $f(a)$; et l'on peut se proposer de trouver sa dérivée par rapport à a, considéré comme variable, et regardant comme constantes toutes les autres quantités qu'elle renferme et qui ne dépendent pas de a.

Il faudra pour cela supposer que a croisse de k, chercher l'accroissement correspondant de $f(a)$, puis la limite de son rapport à k. Nous commencerons par examiner le cas où x_0 et X ne dépendent pas de a, et en second lieu le cas où elles en sont des fonctions quelconques.

1° Les quantités x_0, X sont des constantes données; et $f(a)$ peut être considérée comme l'aire comprise entre la courbe, dont l'équation serait

$$y = \mathrm{F}(x, a),$$

l'axe des x et les ordonnées correspondant aux abscisses x_0, X.

Soit (*fig.* 66) $x_0 = \mathrm{AB}$, $\mathrm{X} = \mathrm{AC}$; $f(a)$ sera l'aire

Fig. 66.

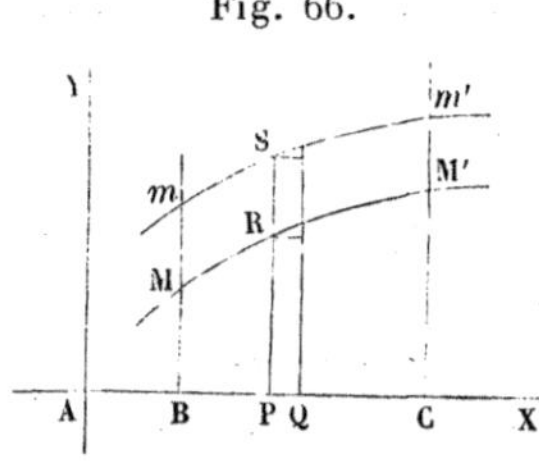

BMM'C. Supposons maintenant qu'on donne à a un accroissement déterminé k, $f(a+k)$ sera l'aire comprise entre les mêmes ordonnées indéfinies, la même base BC, et une nouvelle courbe dont l'équation serait

$$y = F(x, a + k),$$

soit cette aire $Bmm'C$.

La différence $Mmm'M'$ de ces deux aires sera l'accroissement de $f(a)$; et la dérivée cherchée sera la limite du rapport

$$\frac{Mmm'M'}{k}.$$

Évaluons maintenant l'aire $Mmm'M'$ pour une valeur déterminée quelconque de k. En la décomposant par une suite d'ordonnées infiniment voisines, on pourra la considérer comme la limite d'une somme de rectangles ayant pour bases les subdivisions PQ de BC, et pour hauteurs les différences RS des ordonnées correspondantes ou $F(x, a + k) - F(x, a)$. Ces rectangles auront pour expression générale, en désignant PQ par α,

$$[F(x, a + k) - F(x, a)]\alpha.$$

Mais, d'après la formule donnée précédemment pour l'expression de l'accroissement d'une fonction d'une quantité a, à laquelle on donne un accroissement k, nous aurons, en désignant par $F'(a)$ la dérivée de $F(x, a)$ par rapport à a,

$$F(x, a + k) - F(x, a) = k[F'(a) + \omega],$$

ω étant une quantité qui tendrait vers zéro avec k.

L'expression générale des rectangles RS sera donc

$$k\alpha[F'(a) + \omega],$$

et l'aire $Mmm'M'$ sera la limite de leur somme

$$k\sum\alpha[F'(a) + \omega];$$

son rapport à k sera donc la limite de

$$\sum\alpha[F'(a) + \omega].$$

Si maintenant on suppose que k tende vers zéro, il en sera de même de ω, et, d'après le principe fondamental des infiniment petits, on n'altérera pas cette limite en supprimant $\alpha\omega$ qui est infiniment petit par rapport à $\alpha F'(a)$. D'où il suit que la limite du rapport $\frac{\text{M}mm'\text{M}'}{k}$, ou la dérivée par rapport à a de la limite de

$$\sum_{x_0}^{\text{X}} \text{F}(x, a)h,$$

est

$$\sum_{x_0}^{\text{X}} \text{F}'(a)\alpha.$$

On obtient donc la dérivée par rapport à a de la limite de la somme en substituant à la fonction sous le signe $\sum$ sa dérivée par rapport à a, et faisant la sommation entre les mêmes limites.

2° Supposons maintenant que les limites x_0, X dépendent de a, et que l'on ait

$$x_0 = \varphi(a), \quad \text{X} = \psi(a),$$

φ et ψ désignant des fonctions données.

Soit BMM'C (*fig.* 67) la limite que nous avons désignée

Fig. 67.

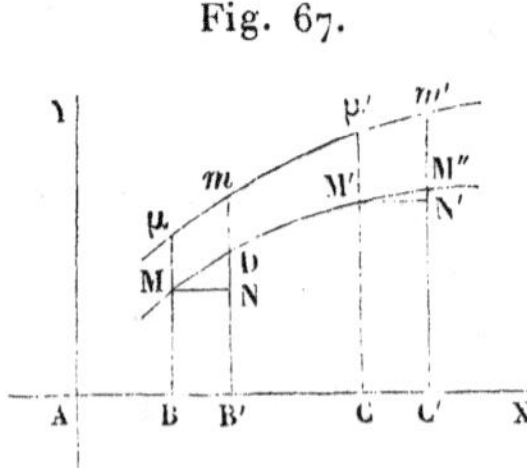

par $f(a)$. Lorsque a variera de k, l'ordonnée F(x, a) deviendra

$$F(x, a+k);$$

mais les limites x_0 et X varieront elles-mêmes, et la fonction $f(a+k)$ sera représentée par l'aire

$$B'mm'C',$$

BB′ et CC′ étant respectivement les accroissements de x_0 et X quand on y change a en $a+k$.

La dérivée de la fonction $f(a)$, par rapport à a, sera donc la limite du rapport

$$\frac{B'mm'C' - BMM'C}{k} \quad \text{ou} \quad \frac{Dmm'C'CM' - BMDB'}{k}.$$

Mais, sans changer la limite de ce rapport, on peut ajouter ou retrancher au numérateur des quantités infiniment petites par rapport à k. Si donc nous prolongeons les ordonnées BM, CM′ jusqu'à la rencontre de la seconde courbe en μ, μ', nous pourrons ajouter l'aire $M\mu mD$; et si M″ est le point de rencontre de $m'C'$ avec la première courbe MM′ prolongée, nous pourrons ajouter l'aire $M'\mu'm'M''$. Le dernier rapport se trouvera ainsi remplacé par

$$\frac{M\mu\mu'M' + CM'M''C' - BMDB'}{k}$$

et sa limite sera la dérivée cherchée.

Or elle peut se décomposer en trois autres.

La première,

$$\lim \frac{M\mu\mu'M'}{k},$$

n'est autre chose que celle que l'on obtiendrait en supposant qu'on ne fît pas varier x_0, X, et que nous venons de calculer.

La seconde,

$$\lim \frac{CM'M''C'}{k},$$

est égale à

$$\lim \frac{\mathrm{CM'M''N'}}{k},$$

M′N′ étant menée parallèle à AX, ou à $\mathrm{CM'}\lim \frac{\mathrm{CC'}}{k}$, ou enfin à

$$\mathrm{F}(\mathrm{X}, a)\,\psi'(a).$$

De même la troisième,

$$\lim \mathrm{BMDB'},$$

sera égale à

$$\mathrm{F}(x_0, a)\,\varphi'(a).$$

La dérivée de la fonction proposée par rapport à a sera donc

$$\lim \sum_{x_0}^{\mathrm{X}} \mathrm{F}'(a)\,k + \mathrm{F}(\mathrm{X}, a)\,\psi'(a) - \mathrm{F}(x_0, a)\,\varphi'(a).$$

288. Nous pourrions multiplier indéfiniment les exemples de l'utilité dont la Géométrie peut être à la science des nombres. En étudiant les ouvrages remarquables qui ont paru depuis le commencement de ce siècle sur la Géométrie pure, on reconnaîtra combien les beaux théorèmes qu'ils renferment, traduits en formules, ont pu et pourront encore donner des résultats utiles à la science pure des nombres, résultats qui, une fois trouvés par cette voie, pourraient ensuite être établis directement, sans le secours de la Géométrie. Mais nous craindrions de fatiguer le lecteur en entrant dans trop de détails dans un ouvrage qui a surtout en vue les généralités et la liaison des théories.

Nous terminerons cette seconde Partie de l'Ouvrage par l'application réciproque de la science des nombres et de la Trigonométrie par l'intermédiaire des imaginaires.

CHAPITRE XVII.

INTRODUCTION DES QUANTITÉS IMAGINAIRES DANS LES FORMULES TRIGONOMÉTRIQUES.

289. Nous avons vu précédemment comment s'étaient présentées d'abord les expressions imaginaires comme solutions d'équations, de quelle manière elles y satisfaisaient, et comment elles pouvaient servir à la généralisation des théorèmes relatifs aux racines des équations et à la décomposition des polynômes en facteurs. Nous allons voir maintenant quels avantages ces expressions peuvent offrir dans des transformations dépendant des lignes trigonométriques.

290. Si l'on fait le produit de deux expressions de la forme $\cos a + \sqrt{-1}\,\sin a$ et $\cos b + \sqrt{-1}\,\sin b$, a et b désignant des arcs quelconques positifs ou négatifs, et les opérations sur $\sqrt{-1}$ s'effectuant comme nous savons, on trouve pour résultat

$$\cos a \cos b - \sin a \sin b + \sqrt{-1}\,(\sin a \cos b + \sin b \cos a),$$

dont la partie réelle est $\cos(a+b)$, et la partie imaginaire $\sqrt{-1}\,\sin(a+b)$.

On peut donc écrire la formule générale

$$\begin{aligned}(\cos a + \sqrt{-1}\,\sin a)(\cos b + \sqrt{-1}\,\sin b)\\ = \cos(a+b) + \sqrt{-1}\,\sin(a+b),\end{aligned}$$

puisque nous venons de reconnaître que les parties réelles des deux membres étaient identiques, ainsi que les parties imaginaires; et nous n'aurions pas pu l'écrire sans cela, puisque nous avons posé en principe qu'on n'écrivait jamais une équation $A + B\sqrt{-1} = A' + B'\sqrt{-1}$ qu'après avoir reconnu qu'on avait $A = A'$ et $B = B'$.

Si maintenant on multiplie le produit obtenu par un troisième facteur semblable $\cos c + \sqrt{-1}\sin c$, on aura pour produit une expression de même forme, dans laquelle l'arc sera la somme des deux arcs $a + b$ et c, de sorte que l'on peut écrire cette nouvelle formule

$$\begin{aligned}(\cos a + \sqrt{-1}\sin a)(\cos b + \sqrt{-1}\sin b)(\cos c + \sqrt{-1}\sin c)\\ = \cos(a+b+c) + \sqrt{-1}\sin(a+b+c),\end{aligned}$$

parce qu'il est démontré d'avance que la partie réelle est la même que dans les deux membres, ainsi que la partie imaginaire. Et il est indifférent de quelle manière on effectuera le produit des facteurs binômes du premier membre, et qu'on réduise les termes réels en $\cos(a+b)$ ou qu'on les laisse tels que la multiplication les donne, c'est-à-dire sous la forme $\cos a \cos b - \sin a \sin b$; et de même pour les termes imaginaires. Le nombre des facteurs $\sqrt{-1}$ qui entreront dans les termes du produit définitif sera toujours le même; ces termes seront donc les mêmes : il pourra seulement y avoir avantage à les grouper d'une certaine manière, qui permettra des réductions ou transformations propres à donner une forme plus simple au résultat.

En reproduisant des calculs analogues sur un nombre quelconque de binômes de même forme, on obtiendra la formule suivante, dans laquelle il est démontré d'avance que, de quelque manière qu'on effectue les multiplications, les parties réelles sont les mêmes, ainsi que les parties imaginaires,

$$(1)\quad \left\{\begin{aligned}&(\cos a + \sqrt{-1}\sin a)(\cos b + \sqrt{-1}\sin b)\ldots(\cos p + \sqrt{-1}\sin p)\\ &\quad = \cos(a+b+\ldots+p)\sqrt{-1}\sin(a+b+\ldots+p).\end{aligned}\right.$$

Et il est inutile de considérer à part les expressions de la forme $\cos a - \sqrt{-1}\sin a$, puisqu'elles sont comprises dans les premières, en les écrivant ainsi :

$$\cos(-a) + \sqrt{-1}\sin(-a),$$

et comme l'équation (1) donnera

$$(\cos a + \sqrt{-1}\sin a)[\cos(-a) + \sqrt{-1}\sin(-a)] = \cos 0 + \sqrt{-1}\sin 0 = 1,$$

il s'ensuit

$$\cos a - \sqrt{-1}\sin a = \frac{1}{\cos a + \sqrt{-1}\sin a}.$$

291. Tout cela est évident et incontestable; mais on peut se demander à quoi peuvent servir ces fictions de calculs qui ne semblent qu'un amusement bizarre, qui n'offre de remarquable que la simplicité du résultat comparée à la multitude des matériaux qu'il a fallu combiner. N'y a-t-il autre chose que dans ces jeux d'enfants où, avec un grand nombre de pièces de toutes formes, on parvient à construire des figures qui surprennent par leur élégance et leur régularité ? A ces questions, qu'il semble naturel de s'adresser, il faut une réponse nette et précise.

L'avantage que l'on peut retirer de la formule (1) consiste en ce qu'elle fait connaître le développement du cosinus et du sinus de la somme d'un nombre quelconque d'arcs positifs ou négatifs par la multiplication d'un égal nombre de binômes. Or un produit de ce genre est soumis à des lois simples qui permettent de le former plus facilement que les développements du sinus et du cosinus de la somme d'un nombre quelconque d'arcs. Ainsi, en désignant par m le nombre de ces arcs, le groupe général du produit s'obtiendra en faisant toutes les combinaisons n à n des seconds termes des binômes, et multipliant chacune d'elles par les $m-n$ premiers termes des autres binômes. Le calcul des termes est donc ramené d'une manière régulière à la simple théorie des combinaisons. Ceux qui renfermeront un nombre pair des seconds termes seront réels et constitueront le développement de $\cos(a+b+c+\ldots+p)$; le coefficient de $\sqrt{-1}$, dans les autres, constituera celui de $\sin(a+b+c+\ldots+p)$. Tel est donc l'avantage de la remarque qui a conduit à la formule (1), et qui pouvait paraître d'abord tout à fait dénuée d'intérêt scientifique. Elle conduit à deux formes différentes d'une même chose, et la transformation qu'elle fournit est d'une notable utilité.

Pour rendre cette utilité bien évidente, appliquons la formule (1) au cas très particulier où tous les arcs $a, b, c, \ldots, p$ seraient égaux; elle devient alors

$$(\cos a+\sqrt{-1}\sin a)^m = \cos ma+\sqrt{-1}\sin ma. \tag{2}$$

Or, dans le cas de binômes égaux, le produit s'exprime par une formule très simple, et le terme général sera

$$\frac{m(m-1)\ldots(m-n+1)}{1.2\ldots n}\cos^{m-n}a\sin^n a(\sqrt{-1})^n.$$

On aura donc, en égalant la partie réelle à $\cos ma$ et le coefficient de $\sqrt{-1}$ à $\sin ma$,

$$\cos ma = \cos^m a - \frac{m(m-1)}{2}\cos^{m-2}a\sin^2 a + \frac{m(m-1)(m-2)(m-3)}{1.2.3\ldots4}\cos^{m-4}a\sin^4 a - \ldots,$$

$$\sin ma = m\cos^{m-1}a\sin a - \frac{m(m-1)(m-2)}{1.2\ldots3}\cos^{m-3}a\sin^3 a + \ldots,$$

formules auxquelles on pourrait parvenir par des procédés différents, mais moins simples.

Le dernier terme de chacun de ces développements varie suivant que m est pair ou impair; nous laissons de côté ces détails.

On voit avec quelle facilité les formules générales des sinus et cosinus des multiples d'un arc se déduisent d'une remarque qui pouvait sembler puérile, mais dont l'effet a été de présenter une même chose sous deux formes très différentes. Or la transformation des expressions est une des plus grandes ressources de l'Analyse.

292. La formule (2) n'est encore démontrée que pour m entier et positif. L'avantage que nous en avons déjà tiré doit faire penser qu'on en trouverait d'autres encore si l'on pouvait la généraliser.

Or on reconnaît immédiatement que, puisqu'en multipliant l'arc par un nombre entier on élève $\cos a \sqrt{-1} \sin a$ à la puissance m; si l'on divisait a par un entier n, l'expression $\cos\frac{a}{n} + \sqrt{-1}\sin\frac{a}{n}$ serait une racine $n^{\text{ième}}$ de $\cos a + \sqrt{-1}\sin a$. Car la formule (2), s'appliquant à tous les arcs, s'applique à $\frac{a}{n}$, et par conséquent la puissance n de $\cos\frac{a}{n} + \sqrt{-1}\sin\frac{a}{n}$ est $\cos a + \sqrt{-1}\sin a$.

Maintenant la puissance p de cette racine $n^{\text{ième}}$ s'obtiendra en multipliant l'arc $\frac{a}{n}$ par p; donc la puissance p d'une racine $n^{\text{ième}}$ de $\cos a + \sqrt{-1}\sin a$ ou une puissance $\frac{p}{n}$ de ce binôme s'obtient en multipliant l'arc a par $\frac{p}{n}$. La formule (2) a donc lieu pour toutes les valeurs positives de m.

Elle a encore lieu si m est négatif. Car soit $m = -n$, n étant positif. En entendant toujours les exposants négatifs comme précédemment, on aura

$$\begin{aligned}
&(\cos a + \sqrt{-1}\sin a)^m \\
&= \frac{1}{(\cos a + \sqrt{-1}\sin a)^n} = \frac{1}{\cos na + \sqrt{-1}\sin na} \\
&= \cos na - \sqrt{-1}\sin na = \cos(-na) + \sqrt{-1}\sin(-na) \\
&= \cos ma + \sqrt{-1}\sin ma,
\end{aligned}$$

ce qui prouve que la formule (2) est vraie pour tous les nombres négatifs, et par conséquent pour toutes les valeurs réelles de m.

Cette importante formule, dont nous allons faire quelques applications, a été découverte par Moivre, et le nom de ce célèbre géomètre y est resté attaché. Elle abaisse d'un degré les opérations de multiplication, division, élévation aux puissances et extraction de racines sur les expressions de la forme $\cos a + \sqrt{-1}\sin a$; propriétés analogues à celles des exponentielles.

293. *Application des mêmes formules au développement de* $\cos^m x$ *et de* $\sin^m x$.

La question que nous nous proposons est de développer une puissance entière et positive du sinus et du cosinus d'un arc quelconque, au moyen des premières puissances des sinus et cosinus des multiples de cet arc.

Occupons-nous d'abord du cosinus.

L'artifice qui conduit le plus simplement à l'expression cherchée consiste à remplacer $\cos x$ par la demi-somme des binômes $\cos x + \sqrt{-1}\sin x$ et $\cos x - \sqrt{-1}\sin x$, ou, ce qui est la même chose, de remplacer $2\cos x$ par

$$(1)\qquad (\cos x + \sqrt{-1}\sin x) + (\cos x - \sqrt{-1}\sin x),$$

qui n'est autre chose que

$$(2)\qquad 2\cos x + \sqrt{-1}(\sin x - \sin x).$$

c'est-à-dire identiquement $2\cos x$.

Voyons maintenant les avantages que peut offrir l'expression (1) pour l'objet que nous avons en vue, qui est d'avoir la puissance $m^{\text{ième}}$ de $\cos x$ ou de $2\cos x$, au moyen des sinus ou cosinus des multiples de x. Or il est évident que, si l'on développe la puissance m du binôme (1) suivant la formule ordinaire, les termes se composeront du produit d'une puissance du premier terme de (1) par une puissance du second; et, par la formule précédente, ces puissances s'exprimeront par les cosinus et sinus des multiples de x. De plus, il ne subsistera jamais que la puissance de l'un des deux termes de (1), parce que le produit des deux l'un par l'autre est l'unité. Il résulte de là que chaque terme de la puissance m de (1) renfermera au premier degré seulement les sinus et cosinus des multiples de x. Et comme deux termes à égale distance des extrêmes dans le produit ont le même coefficient et seront en x de la forme $\cos px + \sqrt{-1}\sin px$ et $\cos px - \sqrt{-1}\sin px$, leur somme se réduira à $2\cos px$ multiplié par ce coefficient, et le problème sera résolu.

La forme (1) est plus avantageuse que (2), par les raisons que nous venons de donner; mais cette dernière donnerait évidemment les mêmes termes que l'autre, si l'on s'interdisait dans l'une et l'autre les réductions, et qu'on développât les puissances de $\sin x - \sin x$, qui sont toutes nulles, et dont par conséquent on est maître de conserver celles qu'on voudra, par exemple celles de degré pair seulement, où la puissance de $\sqrt{-1}$ est réelle. En groupant convenablement les termes qui en proviennent, et qui s'ajoutent à $2^m \cos^m x$, qui est toujours le résultat définitif, on peut obtenir une multitude de formes nouvelles et retrouver péniblement les cosinus des multiples de x, comme on les a trouvés d'après la formule (1), où les groupements utiles se trouvent tout faits, parce que les puissances qui y sont indiquées de $\cos x \pm \sqrt{-1}\sin x$ se réduisent, au moyen de la formule de Moivre, à des sinus et cosinus des multiples. C'est là tout le secret de ces transformations qui causent au premier abord quelque surprise, mais qui n'ont rien de mystérieux pour ceux qui veulent simplement se rendre compte de ce qu'ils font.

294. On développera semblablement $\sin^m x$ en observant que l'on a

$$2\sqrt{-1}\sin x = (\cos x + \sqrt{-1}\sin x) - (\cos x - \sqrt{-1}\sin x).$$

En développant la puissance m de ce binôme, le résultat sera identique à $2^m(\sqrt{-1})^m \sin^m x$, qui sera réel si m est pair et renfermera le facteur $\sqrt{-1}$ si m est impair. Ce développement présentera les termes en $\sin x$ et $\cos x$, groupés de manière à se réduire immédiatement, par la formule de Moivre, à des sinus ou cosinus des multiples de x. Et c'est encore ce groupement avantageux que l'introduction des imaginaires dans $\sin x$ était destinée à produire. Il ne faut pas y voir autre chose.

Les formules auxquelles conduisent ces transformations, dont nous avions surtout pour objet de faire connaître l'esprit, sont les suivantes :

$$2^{m-1}\cos^m x = \cos mx + m\cos(m-2)x + \frac{m(m-1)}{1.2}\cos(m-4)x + \ldots;$$

le dernier terme est, dans le cas de m pair,

$$\frac{1}{2}\,\frac{m(m-1)\ldots\left(\frac{m}{2}+1\right)}{1.2\ldots\frac{m}{2}},$$

et, dans le cas de m impair,

$$\frac{m(m-1)\ldots\left(\frac{m+1}{2}\right)}{1.2\ldots\left(\frac{m-1}{2}\right)}\cos x.$$

Dans le cas de m pair, on a pour $\sin^m x$ la formule

$$2^{m-1}(-1)^{\frac{m}{2}}\sin^m x = \cos mx - m\cos(m-2)x + \ldots \pm \frac{1}{2}\frac{m(m-1)\ldots\left(\frac{m}{2}+1\right)}{1.2\ldots\frac{m}{2}},$$

le signe + du dernier terme correspondant à $\frac{m}{2}$ pair, et le signe — à $\frac{m}{2}$ impair; et pour le cas de m impair

$$2^{m-1}(-1)^{\frac{m-1}{2}}\sin^m x = \sin mx - m\sin(m-2)x + \ldots \pm \frac{m(m-1)\ldots\left(\frac{m+1}{2}\right)}{1.2\ldots\frac{m-1}{2}}\sin x,$$

le signe + correspondant à $\frac{m-1}{2}$ pair, et le signe — à $\frac{m-1}{2}$ impair.

295. *Application des formules précédentes au développement de* $\sin x$ *et* $\cos x$.

L'objet que nous nous proposons est de développer le sinus et le cosinus d'un arc quelconque, suivant les puissances de cet arc. Occupons-nous d'abord du cosinus, et rappelons la formule suivante, qui a lieu quel que soit a et quel que soit le nombre entier m :

$$\cos ma = \cos^m a - \frac{m(m-1)}{1.2}\cos^{m-2} a \sin^2 a + \ldots \pm \frac{m(m-1)\ldots(m-2n+1)}{1.2\ldots 2n}\cos^{m-2n} a \sin^{2n} a \mp \ldots;$$

le nombre des termes du second membre est $\frac{m-1}{2}$ si m est impair, et $\frac{m}{2}+1$ si m est pair; et les coefficients de ces termes sont composés de facteurs qui sont tous plus grands que zéro. Cela posé, si l'on fait $ma = x$, et qu'on élimine m du second membre, on obtient

$$(1)\quad \cos x = \cos^{\frac{x}{a}} a \left[1 - \frac{\frac{x}{a}\left(\frac{x}{a}-1\right)}{1.2}\operatorname{tang}^2 a \ldots \pm \frac{\frac{x}{a}\left(\frac{x}{a}-1\right)\ldots\left(\frac{x}{a}-2n+1\right)}{1.2\ldots 2n}\operatorname{tang}^{2n} a \mp \ldots\right],$$

et tous les facteurs des coefficients sont encore plus grands que zéro, puisqu'ils n'ont pas changé de valeur. Ce développement peut s'écrire ainsi

$$(2)\quad \cos x = \cos^{\frac{x}{a}} a \left[1 - \frac{x(x-a)}{1.2}\left(\frac{\operatorname{tang} a}{a}\right)^2 + \ldots \pm \frac{x(x-a)\ldots[x-(2n-1)a]}{1.2\ldots 2n}\left(\frac{\operatorname{tang} a}{a}\right)^{2n} \mp \ldots\right].$$

Supposons maintenant que, x restant constant, on fasse diminuer a indéfiniment, ce qui aura lieu par l'augmentation indéfinie du nombre entier m : la formule (2) subsistera toujours, et quelle que soit la fraction de x que l'on prenne pour a, pourvu que a soit contenu un nombre entier de fois dans x, le développement aura une valeur constante et sera toujours égal à $\cos x$ quel que soit l'arc x.

Il résulte de là que, si l'on cherche la limite du facteur variable $\cos^{\frac{x}{a}} a$ et de l'autre facteur variable qui est le développement entre les parenthèses, lorsque l'on fera converger a vers la limite zéro, le produit de ces limites sera égal à la valeur constante du produit des deux facteurs variables, et sera par conséquent le développement de $\cos x$.

Nous allons considérer d'abord le facteur $\cos^{\frac{x}{a}} a$, ou $\cos^m \frac{x}{m}$ qui est la puissance $m^{\text{ième}}$ d'une quantité qui a pour limite l'unité. Mais ce serait fort mal raisonner que de porter d'abord $\cos \frac{x}{m}$ à sa limite 1, et d'élever cette limite à la puissance de degré m indéfiniment croissant. La variable m doit être considérée avec la même valeur dans toutes les parties de l'expression ; et dans le cas actuel, par exemple, il n'est pas permis de laisser m constant dans l'exposant et de le faire varier dans $\cos \frac{x}{m}$. On voit d'abord que $\cos \frac{x}{m}$ étant toujours moindre que l'unité, quelque grand que soit m, ses puissances le seront aussi, de sorte que $\cos^m \frac{x}{m}$ sera toujours inférieur à l'unité, et que par conséquent sa limite ne peut être supérieure à l'unité.

En remplaçant $\cos \frac{x}{m}$ par $\left(1 - \sin^2 \frac{x}{m}\right)^{\frac{1}{2}}$, il s'agira de trouver la limite de $\left(1 - \sin^2 \frac{x}{m}\right)^{\frac{m}{2}}$, et nous allons prouver qu'elle est précisément l'unité. C'est ce qui sera évident si nous prouvons que la quantité plus petite $\left(1 - \frac{x^2}{m^2}\right)^{\frac{m}{2}}$ a l'unité pour limite. Or on peut développer cette dernière par la formule binôme, puisqu'on a $\frac{x^2}{m^2} < 1$, et la série sera même très convergente puisque $\frac{x^2}{m^2}$ a zéro pour limite. Ce développement sera

$$1 - \frac{m}{2}\frac{x^2}{m^2} + \frac{\frac{m}{2}\left(\frac{m}{2}-1\right)}{1.2}\frac{x^4}{m^4} - \cdots$$

Dans cette série convergente, dans laquelle on fait tendre une certaine quantité vers une limite, on peut, pour avoir la limite vers laquelle tend sa somme, remplacer chaque terme par sa limite, et faire la somme de la série résultante. Dans le cas actuel, chaque terme, excepté le premier, tend vers zéro, en même temps que $\frac{1}{m}$, puisqu'il y a toujours deux fois plus de facteurs du premier degré en m au dénominateur qu'au numérateur; la limite de la série est donc 1, et par conséquent on a

$$\lim \cos^{\frac{x}{a}} a = 1 = \lim \cos^m \frac{x}{m}.$$

Il ne reste donc plus qu'à trouver la limite du second facteur du second membre de l'équation (2); elle sera identique avec $\cos x$.

Ce facteur est composé d'un nombre fini de termes, puisque m est entier; mais la condition de convergence des séries est remplie par ces termes, de sorte qu'il n'y a pas à s'inquiéter de leur nombre croissant, et on peut prendre un nombre fini de ces termes, à partir du premier, assez grand pour que l'erreur commise en négligeant les suivants soit moindre que toute grandeur donnée, et la somme des limites de ces termes sera aussi peu différente qu'on voudra de la limite de la somme tout entière.

En effet, si l'on prend le rapport du terme général au précédent, on trouve

$$\frac{\left(\frac{x}{a}-2n+3\right)\left(\frac{x}{a}-2n+1\right)}{(2n-2)2n}\tang^2 a,$$

Or les deux facteurs positifs du numérateur étant chacun moindres que $\frac{x}{a}$, leur produit par $\tang^2 a$ est moindre que $x^2 \frac{\tang^2 a}{a^2}$, dont la limite est x^2 quand a tend vers zéro; et $\frac{x^2}{(2n-2)2n}$ sera plus petit que l'unité, quelque grand que soit x, dès qu'on aura pris un nombre de termes assez grand pour que l'on ait $2n - 2 > x$.

Mais en prenant la limite vers laquelle tend le terme qui en a n avant lui, lorsqu'on fait tendre a vers zéro, et observant que $\lim \frac{\tang a}{a} = 1$, on trouve $\frac{x^{2n}}{1.2.3\ldots 2n}$; la limite du second facteur est donc la limite de la somme de la série

$$1 - \frac{x^2}{1.2} + \frac{x^4}{1.2.3.4} - \ldots \pm \frac{x^{2n}}{1.2\ldots 2n} \mp \ldots,$$

et l'on a par conséquent, quelque grand que soit x,

$$(3) \qquad \cos x = 1 - \frac{x^2}{1.2} + \frac{x^4}{1.2.3.4} - \frac{x^6}{1.2.3.4.5.6} + \ldots.$$

En partant de la valeur de $\sin ma$, trouvée précédemment, et procédant comme pour $\cos ma$, on obtiendra pour $\sin x$ le développement suivant en série convergente, quel que soit x,

$$(4) \ \sin x = x - \frac{x^3}{1.2.3} + \frac{x^5}{1.2.3.4.5} - \frac{x^7}{1.2.3.4.5.6.7} + \ldots.$$

Il faut bien remarquer que dans ces séries l'arc x est évalué comme le sinus et le cosinus, en prenant pour unité le rayon du cercle. Les formules $\sin ma$ et $\cos ma$, d'où nous sommes parti, supposaient le rayon pris pour unité; mais il n'est pas inutile de montrer ce qui oblige à prendre pour x le rapport de l'arc de cercle à son rayon; car l'arc n'entrant pas dans les premières formules, ce n'est que dans la suite du calcul qu'on a pu admettre des choses entraînant nécessairement cette condition. Or il est facile de voir où cette nécessité a été tacitement introduite.

En effet, nous avons pris l'unité pour la limite de $\frac{\operatorname{tang} a}{a}$; cela exige que $\operatorname{tang} a$ et a désignent, ou les grandeurs géométriques de la tangente et de l'arc, ou leurs mesures avec une même unité. Si donc on a évalué $\operatorname{tang} a$ en nombre en prenant pour unité le rayon du cercle, il n'est pas permis d'évaluer l'arc a, et par suite l'arc ma, ou x, avec une autre unité.

296. *Application de ces séries au calcul des tables trigonométriques.* — Les angles devant être exprimés dans la table en degrés, minutes et secondes, qui sont des fractions de l'angle droit, on remplacera x dans les formules précédentes par une fraction quelconque $\frac{m}{n}$ de $\frac{\pi}{2}$ qui, dans nos calculs, est la mesure de l'angle droit. Faisant donc

$$x = \frac{m}{n}\,\frac{\pi}{2},$$

on aura

$$\sin\left(\frac{m}{n}\,90^\circ\right) = \frac{m}{n}\cdot 1,570796327\ldots - \frac{m^3}{n^3}\cdot 0,64596409\ldots + \frac{m^5}{n^5}\cdot 0,0796926\ldots + \ldots,$$

$$\cos\left(\frac{m}{n}\,90^\circ\right) = 1 - \frac{m^2}{n^2}\cdot 1,23370055\ldots + \frac{m^4}{n^4}\cdot 0,253669507\ldots - \frac{m^6}{n^5}\cdot 0,0208634\ldots + \ldots.$$

Nous n'avons écrit que les premières décimales dans les coefficients, mais il est très facile de les pousser plus loin, parce que π peut s'obtenir avec une très grande approximation. Le sinus et le cosinus étant connus, les autres lignes s'en déduiront par des opérations simples.

L'emploi de ces formules a l'avantage de ne pas faire dépendre les lignes que l'on calcule de celles qui ont déjà été calculées, et par conséquent de ne pas accumuler les erreurs. Elles donnent toujours la valeur des sinus et cosinus *naturels*, c'est-à-dire les rapports de ces lignes au rayon. Il est important de remarquer qu'il est suffisant de calculer ces valeurs jusqu'à l'angle d'un demi-droit, ou de 45°; car les angles au delà de 45° ayant des compléments moindres que 45°, leurs sinus et cosinus ont été déjà calculés. Et même Euler a fait voir qu'il suffit de faire les calculs jusqu'à 30°, les lignes trigonométriques des angles plus grands se déduisant de celles des angles plus petits que 30°, par de simples additions et soustractions. Nous nous bornons à ces indications, et renvoyons pour les détails aux traités spéciaux.

297. *Réduction de toute expression imaginaire à la forme $a + b\sqrt{-1}$. Opérations sur ces expressions ainsi transformées.*

Considérons l'expression générale $a + b\sqrt{-1}$ qui renferme comme cas particulier les nombres réels, positifs ou négatifs, en supposant $b = 0$. Elle rentrerait dans la forme $\cos\alpha + \sqrt{-1}\sin\alpha$, si l'on avait $a^2 + b^2 = 1$, parce qu'alors a et b seraient le cosinus et le sinus d'un même arc, ce qui serait un cas très particulier.

Mais, en divisant par $\sqrt{a^2 + b^2}$ les deux termes de l'expression $a + b\sqrt{-1}$, on a

$$\frac{a}{\sqrt{a^2 + b^2}} + \sqrt{-1}\,\frac{b}{\sqrt{a^2 + b^2}},$$

et l'on peut poser alors

$$\frac{a}{\sqrt{a^2+b^2}}=\cos\varphi,\quad \frac{b}{\sqrt{a^2+b^2}}=\sin\varphi,$$

puisque la somme des carrés de ces deux nombres est égale à l'unité; on aura donc, en posant $\sqrt{a^2+b^2}=\rho$,

$$a+b\sqrt{-1}=\rho(\cos\varphi+\sqrt{-1}\sin\varphi). \tag{1}$$

L'angle φ se nomme l'argument et ρ le module de l'expression $a+b\sqrt{-1}$. On est convenu de prendre toujours pour le module la racine positive de a^2+b^2. Quant à l'argument, si α désigne un des angles ayant pour cosinus et sinus les expressions $\frac{a}{\sqrt{a^2+b^2}}$, $\frac{b}{\sqrt{a^2+b^2}}$, a et b pouvant être positifs ou négatifs, on pourra prendre pour φ tous les arcs compris dans la formule

$$\alpha+2n\pi,$$

n désignant un nombre entier quelconque, positif ou négatif.

On voit par là qu'en appliquant toujours aux expressions imaginaires les principes et les règles démontrés sur les quantités réelles, toutes les opérations sur ces expressions se ramènent à des opérations semblables sur les modules, puis sur des expressions de la forme $\cos\varphi+\sqrt{-1}\sin\varphi$, que nous avons discutées tout à l'heure.

Ainsi l'on aura, en faisant usage de la transformation (1),

$$(a+b\sqrt{-1})(a_1+b_1\sqrt{-1})\ldots(a_n+b_n\sqrt{-1})$$
$$=\rho\rho_1\ldots\rho_m[\cos(\varphi+\varphi_1+\ldots+\varphi_n)+\sqrt{-1}\sin(\varphi+\varphi_1+\ldots+\varphi_n)],$$

$$\frac{a+b\sqrt{-1}}{a_1+b_1\sqrt{-1}}=\frac{\rho}{\rho_1}[\cos(\varphi-\varphi_1)+\sqrt{-1}\sin(\varphi-\varphi_1)],$$

$$(a+b\sqrt{-1})^m=\rho^m(\cos m\varphi+\sqrt{-1}\sin m\varphi),$$

m désignant un nombre réel quelconque, entier ou fractionnaire, positif ou négatif.

On voit quelle simplification ces transformations introduisent dans le calcul des imaginaires, entendu toujours comme nous l'avons rappelé tant de fois. Nous allons en faire une application très simple.

298. *Application à la transformation des formules des racines de l'équation du troisième degré.*

Nous avons vu que les racines de l'équation du troisième degré $x^3+px+q=0$, dans le cas où elles sont toutes les trois réelles, sont représentées par les expressions

$$\sqrt[3]{A}+\sqrt[3]{B},\quad \alpha\sqrt[3]{A}+\beta\sqrt[3]{B},\quad \beta\sqrt[3]{A}+\alpha\sqrt[3]{B},$$

A et B représentant respectivement $-\frac{q}{2}\pm\sqrt{\frac{q^2}{4}+\frac{p^3}{27}}$, et α, β désignant les racines cubiques imaginaires de l'unité, de sorte que $\sqrt[3]{A}$, $\alpha\sqrt[3]{B}$, $\beta\sqrt[3]{A}$ seront les trois racines cubiques de A; et de même pour B.

Dans le cas où l'on a $\frac{q^2}{4}+\frac{p^3}{27}<0$, A et B sont de la forme $-\frac{q}{2}\pm n\sqrt{-1}$, en posant $\frac{q^2}{4}+\frac{p^3}{27}=-n^2$; et pour mettre leurs racines cubiques sous la même forme, afin d'opérer les réductions, nous avions été conduit à la recherche de la racine réelle d'une autre équation du troisième degré. Mais ces réductions sont bien plus faciles au moyen des formules que nous venons d'établir.

Il suffira, en effet, de poser

$$-\frac{q}{2}+n\sqrt{-1}=k(\cos\varphi+\sqrt{-1}\sin\varphi),$$

k^2 sera $\frac{q^2}{4}+n^2$ ou $-\frac{p^3}{27}$, d'où

$$k=-\frac{p\sqrt{p}}{3\sqrt{3}},$$

et

$$\cos\varphi = \frac{3q\sqrt{3}}{2p\sqrt{p}}, \quad \sin\varphi = -\frac{3\sqrt{3}}{p\sqrt{p}}\sqrt{-\frac{q^2}{4}-\frac{p_3}{27}},$$

d'où résultera

$$\sqrt[3]{-\frac{q}{2}+n\sqrt{-1}} = \sqrt[3]{-\frac{p\sqrt{p}}{3\sqrt{3}}}\left(\cos\frac{\varphi}{3}+\sqrt{-1}\sin\frac{\varphi}{3}\right),$$

et l'on aura les trois racines cubiques de A en donnant à φ les trois valeurs φ_1 et $\varphi_1 \pm 2\pi$. On aura les racines de B en changeant le signe de $\sqrt{-1}$, et les imaginaires disparaîtront des trois valeurs de x.

Nous allons maintenant démontrer un théorème d'une application fréquente.

299. Théorème. — *Le module d'une somme d'expressions de la forme $a+b\sqrt{-1}$ est moindre que la somme de leurs modules.*

Considérons d'abord deux expressions seulement; donnons-leur la forme qui vient d'être indiquée, et représentons-les par

$$\rho(\cos\varphi+\sqrt{-1}\sin\varphi), \quad \rho'(\cos\varphi'+\sqrt{-1}\sin\varphi');$$

le module de leur somme sera

$$\sqrt{(\rho\cos\varphi+\rho'\cos\varphi')^2+(\rho\sin\varphi+\rho'\sin\varphi')^2},$$

ou

$$\sqrt{\rho^2+\rho'^2+2\rho\rho'\cos(\varphi-\varphi')};$$

et comme $\cos(\varphi-\varphi')$ est compris entre -1 et $+1$, la quantité sous le radical est comprise entre $(\rho+\rho')^2$ et $(\rho-\rho')^2$; le module en question sera compris entre la somme et la différence des modules des expressions ajoutées. Il sera égal à $\rho+\rho'$, si l'on a $\varphi-\varphi'=2n\pi$, et à $\rho-\rho'$

ou $\rho' - \rho$ si l'on a $\varphi - \varphi' = (2n+1)\pi$. On peut donc énoncer ce théorème :

Le module de la somme de deux expressions quelconques de la forme $a + b\sqrt{-1}$ est plus petit que la somme de leurs modules et plus grand que leur différence.

Ces deux limites peuvent être atteintes l'une et l'autre. Par un raisonnement très connu, on passera de deux expressions à trois, et généralement de n à $n+1$, et l'on aura ainsi le théorème ci-dessus énoncé.

300. On peut démontrer plus simplement le même théorème par des considérations géométriques, en prenant tout d'abord un nombre quelconque d'expressions

$$(1) \qquad a + b\sqrt{-1}, \quad a_1 + b_1\sqrt{-1}, \quad \ldots, \quad a_n + b_n\sqrt{-1},$$

$a, b, a_1, b_1, \ldots, a_n, b_n$ ayant des signes quelconques et pouvant être nulles. Prenons deux axes rectangulaires AX, AY; et à partir d'un point M, choisi arbitrairement sur le plan, menons MB parallèle à AX, égal à a, dans le sens AX si a est positif, et en sens opposé si a est négatif; par le point B menons BM_1 parallèle à AY, égal à b, dans le sens AY si b est positif, et en sens opposé si b est négatif : on obtiendra ainsi un point M_1, et, en le joignant au point M, la longueur MM_1 sera le module de l'expression

$$a + b\sqrt{-1}.$$

Agissant de même à partir de M_1 avec les quantités a_1, b_1, quelques signes qu'elles aient, on obtiendra un nouveau point M_2; et la longueur M_1M_2 sera le module de

$$a_1 + b_1\sqrt{-1};$$

et l'on continuera de même jusqu'à a_n et b_n, qui construiront un point M_{n+1}, lequel, joint à M_n, donnera le module de

$$a_n + b_n\sqrt{-1}.$$

En joignant ce point au premier M, on aura une longueur dont les projections sur AX, AY seront respectivement

$$a + a_1 + \ldots + a_n \quad \text{et} \quad b + b_1 + \ldots + b_n,$$

et qui sera par conséquent le module de l'expression

$$(a + a_1 + \ldots + a_n) + (b + b_1 + \ldots + b_n)\sqrt{-1},$$

laquelle n'est autre chose que la somme algébrique des expressions (1).

Et comme la ligne droite est plus courte que toute ligne brisée terminée aux mêmes extrémités, il s'ensuit que *le module d'une somme est généralement moindre que la somme des modules des parties*. Il peut tout au plus lui être égal; et cela arrivera lorsque, dans la construction indiquée, tous les modules seront portés dans une même ligne droite et dans la même direction. Ce cas aura lieu lorsque tous les a seront de même signe entre eux, que tous les b le seront de même entre eux, et que le rapport $\frac{b}{a}$ sera le même dans toutes les expressions.

Remarque. — La démonstration précédente étant indépendante des signes des quantités

$$a_p + b_p\sqrt{-1},$$

on peut les soustraire au lieu de les ajouter; ce sera simplement changer les signes de a et b, leur module restera le même; celui de la somme sera seul changé; et, d'après la démonstration précédente, *il sera encore moindre que la somme de ces modules*. La proposition subsiste donc, soit qu'on ajoute les expressions données, soit qu'on les retranche.

Si l'on n'a que deux expressions

$$a + b\sqrt{-1},\quad a_1 + b_1\sqrt{-1},$$

qu'on les ajoute, ou qu'on les retranche, le module de l'expression résultante conjointement avec ceux des expressions données seront les trois côtés d'un même triangle, et comme tout côté d'un triangle est plus grand que la différence des deux autres, il s'ensuit que *le module de la somme ou de la différence des deux expressions de la forme*

$$a + b\sqrt{-1}$$

est plus grand que la différence des modules de ces expressions, ou au moins égal.

301. *Proposition sur laquelle est fondée la théorie des équations algébriques.*

Lorsque nous avons parlé des équations de degré quelconque, nous avons supposé démontré ce théorème, que toute équation a une racine, soit réelle, soit imaginaire, de la forme

$$a + b\sqrt{-1}.$$

Cela nous était permis, puisque, comme nous l'avons souvent rappelé, cet Ouvrage n'est pas un traité élémentaire : et nous y étions en quelque sorte obligé, parce que la démonstration est presque impossible sans l'emploi des formules trigonométriques, dont nous n'avions pas encore parlé.

Mais, dans l'enseignement élémentaire, on n'attend pas pour exposer la Trigonométrie que la science des nombres ait été portée au delà de la théorie générale des équations ; de sorte que la démonstration que nous allons donner pourra être présentée aux élèves suffisamment préparés, et nous avons pu la supposer connue, nous réservant de l'exposer nous-même après la Trigonométrie.

Quant à ceux qui ne voudraient pas faire les efforts nécessaires pour bien comprendre, ils pourront s'en dispenser, sans grave inconvénient, puisqu'ils sauront qu'il ne tiendrait qu'à eux d'être complètement satisfaits à cet égard.

Cette démonstration, que nous empruntons au *Cours d'Algèbre supérieure* de M. Serret, est fondée sur le lemme suivant :

LEMME. — *Si dans un polynôme de degré quelconque m par rapport à la variable z, et dont les coefficients sont réels ou imaginaires, une certaine valeur réelle ou imaginaire z_0, substituée à z dans ce polynôme, donne une expression dont le module ne soit pas égal à zéro, il sera toujours possible de trouver une autre valeur pour z qui conduise à un module moindre que le premier.*

Soit

$$f(z) = Az^m + A_1 z^{m-1} + A_2 z^{m-2} + \ldots + A_m$$

le polynôme en question; il faut prouver qu'il existe des valeurs réelles ou imaginaires de h qui rendront le module de $f(z_0 + h)$ plus petit que celui de $f(z_0)$; ou le module de $\frac{f(z_0+h)}{f(z)}$ plus petit que l'unité; car, le module d'un quotient étant le quotient des modules, il s'ensuivra que le module de $f(z_0 + h)$ sera plus petit que celui de $f(z_0)$. C'est pourquoi nous allons chercher le module de ce quotient et d'abord ce quotient même.

D'après un développement donné dans la théorie des polynômes entiers et rationnels, on aura

$$(1)\quad \left\{ \begin{aligned} f(z_0+h) = {} & f(z_0) + f'(z_0)\frac{h}{1} + \ldots \\ & + \frac{f^p(z_0)}{1.2\ldots p}h^p + \ldots + \frac{f^m(z_0)}{1.2\ldots m}h^m \end{aligned} \right.$$

et remarquons que la valeur z_0 peut annuler un certain nombre de fonctions dérivées de $f(z)$, mais par hypothèse elle n'annule pas $f(z)$; de plus, le coefficient de h^m ne peut être nul, puisqu'il n'est autre chose que A qui n'est pas nul, puisque $f(z)$ est supposé du degré m. Divisant les deux membres de l'équation (1) par $f(z_0)$ et posant, pour plus de commodité,

$$\frac{f^p(z_0)}{1.2\ldots p} = Z_p,$$

on obtiendra la suivante, en désignant par n l'ordre de la première des dérivées de $f(z)$ qui ne s'annule pas par la substitution de z_0 :

$$(2)\qquad \frac{f(z_0+h)}{f(z_0)} = 1 + \frac{Z_n h^n}{Z_0} + \frac{Z_{n+1}}{Z_0} h^{n+1} + \ldots + \frac{Z_m}{Z_0} h^m.$$

Nous poserons généralement

$$\frac{Z_p}{Z_0} = C_p(\cos\alpha_p + \sqrt{-1}\sin\alpha_p)$$

et

$$h = \rho(\cos\varphi + \sqrt{-1}\sin\varphi).$$

Le second membre de l'équation (2) aura pour terme général

$$C_p\rho^p[\cos(p\varphi + \alpha_p) + \sqrt{-1}\sin(p\varphi + \alpha_p)],$$

et l'on aura

$$(3)\qquad \begin{cases} \dfrac{f(z_0+h)}{f(z_0)} = 1 + C_n\rho^n[\cos(n\varphi+\alpha_n) + \sqrt{-1}\sin(n\varphi+\alpha_n)] + \ldots \\ \qquad + C_m\rho^m[\cos(m\varphi+\alpha_m) + \sqrt{-1}\sin(m\varphi+\alpha_m)]. \end{cases}$$

La quantité h étant arbitraire, et par suite φ et ρ l'étant, on peut choisir φ de telle sorte que

$$n\varphi + \alpha_n = \pi;$$

l'équation (3) deviendra alors

$$(4)\quad \left\{\begin{aligned} &\frac{f(z_0+h)}{f(z_0)} \\ &\quad = 1 - C_n\rho^n + C_{n+1}\rho^{n+1}\big[\cos(\overline{n+1}\,\varphi + \alpha_{n+1}) \\ &\qquad\qquad + \sqrt{-1}\sin(\overline{n+1}\,\varphi + \alpha_{n+1})\big] + \ldots \\ &\qquad + C_m\rho^m\big[\cos(m\varphi + \alpha_m) + \sqrt{-1}\sin(m\varphi + \alpha_m)\big]. \end{aligned}\right.$$

Mais, au lieu de prendre le module du second membre, il sera bien plus simple de considérer la somme des modules de ses différents termes. Et comme elle sera plus grande ou au moins égale au module de la somme, il suffira de la rendre plus petite que l'unité, pour que le module de $\frac{f(x_0+h)}{f(x_0)}$ soit *a fortiori* plus petit que l'unité.

Pour cela nous commencerons par déterminer ρ de manière que le terme indépendant de ρ dans le second membre de (4) soit positif, et il suffira de prendre $\rho < \sqrt[n]{\frac{1}{C_n}}$, ce qui ne donne qu'une limite supérieure.

Et comme le module d'une quantité réelle positive est cette quantité elle-même, la somme des modules des termes du second membre sera

$$(5)\qquad 1 - C_n\rho^n + C_{n+1}\rho^{n+1} + \ldots + C_m\rho^m,$$

et il suffira de trouver des valeurs de ρ qui rendent cette expression positive et plus petite que l'unité.

Or, un polynôme étant ordonné par rapport aux puissances croissantes de ρ, on sait qu'il existe une certaine valeur l, telle que pour toutes les valeurs de ρ, depuis o jusqu'à l, le premier terme est plus grand que la somme de tous les autres pris en valeur absolue. On est donc assuré qu'entre ces limites pour ρ, le polynôme

$$-C_n\rho^n + C_{n+1}\rho^{n+1} + \ldots + C_m\rho^m$$

sera négatif comme le premier terme, sans pouvoir être égal à zéro tant que ρ ne le sera pas lui-même; et par conséquent l'expression (5) sera positive et plus petite que l'unité.

En prenant donc pour ρ une valeur quelconque entre zéro et la plus petite des deux limites l et $\sqrt[n]{\frac{1}{C_n}}$, on est sûr que le module du second membre de (4), et, par conséquent, de $\frac{f(z_0+h)}{f(z_0)}$, sera plus petit que l'unité. D'où il résultera que le module de $f(z_0+h)$ sera plus petit que celui de $f(z_0)$; ce qui démontre la proposition énoncée.

Cela posé, nous allons établir la proposition fondamentale de la théorie des équations.

302. Théorème fondamental. — *Toute équation dont le premier membre est un polynôme entier et rationnel, à coefficients réels ou imaginaires, admet une racine réelle ou imaginaire.*

Soit l'équation

$$(1) \qquad Az^m + A_1 z^{m-1} + \ldots + A_{m-1} z + A_m = 0,$$

dont nous désignerons le premier membre par $f(z)$. Les coefficients A, A_1, ..., A_m peuvent être réels, imaginaires ou nuls; mais le premier et le dernier sont nécessairement différents de zéro, sans quoi l'équation s'abaisserait; et l'on s'occuperait alors d'une équation de degré moindre.

Nous allons démontrer que, si l'on pose

$$z = x + y\sqrt{-1},$$

il existe des valeurs réelles de x et y qui satisferont à l'équation

$$f(x + y\sqrt{-1}) = 0,$$

c'est-à-dire qui seront telles, qu'en effectuant les calculs dans l'expression $f(x+y\sqrt{-1})$, ce qui conduira à un résultat de la forme $P+Q\sqrt{-1}$, la partie réelle P soit nulle, ainsi que la quantité Q qui multipliera $\sqrt{-1}$; en d'autres termes, qui seront telles, que le module $\sqrt{P^2+Q^2}$ de $P+Q\sqrt{-1}$, ou $f(x+y\sqrt{-1})$, soit nul.

Posons

$$\begin{aligned} A &= r(\cos\theta+\sqrt{-1}\sin\theta),\\ A_1 &= r_1(\cos\theta_1+\sqrt{-1}\sin\theta_1),\\ &\ldots\ldots\ldots\ldots\ldots\ldots\ldots\ldots,\\ A_m &= r_m(\cos\theta_m+\sqrt{-1}\sin\theta_m),\\ x+y\sqrt{-1} &= \rho(\cos\varphi+\sqrt{-1}\sin\varphi); \end{aligned}$$

nous aurons

$$\begin{aligned} f(x+y\sqrt{-1}) = r\rho^m[\cos(m\varphi+\theta)+\sqrt{-1}\sin(m\varphi+\theta)]+\ldots\\ +r_m\cos(\theta_m+\sqrt{-1}\sin\theta_m), \end{aligned}$$

et par conséquent

$$\begin{aligned} P &= r\rho^m\cos(m\varphi+\theta)+\ldots+r^m\cos\theta_m,\\ Q &= r\rho^m\sin(m\varphi+\theta)+\ldots+r_m\sin\theta_m. \end{aligned}$$

On en déduira

$$\sqrt{P^2+Q^2}=\sqrt{r^2\rho^{2m}+\ldots+r_m^2},$$

et, d'après ce que nous avons dit, r et r_m sont différents de zéro.

Si l'on donne une valeur quelconque à φ, et qu'ensuite on fasse passer ρ de $-\infty$ à $+\infty$, $\sqrt{P^2+Q^2}$ variera d'une manière continue de $-\infty$ à $+\infty$. Il passera donc par une valeur moindre que toutes les autres, qui pourra bien être zéro, mais jamais négative : et plusieurs peut-être pourront lui être égales. Et remarquons que ce minimum ne peut correspondre à ρ infini, qui rendrait le module infini. En donnant à la variable φ toutes les valeurs comprises entre o et 2π, et par suite à x et y toutes les valeurs réelles possibles, on aura toutes les valeurs que peut prendre $\sqrt{P^2+Q^2}$; et il y en aura nécessairement une, ou peut-être plusieurs égales, correspondantes à des valeurs finies de ρ, qui seront moindres que toutes autres; c'est-à-dire que tout autre système de valeurs de r et φ, ou de x, y que ceux qui correspondent à cette valeur du module $\sqrt{P^2+Q^2}$, lui donnerait une valeur plus grande.

Cela posé, il est évident que cette valeur minima du module ne peut être que zéro ; car, d'après le lemme précédent, si elle était différente de zéro, on pourrait trouver des valeurs de x et y, ou de r et φ, qui le rendraient moindre; ce qui impliquerait contradiction. Donc les valeurs réelles de x et y qui correspondent à la plus petite valeur du module, et dont l'existence est évidente, annulent ce module, et par conséquent P et Q, et par suite le premier membre de l'équation (1).

Cette équation admet donc au moins une racine de la forme $x+y=\sqrt{-1}$, x et y étant des nombres réels : cette racine sera réelle quand y sera zéro. De là résulte le théorème proposé, qui consiste en ce que :

Toute équation dont le premier membre est une fonction entière de la lettre qui représente l'inconnue a une racine réelle ou imaginaire.

Il est inutile de rappeler ici toutes les conséquences que nous avons développées dans le Volume précédent, où nous avons supposé ce théorème démontré.

Des séries imaginaires.

303. Lorsque les termes d'une série sont de la forme $u+v\sqrt{-1}$, on entend que cette série est convergente lorsque la somme des termes réels a une limite s et que la somme des coefficients de $\sqrt{-1}$ tend de même vers une limite t : on dit alors que la série a une limite qui est

$$s + t\sqrt{-1}.$$

On est ainsi ramené aux conditions de convergence de deux séries réelles ; mais il suffit souvent d'en considérer une seule, celle qui se rapporte aux modules des termes de la proposée.

En effet, on peut toujours poser

$$u + v\sqrt{-1} = \rho(\cos\theta + \sqrt{-1}\sin\theta),$$

et la série proposée prend la forme

$$(1)\quad \begin{cases} \rho_1(\cos\theta_1 + \sqrt{-1}\sin\theta_1) + \rho_2(\cos\theta_2 + \sqrt{-1}\sin\theta^2) + \ldots \\ \quad + \rho_n(\cos\theta_n + \sqrt{-1}\sin\theta_n) + \ldots. \end{cases}$$

Or, si la série

$$(2)\qquad \rho_1 + \rho_2 + \ldots + \rho_n$$

est convergente en prenant tous les termes positifs, il s'ensuit, à plus forte raison, que les deux suivantes :

$$(3)\qquad \begin{cases} \rho_1\cos\theta_1 + \rho_2\cos\theta_2 + \ldots + \rho_n\cos\theta_n, \\ \rho_1\sin\theta_1 + \rho_2\sin\theta_2 + \ldots + \rho_n\sin\theta_n \end{cases}$$

le seront elles-mêmes ; car, à partir d'un terme quelconque, la somme des suivants jusqu'à l'infini est évidemment moindre que dans la première. On peut donc énoncer la proposition suivante :

Une série imaginaire est convergente lorsque la série des valeurs absolues des modules de tous ses termes est convergente.

Lorsque la série (2) n'est pas convergente, il est possible que ses termes tendent ou ne tendent pas vers zéro. S'ils n'y tendent pas, les séries (3) ne peuvent être toutes deux convergentes ; car, quelque valeur qu'on puisse supposer à l'angle θ, il est impossible que $\rho\cos\theta$ et $\rho\sin\theta$ tendent tous deux vers zéro, si ρ n'y tend pas : les termes des deux séries (3) ne peuvent donc tendre vers zéro, ce qui est cependant une des conditions indispensables de la convergence. La série (1) est donc dans ce cas divergente.

En second lieu, si, la série (2) étant divergente, ses termes décroissent indéfiniment, il n'est pas impossible que les séries (3) soient convergentes, parce que tous leurs termes ne sont pas nécessairement de même signe : on ne peut donc alors rien affirmer, en général, sur la convergence de la série proposée.

304. *Opérations sur les séries imaginaires.* — Les seules séries imaginaires dont on doit s'occuper, étant convergentes, ont pour somme une expression de la forme $A + B\sqrt{-1}$; et, en désignant par M le module $\sqrt{A^2 + B^2}$ et par θ l'angle dont le cosinus et le sinus sont respectivement $\frac{A}{M}$, $\frac{B}{M}$, cette somme se trouvera exprimée par

$$M(\cos\theta + \sqrt{-1}\sin\theta).$$

En entendant toujours de la même manière les opérations sur les imaginaires, on exécutera avec la plus grande facilité toutes les opérations sur les fonctions représentées par ces séries. Si, par exemple, on avait à multiplier deux fonctions représentées par des séries dont les sommes sont

$$M(\cos\theta + \sqrt{-1}\sin\theta) \quad \text{et} \quad N(\cos\varphi + \sqrt{-1}\sin\varphi),$$

le produit serait

$$MN[\cos(\theta + \varphi) + \sqrt{-1}\sin(\theta + \varphi)],$$

et il serait la limite du produit des deux polynômes composés des n premiers termes de chacun qu'on multiplierait suivant les règles des polynômes, le nombre n croissant indéfiniment. Si l'on avait à les diviser, le quotient serait

$$\frac{M}{N}\left[\cos(\theta-\varphi)+\sqrt{-1}\sin(\theta-\varphi)\right],$$

puisque cette expression, multipliée par le diviseur, reproduira le dividende.

305. *Théorème sur la multiplication de deux séries imaginaires.* — Ce théorème n'est que l'extension de celui qui a été démontré précédemment sur les séries réelles, et il s'y ramène immédiatement.

Désignons par r_n et ρ_n les modules des termes de rang n de deux séries imaginaires

$$(1)\quad \begin{cases} r_1(\cos t_1+\sqrt{-1}\sin t_1)+r_2(\cos t_2+\sqrt{-1}\sin t_2)+\ldots \\ \quad +r_n(\cos t_n+\sqrt{-1}\sin t_n)+\ldots, \end{cases}$$

$$(2)\quad \begin{cases} \rho_1(\cos\theta_1+\sqrt{-1}\sin\theta_1)+\rho_2(\cos\theta_2+\sqrt{-1}\sin\theta_2)+\ldots \\ \quad +\rho_n(\cos\theta_n+\sqrt{-1}\sin\theta_n)+\ldots, \end{cases}$$

et supposons que ces modules pris tous positivement forment deux séries convergentes dont nous désignerons les sommes par s, s'; les proposées seront elles-mêmes convergentes et nous désignerons leurs sommes par S, S'. Considérons maintenant une troisième série dont le terme général soit

$$(3)\qquad r_1\rho_n+r_2\rho_{n-1}+\ldots+r_{n-1}\rho^2+r_n\rho_1.$$

On sait qu'elle sera convergente et que la somme des termes aura pour limite le produit ss'. Or, il s'agit de démontrer que, si au lieu des modules des termes on prend les termes eux-mêmes, on formera une série imaginaire dont la somme sera le produit des sommes S, S'.

En effet, le terme général de cette série sera

$$(4)\quad\left\{\begin{aligned}&+r_1\rho_n\left[\cos(t_1+\theta_n)+\sqrt{-1}\sin(t_1+\theta^n)\right]\\&+r_2\rho_{n-1}\left[\cos(t_2+\theta_{n-1})+\sqrt{-1}\sin(t_2+\theta_{n-1})\right]\\&+\ldots\ldots\ldots\ldots\ldots\ldots\ldots\ldots\ldots\ldots\\&+r_n\rho_1\left[\cos(t_n+\theta_1)+\sqrt{-1}\sin(t_n+\theta_1)\right].\end{aligned}\right.$$

Or, le terme (3) est plus grand que la partie réelle et que le coefficient de $\sqrt{-1}$ dans le terme (4); car les sinus et les cosinus ne peuvent dépasser 1 et leurs signes peuvent n'être pas tous les mêmes : d'où résulte évidemment la convergence des deux séries formées de la partie réelle et de la partie imaginaire des différents termes de la série dont le terme général est (4). Il est donc déjà démontré que cette série est convergente, et il ne reste plus qu'à prouver qu'elle a pour somme le produit des sommes des deux autres, c'est-à-dire SS'.

Pour cela posons

$$r_1+r_2+\ldots+r_n=s_n,$$
$$\rho_1+\rho_2+\ldots+\rho_n=s'_n,$$

et désignons par σ_n la somme des n premiers termes de la série dont le terme général est (3), et par p la moitié de n ou de $n+1$, suivant que n est pair ou impair. On sait que σ_n renferme tous les termes du produit $s_p s'_p$, et d'autres encore qui ne sont qu'une partie de ceux que $s_n s'_n$ a de plus que $s_p s'_p$; et c'est même de là qu'on a conclu que σ_n avait pour limite le produit des limites des sommes s_n, s'_n. Or, si l'on désigne par S_n, S'_n, $\sum_n$ les sommes des n premiers termes des deux séries imaginaires proposées, et de celle dont (4) est le terme général, il est évident que $\sum_n$ contiendra tous les termes qui composeront le produit $S_p S'_p$, et d'autres encore qui ne seront qu'une partie de ceux que

$S_n S'_n$ a de plus que $S_p S'_p$; mais les termes de ce dernier excès ne diffèrent de $s_n s'_n - s_p s'_p$ que par des facteurs trigonométriques de la forme

$$\cos \rho + \sqrt{-1} \sin \rho;$$

la somme des termes réels y sera donc moindre que $s_n s'_n - s_p s'_p$, et le coefficient total de $\sqrt{-1}$ sera aussi moindre que cette même quantité. Mais on sait que cette quantité tend vers zéro; donc il en sera de même de la partie réelle et de la partie imaginaire de la différence $S_n S'_n - S_p S'_p$, et à plus forte raison de l'excès de $\sum_n$ sur $S_p S'_p$.

Mais, à mesure que n augmentera indéfiniment, la partie réelle et la partie imaginaire de $S_p S'_p$, ainsi que de $S_n S'_n$, tendent vers celles du produit SS'; donc, $\sum_n$ a pour limite SS', comme on se proposait de le démontrer.

306. *Développement d'une puissance quelconque d'un binôme imaginaire.*

Si le degré de la puissance était entier, la formule ne différerait en rien de celle qui se rapporte à un binôme réel, puisqu'elle ne dépend que des procédés de la multiplication, et qu'il est bien entendu qu'on les suit identiquement lorsque les termes sont imaginaires. Il n'y a donc lieu d'examiner que le cas où l'exposant est positif et fractionnaire quelconque, ce qui, comme nous l'avons plusieurs fois expliqué, comprend le cas où il serait incommensurable; et enfin le cas où cet exposant aurait une valeur négative quelconque.

Tout binôme imaginaire $a + b\sqrt{-1}$, a et b pouvant avoir des signes quelconques, peut se mettre sous la forme

$$\rho(\cos \theta + \sqrt{-1} \sin \theta),$$

en posant

$$\sqrt{a^2+b^2}=\rho,\quad \frac{a}{\sqrt{a^2+b^2}}=\cos\theta,\quad \frac{b}{\sqrt{a^2+b^2}}=\sin\theta;$$

et on peut encore l'écrire ainsi

$$\rho\cos\theta(1+\sqrt{-1}\tang\theta),$$

de sorte que, si m désigne le degré de la puissance en question, on aura

$$(a+b\sqrt{-1})^m=(\rho\cos\theta)^m(1+\sqrt{-1}\tang\theta)^m.$$

Le monôme $\rho\cos\theta$ sera positif ou négatif suivant la valeur de $\cos\theta$, qui est de même signe que a, puisque nous prenons toujours le module ρ positivement. La puissance de ce monôme ne donnera lieu à aucune difficulté. Si l'exposant a un dénominateur q, la puissance m de $\rho\cos\theta$ aura q valeurs différentes quel que soit le signe de m; nous les avons discutées précédemment, et nous n'y reviendrons pas. Nous nous bornerons à dire qu'en attribuant toutes ces valeurs au facteur monôme, il suffira d'en considérer une seule pour la puissance m du binôme $1+\sqrt{-1}\tang\theta$, et c'est cette recherche qui va maintenant nous occuper.

Soit donc proposé de développer la puissance de degré m, positif ou négatif, d'un binôme quelconque $1+x\sqrt{-1}$, suivant les puissances entières et positives de x.

Nous suivrons la même marche que dans le cas d'un binôme réel, et nous chercherons ce que représente la série suivante :

$$(1)\quad \left\{\begin{aligned}&1+\frac{m}{1}x\sqrt{-1}+\frac{m(m-1)}{1.2}(x\sqrt{-1})^2\ldots\\&+\frac{m(m-1)\ldots(m-p+1)}{1.2\ldots p}(x\sqrt{-1})^p+\ldots.\end{aligned}\right.$$

Mais, avant de chercher ce qu'elle représente, il faut s'assurer qu'elle est convergente, sans quoi la question n'aurait pas de sens; et pour cela il faut que les termes réels forment une série convergente, ainsi que les coefficients de $\sqrt{-1}$; c'est-à-dire qu'il faut que les séries

$$1 - \frac{m(m-1)}{1.2}x^2 + \frac{m(m-1)(m-2)(m-3)}{1.2.3.4}x^4 - \ldots$$

et

$$\frac{m}{1}x - \frac{m(m-1)(m-2)}{1.2.3.}x^3$$
$$+ \frac{m(m-1)(m-2)(m-3)(m-4)}{1.2.3.4.5}x^5 - \ldots$$

soient convergentes. Or, en prenant dans chacune le rapport d'un terme général au précédent, on trouve qu'il a pour limite x^2 quand le nombre des termes précédents croît indéfiniment.

La condition nécessaire et suffisante pour que les deux séries soient convergentes est donc $x^2 < 1$. En conséquence, nous ne devrons considérer que les valeurs de x comprises entre $+1$ et -1; mais m pourra être pris arbitrairement.

Considérons maintenant une série semblable à (1), et qui n'en diffère que par le changement de m en m'; puis multiplions-les l'une par l'autre comme dans le numéro précédent : cette nouvelle série sera convergente et aura pour somme le produit des sommes des deux premières; son terme général

$$\frac{(m+m')(m+m'-1)\ldots(m+m'-p+1)}{1.2\ldots p}(x\sqrt{-1})^p$$

s'obtient en changeant m en $m+m'$ dans la première.

En multipliant la série ainsi obtenue par une troisième différant de la première par le changement de m en m'', on en obtiendra une autre dont la somme sera le produit des trois séries multipliées, et dont les termes se déduiront de ceux de (1) en y changeant m en $m + m' + m''$. Et il en sera de même si l'on continue cette opération pour un nombre quelconque de séries semblables à (1). Pour exprimer cette propriété de la série (1), désignons la limite de sa somme par $\varphi(m)$, nous aurons

$$(2) \qquad \varphi(m)\varphi(m')\varphi(m'')\ldots = \varphi(m + m' + m'' + \ldots).$$

Cette proposition remarquable va nous conduire à la connaissance de la fonction désignée par $\varphi(m)$ dans les deux cas que nous considérons, de m positif et de m négatif.

1° Supposons d'abord m positif et commensurable, on aura

$$m = \frac{r}{q},$$

r et q étant des nombres entiers quelconques.

Dans l'équation (2) prenons toutes les quantités $m', m'', \ldots$ égales à m et en nombre q; elle deviendra

$$\varphi(m)^q = \varphi(qm) = \varphi(r).$$

Mais, r étant entier, $\varphi(r)$ n'est autre chose que

$$(1 + x\sqrt{-1})^p;$$

on a donc

$$\varphi(m)^q = (1 + x\sqrt{-1})^r,$$

et, par conséquent,

$$\varphi(m) = \sqrt[q]{(1 + x\sqrt{-1})^r},$$

ou, en employant la notation des exposants fractionnaires, pour les expressions imaginaires comme pour les réelles,

$$\varphi(m) = (1 + x\sqrt{-1})^{\frac{r}{q}} = (1 + x\sqrt{-1})^m.$$

On a donc pour toute valeur commensurable, et, par conséquent aussi pour toute valeur incommensurable de m, pourvu qu'elle soit positive,

$$(1+x\sqrt{-1})^m = 1 + mx\sqrt{-1} + \frac{m(m-1)}{1.2}(x\sqrt{-1})^2 + \frac{m(m-1)(m-2)}{1.2.3}(x\sqrt{-1})^3 + \ldots.$$

2° Supposons maintenant que m ait une valeur négative quelconque, $-n$. La formule donnera, en ne considérant que deux séries,

$$\varphi(m)\varphi(m') = \varphi(m+m'),$$

équation qui deviendra, en prenant $m' = n$,

$$\varphi(m)\varphi(n) = \varphi(0).$$

Mais, en faisant $m = 0$ dans la série (1), elle se réduit à 1, et par conséquent on a

$$\varphi(0) = 1.$$

Donc

$$\varphi(m) = \frac{1}{\varphi(n)},$$

et, comme n est positif, on a

$$\varphi(n) = (1+x\sqrt{-1})^n,$$

et par conséquent

$$\varphi(m) = \frac{1}{(1+x\sqrt{-1})^n},$$

et, en employant la notation des exposants négatifs pour les imaginaires,

$$\varphi(m) = (1+x\sqrt{-1})^{-n} = (1+x\sqrt{-1})^m.$$

Donc, quelle que soit la valeur réelle de m, pourvu que x

soit compris entre $+1$ et -1, on a

$$(1+x\sqrt{-1})^m = 1 + mx\sqrt{-1} + \frac{m(m-1)}{1.2}(x\sqrt{-1})^2 + \ldots + \frac{m(m-1)(m-p+1)}{1.2\ldots p}(x\sqrt{-1})^p + \ldots$$

ou

$$(3)\quad \left\{ \begin{aligned} (1+x\sqrt{-1})^m = 1 + mx\sqrt{-1} - \frac{m(m-1)}{1.2}x^2 - \frac{m(m-1)(m-2)}{1.2.3}x^3\sqrt{-1} \\ + \frac{m(m-1)(m-2)(m-3)}{1.2.3.4}x^4 + \ldots . \end{aligned} \right.$$

DES FONCTIONS TRANSCENDANTES DE QUANTITÉS IMAGINAIRES.

307. Jusqu'ici les opérations que nous avons effectuées sur les expressions imaginaires n'ont été que des additions, soustractions, multiplications, divisions, élévations aux puissances et extractions de racines; nous avons établi nettement la manière dont ces expressions, ou, comme on dit aussi, ces *quantités* seraient traitées, et les propositions qui en sont résultées ont eu un sens parfaitement clair. Or on reconnaîtra, en avançant dans la science, qu'il est utile de les soumettre à toutes les mêmes opérations que les quantités réelles, et qu'il en résulte une généralisation importante dans les procédés du calcul et dans les formules auxquelles ils conduisent.

Ainsi on pourra élever un nombre à une puissance imaginaire, prendre le logarithme d'une quantité imaginaire, en considérer les lignes trigonométriques directes ou inverses, etc.

Mais la première chose à faire est de donner un sens précis à ces opérations, qui n'en ont jusqu'ici que quand elles se rapportent à des quantités réelles; et comme nous avons fixé avec précision la manière dont nous entendions qu'elles devaient être traitées dans les opérations inférieures, c'est à celles-ci que nous rapporterons toutes les autres.

« En conséquence, lorsque nous voudrons définir une fonction quelconque de quantités imaginaires, nous commencerons par donner à cette fonction de variables $x, y, z, \ldots$ une forme telle, qu'il n'y ait à exécuter sur ces variables que les opérations inférieures désignées ci-dessus; et ensuite nous remplacerons $x, y, z, \ldots$ par les expressions imaginaires correspondantes. »

Et il est bien entendu que, s'il en résulte des séries imaginaires, elles seront convergentes, sans quoi il n'y aurait aucun sens à cette substitution. Par exemple, $a^{\alpha+6\sqrt{-1}}$ signifiera qu'après avoir développé a^x suivant la série

$$1 + xla + \frac{(xla)^2}{1.2} + \frac{(xla)^3}{1.2.3} + \ldots,$$

où il n'y a à exécuter sur x que des multiplications, divisions et élévations à des puissances, on remplacera x par $\alpha + 6\sqrt{-1}$.

De même, $\sin(\alpha + 6\sqrt{-1})$ signifierait le résultat de la substitution de $\alpha + 6\sqrt{-1}$ à x dans la série

$$x - \frac{x^3}{1.2.3} + \frac{x^5}{1.2.3.4.5} - \ldots,$$

et ainsi des autres.

Il faut reconnaître toutefois que, si une fonction d'imaginaires dépend de fonctions déjà clairement introduites, et par des conditions qui n'offrent aucune obscurité et qui servent de définition à une fonction connue dans le cas des quantités réelles, la même définition convient naturellement à la fonction d'imaginaires, et c'est elle que nous donnerons au lieu d'avoir recours aux séries. Ainsi, après avoir défini l'exponentielle imaginaire $a^{\alpha+6\sqrt{-1}}$ d'après le développement de a^x en série, nous dirons que $\alpha + 6\sqrt{-1}$ est le logarithme, dans la base a, du développement obtenu par la substitution de $\alpha + 6\sqrt{-1}$ à x dans a^x. Et généralement nous appellerons logarithme d'une quantité réelle ou imaginaire l'exposant qu'il faudrait donner à la base pour reproduire cette quantité, si cela est possible, en entendant les exposants comme nous venons de le dire. Ce sera ensuite une question à examiner si le logarithme ainsi défini sera le même que celui qui aurait été défini au moyen des séries démontrées pour les quantités réelles.

Cette remarque peut être appliquée à d'autres fonctions inverses.

308. Avant de procéder à aucune recherche particulière, nous établirons une proposition générale bien simple, mais d'une application continuelle. Elle consiste en ce que, si le résultat de certaines opérations effectuées sur des fonctions de variables $x, y, z, \ldots$ a été obtenu quelles que soient les valeurs de ces quantités et ne dépend, quant à la forme, que du mécanisme même de ces opérations; que de plus ces fonctions et les calculs exécutés sur elles ne renferment que des opérations qu'on exécute sur les expressions imaginaires suivant les mêmes règles que sur les quantités réelles, il suffira de substituer à $x, y, z, \ldots$, dans le premier résultat, les expressions imaginaires proposées, pour obtenir identiquement le résultat des opérations qu'on effectuerait sur les fonctions données dans lesquelles on ferait les mêmes substitutions à $x, y, z, \ldots$.

La vérité de cette proposition se reconnaît immédiatement. Pour en donner un exemple, nous rappellerons que, si l'on exécutait sur x et y les opérations indiquées comme il suit

$$\frac{x(x-1)\dots(x-n+1)}{1.2\dots n}+\frac{x(x-1)\dots(x-n+2)}{1.2\dots(n-1)}\frac{y}{1}+\dots$$
$$+\frac{y(y-1)\dots(y-n+1)}{1.2\dots n},$$

on aurait le même résultat en x et y que si l'on exécutait celles qui sont indiquées par l'expression suivante, quelles que soient les valeurs de x et y,

$$\frac{(x+y)(x+y-1)\dots(x+y-n+1)}{1.2\dots n}.$$

On peut donc dire que la même identité aura lieu si, au lieu de x et y, on mettait $\alpha+\beta\sqrt{-1}$ et $\alpha'+\beta'\sqrt{-1}$, puisque les opérations indiquées s'exécutent sur ces dernières expressions suivant les mêmes règles que sur les quantités réelles.

EXPONENTIELLES ET LOGARITHMES IMAGINAIRES.

309. Les logarithmes des quantités réelles peuvent être ramenés à la base unique e du système népérien, parce que, tout nombre positif a étant égal à e^{la}, on a $a^x=e^{xla}$; et, en posant $xla=z$, les logarithmes x et z d'un même nombre quelconque dans les bases e et a ont entre eux un rapport constant.

De même, toute exponentielle imaginaire $a^{\alpha+\beta\sqrt{-1}}$ à base quelconque a peut être ramenée à une exponentielle à base e; car, d'après la définition des exponentielles imaginaires, on a

$$a^{\alpha+\beta\sqrt{-1}}=1+\frac{(\alpha+\beta\sqrt{-1})}{1}la+\frac{(\alpha+\beta\sqrt{-1})^2}{1.2}l^2a+\dots,$$

développement qui n'est autre que celui de $e^{(\alpha+\beta\sqrt{-1})la}$

Si donc on fait $\alpha\, la = m$, $\beta\, la = n$, on a identiquement, d'après la définition des exponentielles imaginaires,

$$a^{\alpha+\beta\sqrt{-1}} = e^{m+n\sqrt{-1}},$$

m et n étant respectivement α et β multipliés par la. On peut donc se borner à considérer les exponentielles à base e, ce qui sera plus commode; on les rapportera facilement ensuite à toute autre base, si l'on en a besoin.

310. *Les opérations sur les exponentielles imaginaires se font suivant les mêmes règles que sur les exponentielles réelles.*

Nous allons démontrer d'abord que l'exposant d'un produit est la somme des exposants des facteurs. Soient en effet les deux exposants $\alpha + \beta\sqrt{-1}$ et $\alpha' + \beta'\sqrt{-1}$, $\alpha, \alpha', \beta, \beta'$ étant des nombres réels quelconques, positifs ou négatifs; les quantités correspondantes seront

$$(1) \qquad e^{\alpha+\beta\sqrt{-1}} = 1 + \frac{(\alpha+\beta\sqrt{-1})}{1} + \frac{(\alpha+\beta\sqrt{-1})^2}{1.2} + \ldots,$$

$$(2) \qquad e^{\alpha'+\beta'\sqrt{-1}} = 1 + \frac{(\alpha'+\beta'\sqrt{-1})}{1} + \frac{(\alpha'+\beta'\sqrt{-1})^2}{1.2} + \ldots.$$

Si, pour abréger, nous faisons $\alpha + \beta\sqrt{-1} = u$, $\alpha' + \beta'\sqrt{-1} = v$, ces deux séries deviendront

$$1 + \frac{u}{1} + \frac{u^2}{1.2} + \ldots + \frac{u^n}{1.2\ldots n},$$

$$1 + \frac{v}{1} + \frac{v^2}{1.2} + \ldots + \frac{v^n}{1.2\ldots n}.$$

Si on les multiplie par le procédé déjà employé, on trouvera pour terme général

$$\frac{u^n}{1.2\ldots n}+\frac{u^{n-1}}{1.2\ldots(n-1)}\frac{v}{1}+\frac{u^{n-2}}{1.2\ldots(n-2)}\frac{v^2}{1.2}+\ldots+\frac{v_n}{1.2\ldots n},$$

qui n'est autre chose que le résultat que le mécanisme du calcul, effectué comme pour les quantités réelles, donnerait pour $\frac{(u+v)^n}{1.2\ldots n}$.

On obtient donc ainsi une série qui ne diffère de celle en u que par la substitution de $u+v$ à u, quels que soient u et v, et par suite par la substitution de

$$\alpha+\alpha'+(6+6')\sqrt{-1} \quad \text{à} \quad \alpha+6\sqrt{-1}$$

dans la série (1), et qui, par conséquent, représente

$$e^{\alpha+\alpha'+(6+6')\sqrt{-1}},$$

d'après la définition.

Mais nous avons démontré que la série obtenue par ce procédé a pour limite le produit des limites des séries (1) et (2). On a donc

$$(3) \qquad e^{\alpha+6\sqrt{-1}}.e^{\alpha'+6'\sqrt{-1}}=e^{(\alpha+\alpha')+(6+6')\sqrt{-1}},$$

c'est-à-dire que la somme des exposants est l'exposant du produit des deux quantités correspondantes, quels que soient d'ailleurs les signes de ces exposants.

Cette proposition ayant lieu quels que soient α, 6, α', $6'$, on peut avoir $6=0$ ou $6'=0$, c'est-à-dire qu'elle subsiste quand l'un des exposants est réel et l'autre imaginaire.

Et si l'on avait $\alpha'=-\alpha$, $6'=-6$, le produit serait 1, parce que le terme général $\frac{(u+v)^n}{1.2\ldots n}$ serait zéro pour toutes les valeurs de n depuis $n=1$; ce qui montre que

$$e^{-\alpha-6\sqrt{-1}}=\frac{1}{e^{\alpha+6\sqrt{-1}}},$$

et que, par conséquent, le changement de signe d'un exposant imaginaire quelconque produit sur l'exponentielle le même effet que quand l'exposant est réel. La formule (3) donne bien au produit la forme e^0; mais il était nécessaire ici de reconnaître d'où venait ce zéro.

311. Si l'on multipliait le produit des deux séries (1), (2) par une troisième série représentant $e^{\alpha''+6''\sqrt{-1}}$, il faudrait de même ajouter les exposants $\alpha+\alpha'+(6+6')\sqrt{-1}$ et $\alpha''+6''\sqrt{-1}$, et le produit serait la représentation de

$$e^{\alpha+\alpha'+\alpha''+(6+6'+6'')\sqrt{-1}}.$$

En continuant ainsi, on arriverait à cette proposition générale que, *si des expressions en nombre quelconque ont des logarithmes imaginaires ou réels, leur produit aura pour logarithme la somme de ceux de ses facteurs.*

De cette proposition il résulte que le logarithme du quotient de deux expressions qui ont des logarithmes imaginaires est la différence de ceux-ci.

312. Si l'on multiplie entre elles m expressions identiques à $e^{\alpha+6\sqrt{-1}}$, la somme des exposants sera

$$m(\alpha+6\sqrt{-1}),$$

d'où résulte qu'en multipliant un exposant imaginaire par un nombre entier positif m, on élève l'exponentielle à la puissance m.

Et, par conséquent, si l'on divisait l'exposant par n, on aurait une racine $n^{\text{ième}}$ de l'exponentielle. En réunissant les deux opérations, on voit que, *si l'on multiplie un exposant imaginaire par* $\frac{m}{n}$, *on extrait la racine* $n^{\text{ième}}$ *de la puissance m de l'exponentielle, et l'effet est le même que pour les exponentielles réelles.*

313. *Expression des exponentielles imaginaires au moyen des sinus et cosinus. Formules générales des logarithmes de toutes les quantités réelles ou imaginaires.*

En prenant pour exposant de e une quantité imaginaire quelconque $y + x\sqrt{-1}$, y et x pouvant être positifs ou négatifs, on a, d'après ce qui vient d'être démontré sur les exposants,

$$\begin{aligned} e^{y+x\sqrt{-1}} &= e^y e^{x\sqrt{-1}} \\ &= e^y\left(1 + x\sqrt{-1} - \frac{x^2}{1.2} - \frac{x^3\sqrt{-1}}{1.2\ldots3} \right. \\ &\qquad \left. + \frac{x^4}{1.2.3\ldots4} + \frac{x^5\sqrt{-1}}{1.2.3.4\ldots5} + \ldots\right) \\ &= e^y(\cos x + \sqrt{-1}\sin x). \end{aligned}$$

Si l'on a $y = 0$, il en résulte

$$(4) \qquad e^{x\sqrt{-1}} = \cos x + \sqrt{-1}\sin x,$$

ou

$$l(\cos x + \sqrt{-1}\sin x) = x\sqrt{-1}.$$

Faisant $x = 2n\pi$ dans (4), n désignant un nombre entier quelconque positif ou négatif, on a

$$\cos x = 1, \quad \sin x = 0,$$

et, par suite,

$$e^{2n\pi\sqrt{-1}} = 1,$$

et c'est là la seule valeur de l'exposant qui puisse donner l'unité pour valeur de l'exponentielle, puisque c'est la seule qui rende $\sin x = 0$ et $\cos x = 1$. Tous les logarithmes de $+1$ sont donc donnés par la formule

$$l.1 = 2n\pi\sqrt{-1},$$

et on pourra les ajouter à tout logarithme, puisque ce serait simplement introduire le facteur 1 dans la quantité.

La seule valeur réelle de $l.1$ est donc zéro, et correspond à $n = 0$.

Si, dans l'équation (4), on fait

$$x = (2n+1)\pi,$$

il en résulte

$$e^{(2n+1)\pi\sqrt{-1}} = -1,$$

et toute autre valeur de l'exposant ne pourrait donner pour résultat -1, puisque nous avons pris pour x la valeur la plus générale qui rende le second membre égal à -1.

Il suit de là que les logarithmes de -1, dans la base de Néper, sont exprimés par la formule

$$l(-1)=(2n+1)\pi\sqrt{-1}$$

et, comme $a = a \times 1$ et $-a = a \times -1$, tous les logarithmes de a seront compris dans la formule

$$la + 2n\pi\sqrt{-1},$$

qui ne donne qu'une seule valeur réelle, et ceux de $-a$ dans celle-ci

$$la + (2n+1)\pi\sqrt{-1},$$

qui ne donne aucune valeur réelle.

314. *Formule de tous les logarithmes d'une expression imaginaire* $a + b\sqrt{-1}$.

On a identiquement

$$a + b\sqrt{-1} = \sqrt{a^2+b^2}\left(\frac{a}{\sqrt{a^2+b^2}} + \sqrt{-1}\,\frac{b}{\sqrt{a^2+b^2}}\right).$$

Désignant par θ un arc ayant pour cosinus $\frac{a}{\sqrt{a^2+b^2}}$ et pour sinus $\frac{b}{\sqrt{a^2+b^2}}$, et par ρ la valeur positive de $\sqrt{a^2+b^2}$, on aura

$$a+b\sqrt{-1}=\rho[\cos(\theta\pm 2n\pi)+\sqrt{-1}\sin(\theta\pm 2n\pi)],$$

$\sqrt{-1}$ désignant dans les deux membres la même racine carrée de -1. Or les deux facteurs de ce produit ayant respectivement pour logarithmes $l\rho$ et $\theta\sqrt{-1}$, il en résultera

$$a+b\sqrt{-1}=e^{l\rho+\sqrt{-1}(\theta\pm 2n\pi)};$$

l'expression la plus générale de $a+b\sqrt{-1}$ en exponentielle est donc

$$a+b\sqrt{-1}=e^{l\rho+(\theta\pm 2n\pi)\sqrt{-1}},$$

et, par conséquent, la valeur la plus générale de $l(a+b\sqrt{-1})$ est

$$l(a+b\sqrt{-1})=l\rho+(\theta+2n\pi)\sqrt{-1},$$

et, comme conséquence,

$$l(\cos\theta+\sqrt{-1}\sin\theta)=(\theta+2n\pi)\sqrt{-1},$$

$\sqrt{-1}$ étant toujours la même racine carrée de -1 dans les deux membres.

Si l'on changeait b en $-b$, il suffirait de changer θ en $-\theta$, et en achevant semblablement le calcul, on obtiendrait

$$l(a+b\sqrt{-1})=l\rho+(-\theta+2n\pi)\sqrt{-1},$$

$\sqrt{-1}$ étant toujours le même dans les deux membres, n étant un nombre entier arbitraire, positif ou négatif, qui, par conséquent, pourrait être pris différent dans les logarithmes de $a+b\sqrt{-1}$ et de $a-b\sqrt{-1}$, bien qu'ils entrassent dans le même calcul.

Dans le cas particulier de $a=0$ et $b=1$, on a

$$\rho=1,\quad \theta=\frac{\pi}{2}.$$

Ces formules donnent

$$\sqrt{-1}=e^{\left(\frac{\pi}{2}+2n\pi\right)\sqrt{-1}},$$

$$-\sqrt{-1}=e^{\left(-\frac{\pi}{2}+2n\pi\right)\sqrt{-1}}=e^{\left(\frac{\pi}{2}+\overline{2n-1}\pi\right)\sqrt{-1}},$$

et ces deux équations peuvent être renfermées dans la suivante

$$\pm\sqrt{-1}=e^{\left(\frac{\pi}{2}+k\pi\right)\sqrt{-1}},$$

d'où

$$l(\pm\sqrt{-1})=\left(k+\frac{1}{2}\right)\pi\sqrt{-1}=\left(\frac{2k+1}{2}\right)\pi\sqrt{-1},$$

la valeur de $\sqrt{-1}$ étant la même dans les deux membres; les valeurs paires de k correspondant à $l(\sqrt{-1})$ et les impaires à $l(-\sqrt{-1})$. Les plus simples de ces valeurs s'obtiendront en faisant dans la première $k=0$, et dans la seconde $k=-1$; elles seront

$$l\sqrt{-1}=\frac{\pi}{2}\sqrt{-1}, \quad \text{et} \quad l(-\sqrt{-1})=-\frac{\pi}{2}\sqrt{-1}.$$

315. Considérons encore une expression plus compliquée, et cherchons le logarithme de la puissance de degré imaginaire $m+n\sqrt{-1}$ d'une quantité imaginaire $a+b\sqrt{-1}$.

D'après le sens que nous avons donné aux exposants imaginaires, $(a+b\sqrt{-1})^{m+n\sqrt{-1}}$ indique le résultat de la substitution de $m+n\sqrt{-1}$ à x dans le développement de $(a+b\sqrt{-1})^x$, suivant les puissances de x. Pour obtenir ce dernier, on remplacera d'abord $a+b\sqrt{-1}$ par une expression trigonométrique en posant $\sqrt{a^2+b^2}=\rho$, et désignant par θ un arc ayant pour cosinus $\frac{a}{\rho}$ et pour sinus $\frac{b}{\rho}$. Tous les arcs jouissant de la même propriété seront exprimés par la formule $\theta + 2k\pi$, k désignant un nombre entier quelconque, positif ou négatif. On aura ainsi l'expression trigonométrique la plus générale de $a + b\sqrt{-1}$ en prenant

$$\begin{aligned} a + b\sqrt{-1} &= \rho[\cos(\theta + 2k\pi) + \sqrt{-1}\sin(\theta + 2k\pi)] \\ &= e^{l\rho + (\theta + 2k\pi)\sqrt{-1}}, \end{aligned}$$

et, d'après ce que nous savons, on aura

$$(a + b\sqrt{-1})^x + e^{x[l\rho + (\theta + 2k\pi)\sqrt{-1}]}.$$

Il faut maintenant remplacer x par $m + n\sqrt{-1}$ dans le développement de cette dernière exponentielle, ou bien, ce qui donnera le même résultat, faire cette substitution dans l'exposant même et développer ensuite. La signification de l'expression proposée est donc clairement établie par l'équation suivante :

$$(a + b\sqrt{-1})^{m+n\sqrt{-1}} = e^{(m+n\sqrt{-1})[l\rho + (\theta + 2k\pi)\sqrt{-1}]}.$$

Maintenant, l'exposant de e dans le second membre est un logarithme de l'expression proposée; et, comme nous l'avons dit précédemment, on aura la formule générale de tous ses logarithmes en y ajoutant l'expression générale des logarithmes de l'unité, ou $2k'\pi\sqrt{-1}$, k' désignant un nombre entier quelconque, positif ou négatif. On aura donc la formule générale suivante :

$$\begin{aligned} &l(a + b\sqrt{-1})^{m+n\sqrt{-1}} \\ &\quad = (m + n\sqrt{-1})[l\rho + (\theta + 2k\pi)\sqrt{-1}] + 2k'\pi\sqrt{-1}. \end{aligned}$$

La règle est donc encore la même que si l'exposant était réel. On trouve, en effectuant et supposant que $\sqrt{-1}$ indique partout la même racine de -1,

$$l(a+b\sqrt{-1})^{m+n\sqrt{-1}}$$
$$= ml\rho - n(\theta+2k\pi) + \sqrt{-1}\,[nl\rho + m(\theta+2k\pi)+2k'\pi].$$

Quant à l'expression proposée elle-même, elle serait transformée dans la suivante :

$$(a+b\sqrt{-1})^{m+n\sqrt{-1}}$$
$$= e^{ml\rho-n(\theta+2k\pi)}\left\{\cos[nl\rho+m(\theta+2k\pi)+2k'\pi] + \sqrt{-1}\sin[nl\rho+m(\theta+2k\pi)+2k'\pi]\right\}$$
$$= e^{ml\rho-n(\theta+2k\pi)+\sqrt{-1}\,[nl\rho+m(\theta+2k\pi)+2k'\pi]}.$$

Dans le cas particulier où l'on aurait $a=0$, $b=1$, $m=0$, $n=1$, et par suite $\rho=1$, $l\rho=0$, $\theta=\frac{\pi}{2}$, cette dernière équation devient

$$(\sqrt{-1})^{\sqrt{-1}} = e^{-\left(\frac{\pi}{2}+2k\pi\right)+2k'\pi\sqrt{-1}}$$

et

$$l(\sqrt{-1})^{\sqrt{-1}} = -\left(\frac{\pi}{2}+2k\pi\right)+2k'\pi\sqrt{-1},$$

ce qui est conforme à la règle dans le cas des exposants réels, car, en la suivant, on écrirait

$$l(\sqrt{-1})^{\sqrt{-1}} = \sqrt{-1}\,l\sqrt{-1};$$

mais, puisque

$$\sqrt{-1} = \cos\frac{\pi}{2}+\sqrt{-1}\sin\frac{\pi}{2} = e^{\left(\frac{\pi}{2}+2k\pi\right)\sqrt{-1}},$$

on a

$$l\sqrt{-1} = \left(\frac{\pi}{2}+2k\pi\right)\sqrt{-1},$$

et, par suite,

$$l(\sqrt{-1})^{\sqrt{-1}} = -\left(\frac{\pi}{2} + 2k\pi\right),$$

et on aura le logarithme le plus général en y ajoutant $2k'\pi\sqrt{-1}$, qui est le logarithme général de l'unité.

316. *Développement en série du logarithme d'une quantité imaginaire.* — Nous avons vu que toute expression imaginaire $\alpha + 6\sqrt{-1}$ a un logarithme de même forme ; nous allons nous proposer d'exprimer ce logarithme par une série. En mettant α en facteur et posant $\frac{6}{\alpha} = x$, cette expression devient $\alpha(1 + x\sqrt{-1})$, et son logarithme est égal à $l\alpha + l(1 + x\sqrt{-1})$. La question se réduit donc à développer $l(1 + x\sqrt{-1})$ en série.

Nous avons déduit précédemment le développement de $l(1 + x)$ de celui de $(1 + x)^m$; voyons si l'on ne pourrait pas semblablement déduire le développement de $l(1 + x\sqrt{-1})$ de celui de $(1 + x\sqrt{-1})^m$, qui est, comme nous l'avons fait voir,

$$(1 + x\sqrt{-1})^m = 1 + mx\sqrt{-1} + \frac{m(m-1)}{1.2}(x\sqrt{-1})^2 + \frac{m(m-1)(m-2)}{1.2.3}(x\sqrt{-1})^3 + \ldots,$$

et qui est convergent si x est compris entre -1 et $+1$.

On en déduira, comme dans le cas du second terme réel, en faisant tendre m vers zéro,

$$\lim \frac{(1 + x\sqrt{-1})^m - 1}{m} = x\sqrt{-1} - \frac{(x\sqrt{-1})^2}{2} + \frac{(x\sqrt{-1})^3}{3} - \frac{(x\sqrt{-1})^4}{4} + \ldots.$$

Il s'agit maintenant de trouver la limite du premier membre. Or, puisque $1+x\sqrt{-1}=e^{l(1+x\sqrt{-1})}$, on aura, d'après ce qui précède,

$$(1+x\sqrt{-1})^m = e^{ml(1+x\sqrt{-1})}$$
$$= 1+\frac{ml(1+x\sqrt{-1})}{1}+\frac{m^2l^2(1+x\sqrt{-1})}{1.2}+\ldots,$$

d'où

$$\lim\frac{(1+x\sqrt{-1})^m-1}{m}=l(1+x\sqrt{-1}),$$

ce logarithme étant pris de la manière la plus générale. Il comprendra comme cas particulier l'expression trouvée d'abord pour limite de $\frac{(1+x)^m-1}{m}$ et qui s'annule avec x. On aura donc, pour le développement de $l(1+x\sqrt{-1})$ s'annulant avec x,

$$(1)\quad l(1+x\sqrt{-1})=\frac{x\sqrt{-1}}{1}-\frac{(x\sqrt{-1})^2}{2}+\frac{(x\sqrt{-1})^3}{3}-\ldots;$$

et par conséquent le développement du logarithme d'un binôme imaginaire suit la même règle que celui du logarithme d'un binôme réel.

317. Nous pouvons déduire de la formule (1) un développement important, celui d'un arc au moyen de sa tan gente. En effet, on a

$$1+x\sqrt{-1}=\sqrt{1+x^2}\left(\frac{1}{\sqrt{1+x^2}}+\frac{x\sqrt{-1}}{\sqrt{1+x^2}}\right)$$
$$=\sqrt{1+x^2}\,e^{\sqrt{-1}\operatorname{arc\,tang}x},$$

d'où

$$l(1+x\sqrt{-1})=\frac{1}{2}l(1+x^2)+\sqrt{-1}\operatorname{arc\,tang}x;$$

mais la formule (1) devient, en effectuant les puissances de $\sqrt{-1}$,

$$l(1+x\sqrt{-1})=\frac{x^2}{2}-\frac{x^4}{4}+\frac{x^6}{6}+\ldots+\sqrt{-1}\left(x-\frac{x^3}{3}+\frac{x^5}{5}+\ldots\right).$$

Ces deux valeurs de $l(1+x)$, devant être identiques, ont la même partie réelle et la même partie imaginaire. C'est ce que l'on reconnaît immédiatement pour la première; et la seule proposition nouvelle qui en résulte, en égalant les parties imaginaires, est le développement de arc tang$x$ suivant les puissances de x. Il est, pourvu que x soit compris entre -1 et $+1$,

$$\text{arc tang}\,x = x-\frac{x^3}{3}+\frac{x^5}{5}-\frac{x^7}{7}+\ldots$$

C'est, de tous les arcs qui ont la même tangente x, celui qui devient nul avec x.

Cette série remarquable donne une expression du rapport de la circonférence au diamètre. En y faisant $x=1$, elle devient

$$\frac{\pi}{4}=1-\frac{1}{3}+\frac{1}{5}-\frac{1}{7}+\ldots.$$

Malheureusement cette série, qui a été découverte par Leibnitz, est très peu convergente, et exigerait de très longs calculs pour donner une approximation assez faible. Mais Euler a indiqué un moyen d'en tirer une valeur de π en n'employant que des valeurs de x qui la rendent très convergente. Il consiste à partager $\frac{\pi}{4}$ en deux arcs dont les tangentes aient des valeurs simples, et de calculer chacun d'eux par sa tangente, qui, étant plus petite que 1, donnera lieu à une série plus convergente.

Prenant pour l'un de ces arcs celui dont la tangente

est $\frac{1}{2}$, on trouve facilement que la tangente du second est $\frac{1}{3}$, et l'on aura

$$\frac{\pi}{4} = \text{arc tang}\,\frac{1}{2} + \text{arc tang}\,\frac{1}{3}$$
$$= \frac{1}{1.2} - \frac{1}{3.2^3} + \frac{1}{5.2^5} - \ldots + \frac{1}{1.3} - \frac{1}{3.3^3} + \frac{1}{5.3^5} - \ldots.$$

On pourrait encore calculer π par des séries plus convergentes, en partant de l'arc dont la tangente est $\frac{1}{5}$, et qui se calculera par une série beaucoup plus convergente que ces dernières. Le désignant par a, on calculera la tangente de $2a$ qui sera $\frac{10}{24}$ ou $\frac{5}{12}$, puis la tangente de $4a$ qui sera $\frac{120}{119}$ ou $1 + \frac{1}{119}$. On voit ainsi que $4a$ est plus grand que $\frac{\pi}{4}$, et il suffira de calculer l'excès b qui est la différence des angles ayant respectivement pour tangentes 1 et $1 + \frac{1}{119}$. Sa tangente, déduite de ces deux-ci, sera $\frac{1}{239}$, et la série de $\text{arc tang}\,x$ donnera b, en remplaçant x par $\frac{1}{239}$. La valeur de b se calculera donc avec beaucoup d'approximation au moyen d'un très petit nombre de termes, et la valeur de π sera $4(4a - b)$.

318. *Remarque.* — On aurait pu déduire la limite de $\frac{(1 + x\sqrt{-1})^m - 1}{m}$ comme cela a été fait précédemment dans le cas d'un binôme réel; mais nous y sommes parvenu plus promptement ici, parce que nous avons pu faire usage du développement d'une exponentielle en série, ce qui n'était pas encore connu dans le premier cas. On pourrait néanmoins suivre tout à fait la même marche, comme nous allons le démontrer; et cela aura l'avantage d'étendre aux imaginaires la proposition importante que $\frac{l(1+\alpha)}{\alpha}$ a pour limite l'unité quand α tend vers zéro.

1° Supposons d'abord α de la forme $x\sqrt{-1}$ et cherchons la limite de $\frac{l(1+x\sqrt{-1})}{x\sqrt{-1}}$ quand x tend vers zéro, en considérant le logarithme qui s'annule avec x, c'est-à-dire prenant $l.1=0$.

Or on a

$$l(1+x\sqrt{-1})=\frac{1}{2}l(1+x^2)+\sqrt{-1}\operatorname{arc\,tang}x,$$

et

$$\frac{l(1+x\sqrt{-1})}{x\sqrt{-1}}=\frac{1}{2\sqrt{-1}}\frac{l(1+x^2)}{x}+\frac{\operatorname{arc\,tang}x}{x}.$$

En passant à la limite et remarquant que $\frac{l(1+x^2)}{x^2}$ tend vers l'unité et par conséquent $\frac{l(1+x^2)}{x}$ vers zéro, on aura

$$\lim\frac{l(1+x\sqrt{-1})}{x\sqrt{-1}}=1$$

comme pour α réel.

2° Supposons en second lieu $\alpha=a+b\sqrt{-1}$, ce qui est la forme la plus générale de ce que nous avons appelé *expressions imaginaires;* et cherchons la limite de $\frac{l(1+a+b\sqrt{-1})}{a+b\sqrt{-1}}$ quand a et b tendent en même temps vers zéro, en ayant un rapport fini quelconque.

Nous aurons d'abord

$$l(1+a+b\sqrt{-1})=\frac{1}{2}l[(1+a)^2+b^2]+\sqrt{-1}\operatorname{arc\,tang}\frac{b}{1+a}.$$

Or $\operatorname{arc\,tang}\frac{b}{1+a}$ ne diffère de $\frac{b}{1+a}$ que d'une quantité infiniment petite par rapport à $\frac{b}{1+a}$ ou simplement à b; et $l(1+2a+a^2+b^2)$ ne diffère de $2a+a^2+b^2$ que d'un infiniment petit par rapport à cette dernière quantité ou simplement à a, et comme a^2+b^2 est infiniment petit par rapport à a, $\frac{1}{2}l[(1+a)^2+b^2]$ ne différera de $\frac{1}{2}2a$ ou de a que d'une quantité d'ordre supérieur ; d'où il suit que $l(1+a+b\sqrt{-1})$ ne diffère de $a+b\sqrt{-1}$ que d'une quantité ω d'ordre supérieur à a et b. On a donc

$$\frac{l(1+a+b\sqrt{-1})}{a+b\sqrt{-1}} = 1+\frac{\omega}{a+b\sqrt{-1}},$$

et la limite est 1.

On peut donc dire que, quel que soit α, réel ou imaginaire, on a

$$\lim\frac{l(1+a)}{\alpha} = 1 \quad \text{ou} \quad \lim(1+\alpha)^{\frac{1}{\alpha}} = e.$$

319. Cette extension étant établie, si l'on demande la limite de $\frac{(1+x\sqrt{-1})^m-1}{m}$ quand m tend vers zéro, on posera, comme il a été fait dans le cas des quantités réelles,

$$(1+x\sqrt{-1})^m = 1+\beta,$$

d'où

$$ml(1+x\sqrt{-1}) = l(1+\beta);$$

l'expression proposée deviendra $\frac{\beta}{m}$, et β tendra vers zéro. Si l'on substitue maintenant à m sa valeur $\frac{l(1+\beta)}{l(1+x\sqrt{-1})}$, cette fraction deviendra $\frac{\beta}{l(1+\beta)}l(1+x\sqrt{-1})$, dont la limite sera $l(1+x\sqrt{-1})$, puisque $\frac{\beta}{l(1+\beta)}$ a pour limite 1.

On parviendrait donc ainsi au développement de

$l(1+x\sqrt{-1})$ par une suite de calculs identiques à ceux qui ont été employés pour $l(1+x)$.

320. Il serait superflu de multiplier davantage les exemples sur le calcul des exponentielles et des logarithmes des quantités imaginaires.

Les contradictions que l'on pourra quelquefois rencontrer ne seront qu'apparentes, et tiendront à ce que l'on aura oublié qu'une quantité quelconque réelle ou imaginaire a une infinité de logarithmes. Il n'y aura donc pas lieu de s'étonner si deux calculs conduisent à des expressions différentes pour le logarithme d'une même quantité ; il suffira, pour qu'il n'y ait pas contradiction, que ces expressions différentes soient comprises dans la formule générale des logarithmes d'une même quantité.

Ainsi le logarithme d'une puissance n'est pas nécessairement le produit du logarithme de la quantité par le degré de la puissance, vu qu'on peut prendre des valeurs inégales pour les logarithmes des facteurs égaux. Si, par exemple, on considère un nombre positif a et qu'on désigne par la son logarithme réel, le logarithme de a^2 ou de aa n'est pas nécessairement $2\,la$, parce que les logarithmes des deux facteurs sont $la \pm 2n\pi\sqrt{-1}$ pour le premier, et $la \pm 2n'\pi\sqrt{-1}$ pour le second, les nombres entiers n' pouvant être différents. Le logarithme du produit a^2 est donc, d'après la règle démontrée (311),

$$2\,la \pm 2(n+n')\pi\sqrt{-1},$$

et $2\,la$ n'en est qu'une valeur particulière.

Voici maintenant une des difficultés qu'on a élevées sur l'emploi des logarithmes des quantités qui ne sont pas des nombres réels et positifs. On a dit que a^2 est le carré de $-a$ aussi bien que de $+a$; son logarithme est donc aussi bien

$2\,l(-a)$ que $2\,la$, donc $l(-a) = la$, ce qui est faux. Mais Euler a très bien levé cette difficulté en faisant remarquer que le logarithme de a^2 n'est nécessairement ni $2\,la$, ni $2\,l(-a)$, et que par conséquent on ne peut conclure $la = l(-a)$: il suffit, pour faire disparaître l'apparence de contradiction annoncée par les deux résultats, de montrer qu'ils sont l'un et l'autre des cas particuliers de la formule générale des logarithmes de a^2.

En effet, $-a$ a pour logarithmes toutes les expressions contenues dans la formule

$$la \pm (2p+1)\pi\sqrt{-1}.$$

Donc le logarithme de $-a \times -a$ a pour expression générale, d'après la règle démontrée ci-dessus pour le logarithme d'un produit,

$$la \pm (2p+1)\pi\sqrt{-1} + la \pm (2p'+1)\pi\sqrt{-1},$$

ou

$$2\,la \pm 2(p+p'+1)\pi\sqrt{-1}.$$

Or nous avons trouvé pour le logarithme du produit $a \times a$

$$2\,la \pm 2(n+n')\pi\sqrt{-1},$$

et ces deux expressions, qui ne peuvent coïncider, sont également renfermées dans la formule

$$2\,la \pm 2k\pi\sqrt{-1},$$

qui est celle du logarithme de a^2.

321. Mais il n'est même pas besoin de faire usage de toute l'indétermination que comporte chaque logarithme, et on peut considérer la même valeur pour le logarithme des facteurs égaux. On aura ainsi, en doublant le logarithme de a,

$$2\,la \pm 4n\pi\sqrt{-1},$$

et doublant celui de $-a$,

$$2\,la \pm 2(2p+1)\pi\sqrt{-1}.$$

Or ces deux expressions ne peuvent coïncider, mais sont renfermées dans la même formule

$$2\,la \pm 2\,k\pi\sqrt{-1},$$

la première correspondant à k pair et la seconde à k impair. Et toutes les difficultés que pourrait faire naître l'application des propositions qui précèdent et de celles qui vont suivre se lèveront comme celle-ci. Il ne peut y avoir de contradiction réelle entre les conséquences rigoureuses de principes qui n'ont rien de contraire à la nature des choses en question.

322. *Expression des sinus et cosinus au moyen d'exponentielles.* — Des formules précédemment trouvées

$$(1)\quad e^{x\sqrt{-1}} = \cos x + \sqrt{-1}\,\sin x,\quad e^{x-\sqrt{-1}} = \cos x - \sqrt{-1}\,\sin x,$$

on tire

$$(2)\qquad \cos x = \frac{e^{x\sqrt{-1}} + e^{-x\sqrt{-1}}}{2},\qquad \sin x = \frac{e^{x\sqrt{-1}} - e^{-x\sqrt{-1}}}{2\sqrt{-1}}.$$

Ces expressions sont souvent utiles, et elles ne sont au fond autre chose que celles que nous avons trouvées pour le développement de $\sin x$ et $\cos x$ suivant les puissances de x, et que l'on retrouverait ici en remplaçant les exponentielles $e^{x\sqrt{-1}}$, $e^{-x\sqrt{-1}}$ par les développements en série qui en sont la définition; de sorte qu'on les obtiendrait directement en partant de ces développements au lieu de partir des valeurs des exponentielles exprimées en sinus et cosinus.

Supposons maintenant l'arc x imaginaire et représenté par $\alpha + 6\sqrt{-1}$.

D'après notre définition générale des opérations transcendantes sur les imaginaires, on aura

$$\cos(\alpha + 6\sqrt{-1}) = 1 - \frac{(\alpha + 6\sqrt{-1})^2}{1.2} + \frac{(\alpha + 6\sqrt{-1})^4}{1.2.3.4} - \ldots.$$

et ce développement est la demi-somme des deux suivants, correspondant respectivement aux doubles signes

$$1 \pm \frac{(\alpha + 6\sqrt{-1})\sqrt{-1}}{1} - \frac{(\alpha + 6\sqrt{-1})^2}{1.2} \mp \frac{(\alpha + 6\sqrt{-1})^3}{1.2.3}\sqrt{-1}$$
$$+ \frac{(\alpha + 6\sqrt{-1})^4}{1.2.3.4} \pm \ldots,$$

et, par définition, ces développements représentent l'exponentielle

$$e^{\pm(\alpha+6\sqrt{-1})\sqrt{-1}};$$

on a donc

$$\cos(\alpha + 6\sqrt{-1}) = \frac{e^{(\alpha+6\sqrt{-1})\sqrt{-1}} + e^{-(\alpha+6\sqrt{-1})\sqrt{-1}}}{2}.$$

On trouverait de même

$$\sin(\alpha + 6\sqrt{-1}) = \frac{e^{(\alpha+6\sqrt{-1})\sqrt{-1}} - e^{-(\alpha+6\sqrt{-1})\sqrt{-1}}}{2\sqrt{-1}};$$

ce qui montre que les formules (1) subsistent quand x est imaginaire.

En effectuant les calculs, on trouvera

$$(3)\quad \left\{\begin{aligned} \cos(\alpha + 6\sqrt{-1}) &= \cos\alpha\,\frac{e^{6} + e^{-6}}{2} - \sin\alpha\,\frac{e^{6} - e^{-6}}{2}\sqrt{-1}, \\ \sin(\alpha + 6\sqrt{-1}) &= \sin\alpha\,\frac{e^{6} + e^{-6}}{2} + \cos\alpha\,\frac{e^{6} - e^{-6}}{2}\sqrt{-1}. \end{aligned}\right.$$

Si $\alpha = 0$, on aura

$$\cos(6\sqrt{-1}) = \frac{e^{-6} + e^{6}}{2},$$

$$\sin(6\sqrt{-1}) = \frac{e^{-6} - e^{6}}{2\sqrt{-1}} = \sqrt{-1}\,\frac{e^{6} - e^{-6}}{2}.$$

323. Il est facile de reconnaître que les propriétés fondamentales des sinus et cosinus subsistent quand les arcs sont imaginaires; que, par exemple, le cosinus et le sinus d'une somme ou d'une différence s'expriment par les mêmes formules que quand les arcs sont réels.

En effet, d'après les valeurs que nous venons de trouver pour $\cos(\beta\sqrt{-1})$ et $\sin(\beta\sqrt{-1})$, les formules (3) peuvent s'écrire ainsi :

$$\cos(\alpha+\beta\sqrt{-1}) = \cos\alpha\cos(\beta\sqrt{-1}) - \sin\alpha\sin(\beta\sqrt{-1}),$$
$$\sin(\alpha+\beta\sqrt{-1}) = \sin\alpha\cos(\beta\sqrt{-1}) + \sin(\beta\sqrt{-1})\cos\alpha.$$

On reconnaîtrait de même que $\sin(\alpha-\beta\sqrt{-1})$ et $\cos(\alpha-\beta\sqrt{-1})$ se développent suivant la même loi que quand les arcs sont réels.

Il est inutile d'entrer dans plus de développements sur ce point; nous avons assez montré comment il faudra raisonner dans toutes les questions qu'on peut se proposer sur ce sujet.

324. *Observation générale.* — Lorsque l'on voudra effectuer des transformations ou opérations qui ne seront pas identiquement les mêmes que celles que nous avons examinées jusqu'ici, il faudra commencer par se rendre bien compte de ce que l'on demande; car les difficultés viennent souvent de la mauvaise position de la question et du vague des conditions. La question étant nettement définie et ne renfermant rien de contradictoire à tout ce qui a été antérieurement établi, il ne pourra se rencontrer que des difficultés d'exécution, mais jamais d'obscurité.

EXPOSÉ SYNOPTIQUE

DES

MATIÈRES TRAITÉES DANS CET OUVRAGE.

L'objet principal que nous avons en vue dans cet Ouvrage est la *direction de l'esprit dans la recherche et dans la démonstration de la vérité.* Les moyens généraux que l'on peut indiquer à cet effet enseignent comment il faut chercher, mais ne font pas toujours trouver; le succès dépend beaucoup de l'habileté de celui qui les emploie : mais, quelle que soit leur imperfection, leur utilité est incontestable.

Nous les avons étudiés spécialement dans les questions qui se rapportent aux *sciences de raisonnement.* Nous avons donné une définition précise de ces sciences, et nous avons assigné avec beaucoup de soin le caractère des questions que l'on peut avoir à y traiter.

Nous avons exposé les méthodes générales qu'on emploie à cet effet et auxquelles les anciens ont donné les noms d'*analyse* et de *synthèse.* Nous croyons avoir ajouté quelque chose à ce qu'ils nous ont laissé sur ce point, et nous n'avons pu nous empêcher d'exprimer notre étonnement de voir que les Traités modernes de logique n'en font aucune mention. Celui de Port-Royal en dit quelques mots à peine, beaucoup moins certainement qu'on n'en trouve dans les ouvrages de *Pappus* d'Alexandrie. Mais Condillac et tous ceux qui l'ont suivi ont entendu les mots *analyse* et *synthèse* dans un autre sens que les anciens; ils n'y ont vu que la décomposition d'un tout dans ses parties, et la recomposition de ces parties pour refaire le tout. Ils ont cru que c'était en cela que consistaient les procédés des géomètres modernes, dont ils ne pouvaient apprécier les œuvres, et ils les ont donnés avec assurance comme les seules méthodes propres à diriger l'esprit dans la recherche et la démonstration de la vérité. Nous serions heureux de penser que cet Ouvrage pourra contribuer à les faire revenir de cette erreur.

Après avoir exposé les généralités applicables à toutes les sciences de raisonnement, nous avons jugé nécessaire de les éclairer par l'application, et nous avons dû choisir à cet effet les sciences les plus simples et les plus parfaites, la *science des nombres* et la *science de l'étendue*.

Sciences de raisonnement. — Nous avons appelé *science d'une chose* l'ensemble des lois de cette chose, c'est-à-dire l'ensemble des rapports nécessaires qui dérivent de sa nature. Elle devient science de raisonnement lorsque les données que l'on possède sur cette nature déterminent complètement la chose, et par suite toutes ses lois.

Pour constituer la science des nombres et celle de l'étendue, nous avons donc dû d'abord fixer si exactement la nature des nombres et de l'étendue, que toutes les lois de ces deux choses en fussent des conséquences nécessaires. C'est ce que nous avons fait, en n'admettant que des idées et des propositions si évidentes pour tous les hommes, et si intimement liées aux impressions que les objets extérieurs produisent sur leurs sens, qu'il leur semble impossible d'élever le moindre doute à leur égard.

SCIENCE DES NOMBRES.

Nous nous sommes d'abord occupé exclusivement de la science des nombres, qui est celle qui emprunte au monde extérieur le moins de données premières. Nous avons rapidement passé en revue les questions relatives à leur nomenclature et aux opérations les plus simples auxquelles ils peuvent donner lieu. Les procédés d'exécution de ces opérations se fondent immédiatement sur la décomposition des nombres adoptée dans la numération, et c'est par conséquent l'application du premier moyen indiqué par la méthode analytique.

Extension de l'idée des nombres. — Nous avons bientôt senti la nécessité de donner de l'extension à l'idée de *nombre*, qui n'a dû être d'abord que celle de la *pluralité*. Cette extension a pour objet de réduire à une seule plusieurs propositions qu'on était obligé d'énoncer séparément. Il y a donc d'abord simplification dans la science; mais il y a cet autre avantage que cette généralisation constate et rappelle à l'esprit des analogies reconnues entre des choses qui se présentaient d'abord comme isolées.

Toutefois, ces avantages ne peuvent être acquis par la seule extension d'une définition; il est indispensable de reprendre toutes les propositions établies d'après la première conception, et de les étudier d'après la nouvelle. C'est ce que nous avons fait avec grand soin, et nous avons jugé d'autant plus nécessaire d'insister sur ce point, que la plupart des ouvrages élémentaires ne le traitent pas avec la rigueur nécessaire, et que, plus tard, trompés par l'emploi de signes généraux, les auteurs semblent admettre comme vraies, dans tous les cas, des propositions qu'ils n'avaient démontrées réellement que dans les cas les plus simples.

Résolution analytique de quelques problèmes. — Nous avons ensuite résolu un certain nombre de problèmes, afin de faire reconnaître sur des exemples faciles l'emploi des méthodes générales exposées dans la première Partie de cet Ouvrage. L'analyse, qui est la seule méthode d'invention, est celle dont nous avons fait usage; mais nous avons procédé tantôt par déduction, tantôt par réduction, en ayant toujours soin de discuter la réciprocité. La première marche est plus souvent employée; il est ordinairement plus facile de déduire une proposition d'autres supposées connues, que de découvrir de quelles propositions on pourrait déduire celle que l'on désigne; mais si l'on démontre la réciprocité, on arrive au même point par les deux procédés. Si au contraire la réciprocité n'a pas lieu, les deux procédés conduisent à des conséquences différentes : la question substituée à la proposée contient, dans un cas, des solutions étrangères, tandis que, dans l'autre, il y a des solutions perdues.

Généralité. — Nous nous sommes occupé ensuite des moyens d'obtenir la généralité, soit dans la solution des problèmes, soit dans la démonstration des théorèmes. L'avantage obtenu ainsi pour les problèmes est de dispenser de recommencer les calculs pour chaque nouveau cas particulier; mais la généralité des théorèmes est d'une nécessité absolue, puisque, sans cela, on ne pourrait les appliquer même à des cas particuliers, et surtout s'il y avait des nombres inconnus; car toute vérification sur eux serait impossible.

Nous avons dit que, pour obtenir la généralité dans les résultats de toute question de nombres que l'on sait résoudre sur des données particulières, il suffisait de représenter les nombres donnés par des lettres, et d'agir comme on le ferait sur des données particulières; les opérations, qui ne pourront alors qu'être indiquées, conduiront à des résultats qui ne seront eux-mêmes que des indications d'opérations, au lieu d'être des nombres comme cela aurait été dans le cas où les données auraient été des nombres particuliers.

L'emploi des lettres, ou même d'autres signes arbitraires, donne donc la généralité en faisant connaître quelles opérations connues il faut effectuer sur les données de tout cas particulier, pour obtenir le résultat correspondant; et les signes employés pour indiquer ces opérations donnent aux expressions le plus haut degré possible de simplicité.

Une pareille indication se nomme *formule*, et les solutions générales de toutes les questions de nombres ne sont par conséquent que des formules.

La nécessité des résultats généraux se fait sentir dès le commencement, et n'a point échappé aux anciens. Ils ont résolu des problèmes et démontré des théorèmes d'une manière générale. Mais ils désignaient les nombres par le rôle qu'ils jouaient dans la question, et sans avoir même de signes pour représenter les opérations à effectuer sur eux. Il résultait de là que leurs énoncés étaient quelquefois d'une grande difficulté à comprendre, et les solutions ou les démonstrations encore plus pénibles à suivre. C'est au point qu'on ne peut s'empêcher de penser qu'ils employaient pour ces recherches des notations plus simples, analogues peut-être aux nôtres, et qu'ils ne se servaient de l'écriture ordinaire que pour en communiquer aux autres les résultats. Dans tous les cas, la comparaison de nos procédés avec ceux qu'ils nous ont transmis est très utile à faire, pour montrer combien les raisonnements et la succession des idées sont facilités ou obscurcis, suivant le choix des signes destinés à représenter les choses et leurs rapports.

Mais l'invention de ces signes, si importante qu'elle soit dans la science des nombres, ne constitue pas une science à part : c'est un progrès qui ne pouvait se faire beaucoup attendre dès qu'on a commencé à s'occuper de cette science pour elle-même ; car les anciens cultivaient surtout la Géométrie et ne se proposaient de problème de calcul que pour résoudre des problèmes de Géométrie. Ainsi, Archimède a découvert la formule de la somme des termes de la progression géométrique dont la raison est $\frac{1}{4}$, pour servir à la quadrature de la parabole; il a donné la formule de la somme des carrés de nombres en progression arithmétique ayant pour raison l'unité, en vue de la quadrature de la spirale, etc. Il se servait du langage et de l'écriture ordinaires, et la difficulté qu'on éprouve à le suivre est un des plus frappants exemples que l'on puisse citer à l'avantage des notations des modernes. Mais si l'on voulait partager la science des nombres en deux autres, l'Arithmétique et l'Algèbre, la première traitant les questions particulières, la seconde les questions générales, dans laquelle mettrait-on les formules d'Archimède? Ce serait sans doute dans la seconde; on ne ferait donc pas consister l'Algèbre dans l'emploi des lettres. Mais si c'est la généralité qu'on prend pour caractère de l'Algèbre, il faudra y renfermer tous les théorèmes de l'Arithmétique qui n'ont d'existence que par la généralité. Cette division de la science des nombres n'est propre qu'à empêcher ceux qui commencent de comprendre l'esprit des théories et la manière naturelle avec laquelle on a procédé à leur formation successive; nous nous sommes bien gardé de l'adopter, et nous n'en parlons ici que pour expliquer les raisons que nous avons eues d'agir ainsi.

Mise en équation. — Les problèmes que nous avons choisis comme application des méthodes générales ont tous été ramenés à d'autres où il s'agissait de trouver un nombre qui satisfît à une certaine relation d'égalité. Cette substitution de questions est de la plus grande utilité, parce qu'on a des règles générales pour résoudre ces dernières quand l'inconnue ou les inconnues, s'il y en a plusieurs, n'y entrent qu'au premier degré.

Cette transformation de la question se nomme la *mise en équation*.

On y parvient en indiquant sur les nombres connus et inconnus les opérations par lesquelles on vérifierait si ces derniers conviennent à toutes les conditions du problème;

ce qui doit pouvoir se faire si l'on s'est bien rendu compte de ces conditions; cette vérification conduira à des comparaisons qui se transformeront facilement en *équations*. Or, soit que l'on procède par déduction, soit par réduction, en partant des conditions mêmes de la question pour arriver aux relations d'égalité équivalentes à ces conditions, c'est toujours la *marche analytique* qui aura été suivie. Mais cette équivalence n'a lieu que s'il y a réciprocité entre les questions substituées successivement les unes aux autres. C'est ce que l'on doit examiner avec le plus grand soin; et si cette réciprocité ne peut être obtenue, si toutes les conditions de la question ne peuvent être exprimées par les équations, il faudra tenir compte des solutions étrangères ou des solutions perdues.

Résolution des équations du premier degré. — Pour avoir la résolution générale d'équations du premier degré renfermant un nombre quelconque d'inconnues, il suffit, d'après ce qui a été dit précédemment, de représenter par des lettres tous les nombres connus qui entrent dans ces équations, et de suivre la même marche, toujours analytique, que si tous ces nombres étaient particularisés. On aura ainsi des formules applicables aux cas où ces nombres auraient des valeurs quelconques; les équations proposées restant toujours de même forme, c'est-à-dire conservant aux termes correspondants les mêmes signes que dans les équations d'après lesquelles les formules ont été déterminées.

Généralisation par les quantités négatives introduites dans les données. — On serait donc obligé d'avoir autant de formules qu'il y aurait de combinaisons de ces signes, et ce nombre s'accroîtrait très rapidement à mesure que le nombre des inconnues augmenterait; de sorte que l'on devrait réellement renoncer à représenter d'une manière complètement générale les solutions des équations du premier degré dans lesquelles le nombre des inconnues serait supérieur à trois, et même à deux.

On a donc dû chercher à remédier à tout prix à cet inconvénient, et nous avons fait voir comment on y est parvenu par l'introduction des quantités négatives dans les données. Nous avons démontré qu'en déterminant les formules des inconnues d'après une combinaison, arbitrairement choisie par les signes des termes des différentes équations, on aurait ainsi un type d'où l'on pourrait tirer les formules relatives à toutes les combinaisons possibles des signes de ces termes, en regardant comme implicitement négatifs les coefficients des termes qui ont changé de signe par rapport à la combinaison primitive, et exécutant les opérations sur ces quantités négatives isolées suivant les règles démontrées dans la multiplication ou la division des polynômes.

Cette démonstration étant faite rigoureusement, un seul système de formules pour les inconnues suffira pour toutes les combinaisons des signes des termes des équations données; et il faut bien remarquer que la manière d'effectuer ces opérations sur les coefficients positifs ou négatifs n'est qu'un procédé commode pour obtenir les résultats que l'on cherche, mais qu'il n'y a aucun sens à attacher à ces opérations en elles-mêmes. C'est le seul moyen de renfermer tous les systèmes de formules en un seul, et il faut l'employer ou se priver de l'avantage immense qu'il procure, et que l'on sentira de plus en plus à mesure qu'on avancera.

Il serait donc absurde de chercher à démontrer ces règles sur les quantités négatives isolées, et considérées *a priori*, puisque les procédés que nous venons d'indiquer ne sont pas véritablement des opérations sur des quantités, mais des moyens mécaniques de déduire divers systèmes de formules d'un seul, qui est un type unique correspondant à une forme convenue des équations données, que l'on choisit la plus simple et la plus facile à retenir.

L'introduction des quantités négatives dans les données sert à généraliser bien d'autres formules que celles des inconnues dans les équations du premier degré, et nous en avons indiqué quelques autres qui suffisent pour faire sentir la fécondité de ce procédé, dont les applications fréquentes n'offriront plus de difficulté, parce qu'on aura bien compris que ce n'est pas par une pure convention, ou par de vagues considérations *a priori* qu'on y parvient, mais par l'étude des questions en elles-mêmes; que tout ce qu'il y a de facultatif est la volonté de généraliser, mais que le moyen d'y parvenir est nécessaire et unique, et exige une démonstration.

Des quantités négatives se présentant comme solutions. — Toute chose ne peut se présenter que dans les données ou dans les résultats des données. Nous venons de considérer les quantités négatives dans les données des questions : il nous reste donc à les considérer dans les résultats.

Il est d'abord bien évident que tout ce qui est produit par le raisonnement ne peut donner lieu à aucune difficulté, si l'on s'est bien rendu compte de ce que l'on a fait. Malheureusement on néglige trop souvent de s'assurer s'il y a réciprocité entre les questions que l'on substitue les unes aux autres, et alors on peut trouver à la fin des solutions étrangères ou des impossibilités qui ne sont pas dans la question proposée. Quelquefois aussi, lorsque la réciprocité a été complète, on rencontre des formes singulières, des indications d'opérations absurdes, auxquelles on cherche à donner une interprétation, tandis qu'il ne faudrait en conclure que l'impossibilité de la question.

Lorsqu'une question est susceptible de présenter plusieurs cas à peu près semblables, il arrive quelquefois que l'on en choisit un pour établir les équations, et qu'on omet d'examiner si les autres conduiraient exactement à ces mêmes équations. Il en résulte que les formules obtenues, et que l'on croit à tort applicables à tous les cas, peuvent indiquer des opérations impossibles, comme de soustraire un plus grand nombre d'un plus petit. Au lieu de remonter à la question elle-même pour établir les véritables équations qui conviennent au cas qui présente ces absurdités, il arrive souvent qu'on cherche à tirer parti de ces formes étranges, qui offrent des rapports séduisants avec les véritables résultats, comme, par exemple, la forme négative correspondant à un changement de sens. Et on en peut venir ainsi à regarder à tort ces correspondances comme admissibles *a priori*, tandis qu'il est si facile d'introduire ces formes comme un moyen de généralisation rigoureusement démontré.

C'est ce que nous avons fait ressortir avec beaucoup d'insistance. Nous pensons que c'est avant de commencer le calcul que l'on doit distinguer tous les cas que comporte la question, et reconnaître s'ils sont renfermés dans un seul système d'équations. S'il en est ainsi, un seul système de formules suffira pour toutes les solutions de la question. S'il en est autrement, mais que deux systèmes d'équations soient tels, qu'on passe de l'un à l'autre en changeant de signe les termes où une inconnue x entre à des puissances impaires (ce que l'on peut exprimer en disant que l'on change x en $-x$, en suivant les règles des signes dans les polynômes), on reconnaît, en suivant les calculs dans les deux systèmes, que les équations correspondantes ne différeront l'une de l'autre que par ce même changement, et que par conséquent la valeur de x tirée de l'un sera identique à la valeur de $-x$ tirée de l'autre : de sorte que, si l'on trouve dans l'un $x = a$, on trouvera dans l'autre $x = -a$, et *vice versa*. On peut donc se dispenser de faire les deux calculs; car si celui qu'on a choisi donne pour une des valeurs de x un nombre résultant d'opérations possibles, il est inutile de faire l'autre qui donnerait ce même nombre affecté du signe —, et renfermerait par conséquent des soustractions impossibles. Et si l'on trouve pour x une expression négative, on sait que c'est l'autre cas qu'il fallait choisir ; et l'on connaît la valeur de x qui y convient, puisqu'elle doit être le nombre même qui a été trouvé, mais pris en valeur absolue. Les mêmes raisonnements peuvent être faits quel que soit le nombre des inconnues.

Ces discussions étant faites avant de commencer les calculs, et tout ce qui peut arriver étant prévu, les résultats ne surprendront nullement, et les formules provenant d'un seul calcul feront connaître sans difficulté celles qui correspondraient à tous les autres.

Nous avons choisi pour exemple un problème très simple, dont les cas, extrêmement variés, peuvent être renfermés dans un seul système d'équations, qui se généralisent par la considération des valeurs négatives, tant pour les données que pour les inconnues. Dans cette question il y a à considérer les positions initiales de deux points mobiles, le sens de leurs mouvements et la grandeur de leurs vitesses : ce qui donne lieu à beaucoup de combinaisons différentes, pour lesquelles il faudrait autant de formules distinctes pour faire connaître l'époque et la position de leur coïncidence passée ou future.

La discussion à laquelle nous nous sommes livré, avec tout le soin et tous les détails que demandait une question prise comme premier exemple, nous a conduit à la proposition suivante :

Si un point se meut uniformément sur une ligne donnée, depuis un temps indéfini, on peut représenter par une formule unique sa position par rapport à une origine fixe prise sur cette ligne, à une époque antérieure ou postérieure à celle qui est prise pour l'origine des temps, aux conditions suivantes : 1° que la lettre qui représente le temps soit regardée comme un nombre lorsque l'époque sera dans l'un des deux sens, par exemple dans l'avenir par rapport à l'origine des temps, et comme représentant un nombre affecté du signe — lorsqu'elle sera dans le sens opposé; 2° que les lettres qui représentent les distances, initiales ou variables, à l'origine prise sur la ligne, soient regardées comme de simples nombres d'un côté de cette origine et comme des nombres affectés du signe —, du côté opposé; 3° que la lettre qui représente la vitesse soit regardée comme un simple nombre quand le mouvement a lieu dans un sens, par exemple celui qui a été choisi pour les distances, et comme un nombre négatif quand il a lieu en sens opposé.

Et il n'y a aucune règle de signes à démontrer, puisque la généralisation n'a été établie qu'à la condition expresse que ces quantités négatives seraient traitées suivant les règles des signes dans les polynômes, seul cas où elles aient un sens.

Si l'on a plusieurs points, le mouvement de chacun sera déterminé généralement par une seule équation, et toutes les circonstances que peuvent présenter leurs positions relatives seront représentées par des formules générales.

Ce procédé de généralisation s'applique aux questions les plus variées; les exemples que nous avons donnés suffisent pour le bien faire comprendre. Son importance se manifestera surtout dans les applications du calcul à la Géométrie et ensuite à la Mécanique; mais il ne faut pas oublier que dans toute nouvelle question le droit de l'employer doit être démontré avec la même rigueur que dans les premières théories à l'occasion desquelles nous l'avons fait connaître.

Expressions imaginaires. — Les équations du second

degré présentent dans certains cas des formes singulières différentes de celles que peuvent présenter les équations du premier degré. Comme il entre des radicaux dans les formules auxquelles elles conduisent, il peut se faire que l'on soit amené à l'indication de la racine carré d'une expression négative; ce qui est une impossibilité autre que celle qui consiste dans une simple expression négative. Après avoir montré l'origine de ces nouvelles formes qu'on appelle *imaginaires* et comment il faut entendre les opérations à effectuer sur elles pour qu'elles satisfassent aux équations d'où elles proviennent, nous avons montré comment elles pouvaient être, comme les quantités négatives, un moyen de généraliser des formules. Ce n'est qu'en les employant qu'on peut, par exemple, énoncer cette proposition générale, que tout polynôme entier est décomposable en autant de facteurs du premier degré qu'il y a d'unités dans son propre degré. Ces expressions imaginaires, qui se présentent d'abord comme résultats et satisfont aux équations, en les traitant suivant les mêmes règles que les quantités réelles, peuvent aussi être utilement introduites dans les données, même à la condition de les traiter toujours de la même manière, et donnent lieu à des transformations et des découvertes importantes. C'est surtout l'application réciproque de la science des nombres et de la Géométrie qui met en évidence les avantages de l'introduction des imaginaires, et nous les avons fait ressortir avec tout le soin que mérite cette méthode, si bizarre, de déduction et de recherche : méthode aussi sûre que celles qui n'emploient que des quantités réelles; dans laquelle tout est démontré avec une entière rigueur, sans qu'il y ait rien à demander sur la manière de calculer ces imaginaires, puisque la manière de les traiter a été une condition expresse de leur introduction.

Par la manière dont nous avons introduit dans le calcul

les expressions négatives isolées, et soumises ou non à des radicaux du second degré, il n'y avait, comme nous l'avons dit, aucune règle à démontrer pour les opérations que l'on pouvait avoir à exécuter sur elles. Mais plusieurs grands géomètres ont pensé autrement, et ont cru pouvoir démontrer les règles *a priori*, et déterminer le rang que les quantités négatives devaient occuper dans l'échelle des grandeurs. Sur ce dernier point surtout ils ne se sont pas accordés; les uns ont voulu qu'elles fussent considérées comme plus petites que zéro, les autres s'y sont refusés. Ces idées, appuyées des noms de Laplace, d'Alembert, Carnot, nous ont paru mériter une réfutation raisonnée, et nous en avons fait l'objet d'un Chapitre spécial.

Extension donnée aux exposants. — Les exposants, imaginés d'abord par Descartes pour simplifier l'expression du produit de facteurs égaux, ne pouvaient être ainsi que des nombres entiers. Les multiplications et les divisions des puissances d'un même nombre se réduisaient à des additions et des soustractions sur les exposants; les élévations à de nouvelles puissances se faisaient par la multiplication des exposants, et l'extraction des racines par leur division, quand elle était possible. Mais si les exposants étaient indéterminés, et qu'on ignorât lequel est le plus grand, ou si la divisibilité est possible par le degré de la racine, on ne pouvait appliquer ces règles de la division ou de l'extraction des racines; car elles auraient conduit dans l'un de ces cas à un exposant négatif, et dans l'autre à un exposant fractionnaire. Il était donc naturel de chercher à remédier à cette imperfection, et c'est ce que l'on a fait en donnant une double extension aux exposants, et les considérant comme pouvant être des nombres quelconques, positifs ou négatifs. La définition plus générale à laquelle on a été ainsi conduit offre l'avantage de représenter par une même notation les puissances et les racines, ainsi que les réciproques des unes ou des autres. Par ce moyen une seule formule en remplace plusieurs; et de plus il y a, comme dans toutes les généralisations, agrandissement pour l'esprit, puisqu'on lui fait connaître ainsi les analogies qui existent entre des choses qui semblaient isolées, et qui ne sont que des variétés d'une même chose à laquelle il suffira de s'attacher.

Mais il ne faut pas oublier que les propositions qui n'avaient été établies que dans le cas d'exposants entiers et sans signe ne peuvent être admises qu'après une démonstration appliquée à la nouvelle définition; et c'est ainsi seulement que l'on a pu obtenir la généralisation si utile des théorèmes et des formules relatifs aux exposants.

Une des plus utiles applications qu'on en ait faites consiste à considérer tous les nombres comme pouvant être représentés par les puissances positives ou négatives d'une même base. Par là les opérations sur les nombres se trouvent considérablement simplifiées, lorsque cette transformation a été effectuée et qu'une table suffisamment exacte a été construite à cet effet. Nous n'en disons pas davantage sur la conception des logarithmes, dont les traités élémentaires présentent la théorie, sans difficulté possible,

Continuité des fonctions. — La possibilité de représenter tous les nombres par une exponentielle variable est fondée sur la considération de la continuité des fonctions, que nous démontrons avec détail, et qui conduit à quelques propositions importantes sur les polynômes entiers.

Transformation des fonctions et des équations. — Nous nous occupons ensuite d'nne méthode générale dont les applications sont très fréquentes et se rapportent aux questions les plus variées; c'est celle de la transformation des fonctions, et par suite des équations, par changement de variables. La dépendance qu'on établit entre les premières et les nouvelles variables ou inconnues est arbitraire, et on la choisit suivant la nature des questions, en ayant soin d'y laisser des quantités indéterminées dont on profite pour opérer des simplifications. Ce procédé est analytique, puisqu'il ramène une question à une autre, qu'on tâche de rendre plus simple ; mais, si le choix qu'on a fait de la forme de la relation des variables ne conduit pas à une question plus facile à traiter, on l'abandonne et on en cherche une autre : l'Analyse ne peut que diriger des essais qui trop souvent ne réussissent pas. Nous avons fait quelques applications de cette méthode à la théorie des équations algébriques, que nous traitons très rapidement, en renvoyant aux traités spéciaux. Une transformation particulière nous a conduit à la considération des polynômes dérivés, dont nous avons démontré quelques propriétés utiles et qui sera généralisée plus tard.

Nous faisons connaître ensuite une méthode très féconde, due à Descartes, et qui a pour objet la détermination d'expressions dont la forme est donnée et dans laquelle il reste à chercher les valeurs de certains coefficients. On obtient les équations qui les font connaître par le procédé général qui consiste à vérifier si les conditions de la question sont remplies. Descartes en a fait l'application à la théorie des équations du quatrième degré et au problème général des tangentes aux courbes.

Mais, pour que l'emploi de cette méthode soit sûr, il faut que la forme que l'on prend pour l'expression cherchée soit rigoureusement établie; ou que, si elle est prise d'abord hypothétiquement, on démontre à la fin qu'elle satisfait : conditions auxquelles malheureusement on ne se soumet pas toujours.

Nous terminerons ces premiers éléments de la science des nombres par l'étude des séries. La méthode de développement des fonctions en séries a pour but de remplacer des expressions compliquées par des expressions plus simples, mais aussi dont le nombre est illimité. Nous établissons les conditions rigoureuses qui rendent leur emploi légitime, et nous donnons les principales règles au moyen desquelles on peut reconnaître si elles sont remplies.

SCIENCE DE L'ÉTENDUE.

Les objets qui nous entourent font naître en nous les idées de grandeur, de forme, de situation, de pluralité, de résistance, de couleur, et bien d'autres encore. La faculté d'abstraire, qui nous est naturelle, nous permet de nous occuper isolément d'une ou de plusieurs de ces propriétés, ce qui en rend l'étude plus facile.

Nous avons commencé par considérer exclusivement la pluralité ou le nombre, comme étant la notion la plus simple et un élément indispensable de l'étude de toutes les autres ; nous avons indiqué les idées premières qui accompagnent nécessairement celle des nombres, et nous avons constitué les éléments de cette science.

Nous sommes passé ensuite à l'étude des corps considérés seulement sous le rapport de l'étendue. Nous avons établi les notions premières dont toutes les lois de l'étendue sont des conséquences nécessaires, et qui résultent d'expériences, d'observations et de réflexions dont nous avons perdu la trace, mais qui ont laissé en nous le sentiment complet de l'évidence. Ces notions, quoique plus multipliées que pour la science des nombres, sont cependant assez restreintes. Il faudrait leur en ajouter quelques autres si l'on voulait considérer les corps sous le rapport de leurs actions mutuelles et des mouvements qui peuvent en résulter ; et bien d'autres encore si l'on voulait les considérer avec toutes leurs propriétés naturelles. Mais la science de l'étendue doit être étudiée, ainsi que celle des nombres, avant toutes les autres, parce que dans ces dernières les idées de nombre et d'étendue s'introduisent nécessairement, et c'est d'elles seules que nous nous occupons dans cet Ouvrage.

Notions premières. — Les auteurs d'éléments de Géométrie ne sont pas tous partis des même notions premières, et il en est résulté des différences notables dans l'ordre et la démonstration des propositions qui s'en déduisent immédiatement.

Ainsi le Traité d'Euclide diffère beaucoup, au début, des plus célèbres Traités modernes, par suite de la notion différente qu'ils admettent pour la ligne droite. Euclide la considère comme déterminée de position par deux de ses points; les autres la définissent comme le plus court chemin entre deux quelconques de ses points. Cette dernière définition faciliterait beaucoup la démonstration des premières propositions; mais nous avons fait voir qu'elle était tout à fait inadmissible. Et en effet, en Géométrie, l'égalité se reconnaît par la possibilité de la coïncidence, et la notion de l'inégalité en est la conséquence; la comparaison des longueurs de lignes de forme quelconque, pour lesquelles la superposition est impossible, ne peut donc être conçue au début de la science, et ne peut servir à la définition de la plus simple de toutes les lignes, de celle à laquelle on cherchera à ramener toutes les autres.

Nous avons donc jugé à propos d'abandonner complètement les errements nouveaux, et de revenir à l'exposition faite par Euclide des premières théories de la science de l'étendue.

Mesure des grandeurs. — Nous avons procédé ensuite à la mesure des quantités pour lesquelles la question peut être ramenée à la considération de l'égalité : tels sont les figures planes terminées par des lignes droites, les angles et les solides prismatiques. Enfin nous avons résolu un certain nombre de problèmes, comme exemples de diverses méthodes applicables à ces sortes de recherches, et particulièrement de la méthode analytique qui les domine toutes, et que nous avons fait ressortir avec grand soin.

Des quantités considérées comme limites de séries ou de sommes d'infiniment petits. — La comparaison des grandeurs ne peut pas toujours être ramenée à la considération de l'égalité. Les figures planes terminées par des droites peuvent être décomposées en triangles dont la mesure se ramène à celle des rectangles, dont la comparaison au carré pris pour unité s'effectue par la décomposition en parties égales. Mais il n'en est pas de même des figures terminées par des courbes ; et pour la comparaison des surfaces des cercles soit entre elles, soit avec l'unité, il a fallu avoir recours à de nouvelles conceptions. C'est à cette occasion que les anciens géomètres ont imaginé de considérer les grandeurs comme limites d'autres grandeurs variables, dont la comparaison était plus facile. Ils cherchaient alors la relation entre ces nouvelles grandeurs, et, après en avoir tiré par induction celle qui devait exister entre les proposées, ils la démontraient rigoureusement par la méthode de réduction à l'absurde. Les variables considérées par Euclide sont des sommes de grandeurs constantes en nombre indéfiniment croissant ; c'est-à-dire, dans notre langage, qu'il regarde les quantités en question comme limites de la somme des termes de séries convergentes, et il démontre cette convergence en s'appuyant sur ce théorème général, que si l'on ôte d'une quantité quelconque plus de sa moitié, puis du reste plus de sa moitié, et ainsi de suite indéfiniment, on pourra parvenir à un reste moindre que toute quantité désignée.

Archimède, au lieu de considérer les quantités à mesurer comme égales à une somme de quantités fixes, plus un reste indéfiniment décroissant, les considère comme composées d'une somme de quantités variables indéfiniment décroissantes, et d'un reste pouvant devenir moindre que toute quantité donnée.

C'est à cette occasion que nous avons exposé les principes de la méthode des limites et de la méthode des infiniment petits. Nous en avons fait l'application à diverses questions traitées par Euclide et Archimède, et qui se rapportent à la mesure des surfaces planes, des surfaces courbes et des volumes des corps terminés par ces surfaces. Et nous ferons remarquer qu'Archimède est le premier qui se soit occupé de la mesure des lignes courbes et des surfaces courbes; il a demandé à cet effet qu'on lui accordât quelques propositions comme évidentes, et il a pu ainsi accroître considérablement la science. Mais quoiqu'il n'adopte pas pour la ligne droite la définition des auteurs modernes, il ne définit pas plus qu'eux ce qu'il entend par l'égalité de longueur de lignes qui ne sont pas superposables. C'est pour cela que nous rejetons sa théorie et que nous la remplaçons par une autre que nous espérons que l'on adoptera un jour.

APPLICATION DE LA SCIENCE DES NOMBRES A LA SCIENCE DE L'ÉTENDUE.

Toutes les grandeurs que l'on considère dans la Géométrie étant susceptibles d'être exprimées en nombres, on conçoit la possibilité d'appliquer l'une à l'autre chacune de ces deux sciences. Pour résoudre un problème de Géométrie au moyen des théories de la science des nombres, on commence par chercher des équations entre les lettres qui représentent les lignes, tant connues qu'inconnues, qui entrent dans la question; et nous faisons connaître à cet effet la règle générale donnée par Descartes, et reproduite par Newton. Les équations étant trouvées et résolues, on a les formules des opérations à faire sur les nombres qui mesurent les grandeurs données, pour obtenir ceux qui mesurent les inconnues. Arrivé à ce point, il y a deux manières d'achever la solution, suivant qu'on se propose de calculer réellement ces derniers nombres, ou de trouver les constructions à faire au moyen des grandeurs données pour obtenir les grandeurs cherchées. Dans ce dernier cas, le calcul est un intermédiaire qui ramène les constructions demandées à celle des expressions algébriques, pour laquelle on a quelques procédés généraux.

Il y a une remarque importante à faire sur les équations qui renferment une ou plusieurs espèces de grandeurs concrètes évaluées en nombres, sans que pour aucune d'elles on ait pris une des grandeurs données pour unité. Elle consiste en ce que tous les termes sont homogènes par rapport à chacune des espèces distinctes de grandeurs; elle n'avait pas échappé à Descartes, mais nous avons dû la traiter avec beaucoup plus de développement.

Quantités négatives dans les résultats ou dans les données. — Nous avons présenté, comme exemples des méthodes, quelques problèmes de Géométrie, et nous avons discuté avec beaucoup de soin les divers cas qu'ils renfermaient. Dans l'un deux nous avons remarqué une solution étrangère, et nous avons montré que cela tenait à ce qu'il n'y avait pas réciprocité entre le problème proposé et le problème de calcul auquel on l'avait ramené. Dans d'autres nous avons reconnu que les équations auxquelles on était conduit en partant de chacun des cas que le problème comporte étaient quelquefois les mêmes et quelquefois différentes par certains termes. Ces différences peuvent disparaître par la suite du calcul, surtout par l'élimination de radicaux du second degré; mais elles peuvent aussi subsister dans les équations rendues rationnelles. Plusieurs des problèmes que nous avons traités ont conduit à des équations différant les unes des autres par les signes des termes renfermant l'inconnue à des puissances impaires seulement; et cette circonstance correspondait à un changement de direction de la ligne représentée par cette inconnue. Il est résulté de là que l'une des équations suffirait, à la condition de porter les lignes correspondant aux racines négatives, dans le sens contraire à celui qu'on avait choisi pour mettre en équation.

Nous avons reconnu qu'une formule importante, d'un emploi très fréquent, se trouvait généralisée par cette même considération : c'est celle qui exprime la distance de deux points. Une seule forme suffit à représenter les cas très variés auxquels peuvent donner lieu les positions relatives des extrémités. La démonstration doit en être faite, une fois pour toutes, pour tous les cas possibles ; et l'on peut ensuite l'appliquer sans nouvelle discussion et sans avoir besoin de se préoccuper d'aucune règle de signes, puisque la démonstration de sa généralité est faite sous la condition expresse que les opérations sur les quantités négatives soient exécutées suivant les règles démontrées dans le cas des polynômes, le seul où elles aient un sens.

Cette formule et d'autres qui, comme elle, se présentent souvent dans l'expression des conditions géométriques en équations, étant démontrées générales sous les conditions que nous venons d'énoncer, rendent assez facile la démonstration de la généralité des équations, quand elle a lieu. Mais il ne faut pas oublier que cette démonstration est indispensable, et que la science doit repousser les principes fondés sur des analogies vagues, indépendantes de la nature des questions auxquelles on prétend les appliquer.

Trigonométrie. — Les données et les inconnues des problèmes de Géométrie étant des lignes droites et des angles, il aurait été utile d'avoir des équations entre ces quantités ; mais la complication que présenteraient ces relations y a fait renoncer, excepté dans quelques cas très particuliers. D'ailleurs, ces sortes d'équations ne sont connues que depuis les progrès récents de la théorie des séries, tandis que celles qui sont utiles dans les cas ordinaires le sont depuis très longtemps.

L'idée heureuse qu'ont eue les anciens pour éluder la difficulté de trouver des relations entre les côtés et les angles des triangles, problème auquel se ramènent tous les autres, a été de considérer, au lieu des angles eux-mêmes, des droites qui les déterminent, et, réciproquement, sont déterminées par eux. Ils ont choisi à cet effet les lignes, ou mieux les rapports de lignes, les plus commodes, et ont trouvé des relations entre ces quantités et les côtés des triangles. Ils ont ensuite construit une table qui faisait connaître les unes par les autres ces quantités et les angles correspondants; de sorte qu'il était indifférent d'avoir des équations dans lesquelles entrassent les angles, ou ces quantités auxiliaires que l'on nomme *lignes trigonométriques*.

Généralité des formules trigonométriques. — Cette conception est l'une des plus importantes dans l'application réciproque de la science des nombres et de la Géométrie; et ce qui accroît beaucoup l'utilité des équations auxquelles elle conduit, c'est la possibilité de renfermer, sous un seul type, toutes les formules relatives aux divers cas qu'une même question peut présenter. Le moyen unique par lequel on y parvient consiste encore à regarder comme implicitement négatives dans les formules les quantités qui se trouvent dirigées en sens opposé à celui qu'elles avaient dans les figures qui ont servi à trouver les formules. La condition expresse de cette extension est qu'on exécute les opérations sur ces quantités négatives d'après les règles démontrées dans le cas des polynômes; de sorte qu'il n'y a encore aucune question à se faire sur cette manière d'opérer, puisqu'il a été démontré que cette manière d'agir est un moyen sûr de tirer tous les cas particuliers d'un seul système d'équations, au lieu d'en employer plusieurs; ce qui est un avantage considérable dont on pourrait à la rigueur se passer, mais qu'il ne serait pas raisonnable de repousser.

Après avoir établi ces propositions avec tout le soin que réclamait leur importance, nous sommes passé aux questions où l'on ne considère plus un seul point ou plusieurs en nombre fini, mais une infinité de points assujettis à des conditions communes, et formant un lieu continu de forme quelconque.

Équations des lieux géométriques. — Lorsque l'on cherche un point seulement, on trouve deux équations entre les grandeurs qui doivent le déterminer, et qu'on nomme ses *coordonnées*. Mais lorsqu'on doit avoir une infinité de points formant un lieu continu, on ne doit avoir qu'une seule équation entre les coordonnées d'un quelconque de ses points. Il se présente alors deux genres de questions : suivant qu'on cherchera l'équation d'un lieu d'après une propriété géométrique commune à tous ses points ; ou que, l'équation étant donnée, on se proposera de trouver la forme et les propriétés du lieu.

Nous avons commencé par donner quelques exemples de la recherche des équations de lieux géométriques dans divers systèmes de coordonnées ; et quelques-uns d'entre eux ont présenté le cas de solutions étrangères ou de solutions perdues. Nous avons reconnu que cela tenait, comme il était facile de le prévoir, à la non-réciprocité, dans un sens ou dans l'autre, entre les conditions de la question géométrique et celles que l'on exprimait, soit dans les premières équations, soit dans celles auxquelles a conduit la suite du calcul.

Il arrive souvent aussi que différentes parties d'un lieu défini géométriquement sont représentées par des équations différentes, si l'on prend toutes les lignes en valeur absolue, mais que ces équations se réduisent à une seule, si l'on y regarde comme négatives les lignes de sens contraire au sens primitif. Dans ce cas on généralise la première équation en y introduisant cette condition déjà admise dans d'autres cas pour le même objet. Et il est inutile de dire que, si l'on ne pouvait réduire plusieurs équations à une seule que par un moyen qui ne serait pas conforme à ceux précédemment admis, on se garderait bien de le faire, parce qu'il en pourrait résulter des contradictions, ou tout au moins une confusion qui ferait perdre tous les avantages qu'on aurait cherchés dans ces généralisations.

Lieux d'équations données. — Nous avons traité ensuite la question inverse, et nous nous sommes proposé de construire le lieu de tous les points satisfaisant à une équation donnée.

Il y a lieu d'abord de se demander quel usage on fera des solutions négatives ou imaginaires que l'équation pourrait présenter, et il faut distinguer deux cas :

Ou les conditions d'après lesquelles cette équation a été obtenue demandent, comme nous l'avons vu dans plusieurs problèmes, que les solutions négatives soient portées en sens inverse des positives, et qu'on ne tienne aucun compte des solutions imaginaires ;

Ou l'équation a été donnée *a priori* sans conditions, et seulement comme exercice arbitraire ; en un mot, comme une question de fantaisie.

Dans le premier cas, tout est prévu, et l'on n'a qu'à se conformer aux prescriptions.

Dans le second on est maître de faire ce que l'on veut. On construira uniquement les solutions négatives, si cela plaît ; on ne construira que les négatives, et on les portera dans le sens que l'on voudra ; on construira ainsi les unes et les autres, si cela convient ; on construira des points d'une manière quelconque au moyen des solutions imaginaires : tout cela est permis à celui qui ne s'est proposé, comme nous l'avons dit, qu'une question de fantaisie. C'est faute de faire cette distinction que l'on trouve quelquefois des difficultés dans l'interprétation des solutions d'une équation posée sans conditions et sans connaissance de son origine.

Le changement de système de coordonnées, si souvent utile, se fait au moyen de formules dont on démontre la généralité sous les mêmes conditions que les formules antérieurement discutées. Il résulte de là des conséquences importantes sur la mise en équation des problèmes et sur l'interprétation des solutions négatives. Parmi les remarques que nous avons faites à ce sujet, nous indiquerons la proposition suivante :

Si une équation polaire a été obtenue en partant d'une équation rationnelle entre les coordonnées rectilignes, chaque point du lieu pourra être construit de deux manières différentes : l'une par une valeur positive du rayon vecteur portée dans la direction déterminée par la valeur correspondante de l'angle; l'autre, par une valeur négative du rayon portée en sens contraire de la direction déterminée par la valeur de l'angle qui a donné cette valeur négative.

On pourra se borner à un seul de ces procédés, et alors, pour avoir tous les points du lieu, il faudra faire passer l'angle de zéro à quatre droits. Mais si l'on admet les solutions positives ainsi que les négatives de la manière que nous venons d'indiquer, il suffira de faire varier l'angle de zéro à deux droits.

Mais il faut bien remarquer que cette proposition ne s'applique qu'à l'équation polaire telle qu'elle résulte de la transformation des coordonnées; et si elle était décomposable en plusieurs autres, rationnelles par rapport au rayon vecteur, la double construction, n'étant démontrée que pour leur ensemble, n'aurait généralement lieu pour aucune des deux.

Problème des tangentes. — Après avoir fait l'application des théories précédentes aux lignes représentées par les équations du premier et du second degré, nous avons traité l'importante question des tangentes aux courbes de degré quelconque. Descartes est le premier qui ait considéré le contact de deux courbes, ou d'une courbe et d'une droite, comme limite de l'intersection de deux lignes dont l'un des points communs se rapproche indéfiniment de l'autre. Nous avons montré comment, à ce point de vue, le problème des tangentes dépend de la limite du rapport de deux infiniment petits, qui peuvent toujours se ramener aux accroissements correspondants des deux coordonnées, quel que soit le système auquel les points soient rapportés, de sorte que l'on peut énoncer cette proposition générale :

Le problème géométrique des tangentes est ramené à ce problème de calcul : Trouver la limite du rapport des accroissements infiniment petits correspondants de deux variables liées par une équation donnée.

Nous avons donné quelques exemples de cette recherche : dans les uns les points du lieu étaient déterminés par une équation entre les coordonnées ; dans d'autres ils l'étaient par des conditions géométriques, mais c'est toujours à la limite du rapport de deux infiniment petits que le problème était ramené.

La considération des rapports d'infiniment petits ne s'applique pas seulement aux questions de tangentes, mais à beaucoup d'autres de nature très différente. Nous les avons appliqués à la courbure des lignes planes, à la vitesse et à l'accélération dans le mouvement varié quelconque d'un point en ligne droite ; et nous avons montré en général comment les limites de rapports d'infiniment petits ramenaient la considération des variations les plus compliquées à celle de l'uniformité, ce qui est le plus haut degré possible de simplicité. Mais c'est à la condition de décomposer la grandeur en éléments infiniment petits, et de la regarder comme limite de la somme de ceux d'espèce plus simple par lesquels on les remplace.

Application de la Géométrie à la science des nombres. — Les propositions de Géométrie qui sont susceptibles d'être exprimées en formules et de donner lieu à l'application de la science des nombres peuvent réciproquement être appliquées au calcul et conduire à des théorèmes ou à des solutions de problèmes de la science des nombres. Nous n'avons pas cru devoir donner une très grande étendue à cette partie de la science, et nous nous sommes borné à indiquer l'usage qu'on en a fait dans la théorie des équations, et dans quelques recherches de limites de sommes d'infiniment petits.

Enfin, nous avons montré les avantages que la science des nombres pouvait tirer de l'application des lignes trigonométriques aux expressions imaginaires; nous avons démontré la certitude des résultats obtenus par ces procédés singuliers qui semblent d'abord n'avoir rien de scientifique et de sérieux, mais qui constituent un puissant moyen de transformation et de généralisation. Nous avons commencé par bien fixer le sens que nous attachions à une équation entre des expressions imaginaires. L'égalité des parties réelles des deux membres, ainsi que l'égalité des parties imaginaires, a été la condition expresse et non la conséquence d'une pareille équation, ce qui est l'inverse de ce que l'on a fait si longtemps. Nous avons montré que ces expressions, quand elles étaient produites par la résolution des équations, devaient, pour y satisfaire, être traitées par les règles ordinaires comme si elles étaient de véritables quantités, et que, lorsqu'elles étaient introduites arbitrairement dans le calcul, c'était toujours sous la condition expresse qu'elles fussent traitées de la même manière : d'où il résulte qu'il n'y a aucune règle à démontrer sur ces symboles, et que chercher à le faire serait méconnaître les conditions de leur introduction.

L'un des théorèmes importants que nous avons choisis pour montrer l'avantage de la transformation trigonométrique des expressions imaginaires est celui qui sert de base à la théorie générale des équations. Il consiste en ce qu'une équation de degré quelconque, à coefficients réels ou imaginaires, admet toujours une racine réelle, ou une racine imaginaire de même forme que celles des équations du second degré, sous la condition expresse qu'elle sera traitée suivant les règles établies pour les quantités réelles. Il résulte de ce théorème que toute équation du $m^{\text{ième}}$ degré a m racines, et que tout polynôme de degré m peut être regardé comme le produit de m facteurs du premier degré. Ces facteurs sont réels ou imaginaires, et, par l'emploi de ces symboles singuliers, toutes les transformations et tous les calculs si utiles, fondés sur la décomposition des polynômes en facteurs du premier degré, prennent un degré de généralité qu'il ne serait pas possible de leur donner, si l'on s'assujettissait à n'admettre que les formules réelles.

FIN DE LA TROISIÈME PARTIE.

www.ingramcontent.com/pod-product-compliance
Lightning Source LLC
LaVergne TN
LVHW020553110826
845149LV00002B/254

* 9 7 8 1 4 1 8 1 8 4 2 5 4 *